MATEMATICANDO

B662m Boaler, Jo.
Matematicando : encontrando criatividade, diversidade e significado na matemática/ Jo Boaler ; tradução: Sandra Maria Mallmann da Rosa ; revisão técnica: Marina França. – Porto Alegre : Penso, 2025.
xv, 285 p. : il. ; 23 cm.

ISBN 978-65-5976-073-2

1. Matemática. 2. Criatividade. 3. Ensino. I. Título.

CDU 51:37

Catalogação na publicação: Karin Lorien Menoncin – CRB 10/2147

JO BOALER

MATEMATICANDO

Encontrando criatividade, diversidade e significado na matemática

Tradução
Sandra Maria Mallmann da Rosa

Revisão técnica
Marina França
Gerente de Inovação Educacional do Programa Mentalidades Matemáticas (MM) por Instituto Sidarta. Mestranda em Ensino e História das Ciências e da Matemática na Universidade Federal do ABC (UFABC).

instituto sidarta

penso

Porto Alegre
2025

Obra originalmente publicada sob o título *Math-Ish: Finding Creativity, Diversity, and Meaning in Mathematics*, 1st Edition
ISBN 9780063340800

Gerente editorial
Alberto Schwanke

Coordenadora editorial
Cláudia Bittencourt

Editora
Paola Araújo de Oliveira

Capa
Paola Manica | Brand&Book

Preparação de originais
Vitória Duarte Martinez

Editoração
AGE – Assessoria Gráfica Editorial Ltda.

Rua Ernesto Alves, 150 – Bairro Floresta
90220-190 – Porto Alegre – RS
Fone: (51) 3027-7000

SAC 0800 703 3444 – www.grupoa.com.br

IMPRESSO NO BRASIL
PRINTED IN BRAZIL

AUTORA

Jo Boaler é especialista em aprendizagem matemática e Nominelli-Olivier Professor de Educação Matemática da Stanford University. É diretora do YouCubed — uma plataforma de educação que já alcançou mais de 230 milhões de estudantes. É autora do primeiro MOOC (aula *on-line* aberta e massiva) de ensino e aprendizagem de matemática, assim como de inúmeros artigos de pesquisa e 18 livros sobre matemática, incluindo o *best-seller Mente sem barreiras*. Seu trabalho foi publicado no *The New York Times*, na revista *TIME*, no *Telegraph*, no *Atlantic*, no *Wall Street Journal* e em muitas outras agências de notícias. A BBC a nomeou como uma das oito educadoras que "estão mudando a cara da educação".

Este livro é dedicado à minha sobrinha Imogen (1995-2021) e a Julie, Vic e Alex. Imi, você sempre estará conosco.

AGRADECIMENTOS

Eu não conseguiria continuar a trabalhar em abordagens equitativas da matemática sem minha parceira no YouCubed e melhor amiga Cathy Williams. Tenho uma dívida extraordinária com Cathy (vou lhe retribuir, amiga) por todo o seu trabalho nas representações visuais de matemática no livro, pela leitura dos capítulos e por sempre ser uma excelente ouvinte. Eu não poderia ter escrito este livro sem Cathy.

Jill Marsal, minha agente literária, é sempre fundamental; obrigada, Jill, por me ajudar a acreditar que eu poderia escrever outro livro.

Também sou grata ao time da HarperOne, especialmente Maya e Shannon, que foram tão amáveis ao responder minhas inúmeras perguntas por *e-mail* e por serem incessantemente positivas em relação às minhas ideias.

O livro também foi contemplado pela habilidade de Kane Lynch de dar vida aos personagens; agradeço por todas as belas ilustrações, Kane.

Muitos professores e outros educadores compartilharam ideias e imagens que incluí no livro, e sou muito grata por sua generosidade e seu coleguismo. Tenho a sorte de ter conhecido alguns guerreiros que estão trabalhando incessantemente para tornar a educação um espaço melhor e mais equitativo, e muitos deles estão nesta obra.

Por fim, mas certamente não menos importante, sou grata aos meus incríveis familiares, que permitiram que eu me recolhesse para escrever quando necessário. Eles, inclusive, me deixaram levar Dougal, nossa cachorrinha, que me mantém entretida com as intermináveis confusões que ela mesma cria. Minha família me ajudou a passar por momentos muito difíceis (os quais menciono no Capítulo 8) com apoio, humor, comida, chamadas de vídeo e amor. Ah, e sempre com os melhores conselhos, incluindo as palavras sábias que ouvi da minha filha mais nova quando a California Mathematics Framework foi aprovada: "Não ligue para a opinião dos *haters*, mãe!".

APRESENTAÇÃO À EDIÇÃO BRASILEIRA

Quando vi pelo Instagram de Jo Boaler que seu novo livro tinha como título *Math-ish*, fiquei muito intrigada, uma vez que o sufixo *ish*, em inglês, significa "mais ou menos" alguma coisa. Ao ler a obra, o título fez todo sentido. A autora traz de forma brilhante uma abordagem da matemática flexível, aberta e que provoca e incentiva a criatividade. Uma matemática sem a rigidez de ciência "exata", "dura", da decoreba, dos procedimentos que devem ser memorizados sem que façam sentido e que, por isso, alimentam desigualdades de raça, de gênero e de classe que desde cedo têm espaço na vida de muitas crianças.

Jo Boaler defende uma abordagem aberta na qual a diversidade de respostas e de "e se" nos aproxima da natureza da matemática e possibilita entender conceitos complexos de forma significativa. Justamente por isso, ela permite trazer à tona o lado mais bonito dos seres humanos, a criatividade. Quando vemos a matemática de forma *ish*, o mundo se transforma — e digo isso por experiência própria. Ver o mundo com as lentes *ish* (de maneira flexível e aberta a possibilidades) revela que somos capazes de muito mais do que pensávamos.

No Capítulo 1, a autora demarca que é preciso estabelecer uma relação diferente com a matemática. Ela apresenta uma nova visão (ou não tão nova para as pessoas que já têm contato com a sua obra há mais tempo) sobre o que é a disciplina, temida por muitos. Para isso, é preciso ressignificá-la como um todo. Boaler mostra que a natureza da matemática não é composta apenas por números e procedimentos fechados, mas pela busca por padrões no mundo e por maneiras de representá-los.

No Brasil, durante os nove anos de atuação do Programa Mentalidades Matemáticas pelo Instituto Sidarta, nas formações por todas as regiões do país, percebemos como é encantador quando os educadores se abrem para ver a matemática com outras lentes. Também encontramos muitas pessoas que já viam a matemática com os olhos da criatividade e que, a partir do contato com o programa, passaram a construir um espaço seguro para trocar e fazer parte de uma imensa comunidade de aprendizagem.

No Capítulo 2, Jo Boaler retoma o elemento central da abordagem: a metacognição, ou seja, a reflexão profunda sobre o processo de aprendizagem. Ela apresenta oito estratégias para que tanto as pessoas aprendizes de matemática quanto as pessoas que ensinam a disciplina possam acompanhar o desenvolvimento e ampliar seu conhecimento. Por aqui, nos cursos de residência pedagógica que realizamos no município de Vespasiano (MG), não só os estudantes exercitaram o processo de metacognição, mas também as pessoas ligadas à Secretaria Municipal de Educação tiveram a oportunidade de, individual e colaborativamente, analisar e avaliar em profundidade sua prática docente. Aprendemos muito com esse exercício de cocriação com os territórios em que atuamos.

Ao discutir a importância da metacognição no processo de aprendizagem, Boaler menciona o conceito de mentalidade de crescimento, que perpassa a sua reflexão sobre a matemática. Nesse capítulo, ela destaca como é essencial que crianças, jovens e adultos tenham essa mentalidade ao refletirem sobre seu processo de aprendizagem. Foi um privilégio ver nos cursos de férias que realizamos em Cotia (SP) e Vespasiano (MG) os estudantes mudarem sua mentalidade, indo muito além do que se imaginavam capazes. Da nossa imensa comunidade de aprendizagem, com educadores de todo o Brasil que ensinam matemática, recebemos relatos de como investir tempo em trabalhar a mentalidade de crescimento transformou estudantes e professores.

No Capítulo 3, mais uma vez temos contato com a importância da mentalidade de crescimento para enfrentarmos os desafios que aparecem e devem aparecer enquanto trabalhamos no limite do nosso conhecimento. Com base nos estudos da neurociência, Jo Boaler mostra como a abertura e a criatividade são essenciais para o desenvolvimento do cérebro. Quando realizamos o projeto *Maleta Mentalidades Matemáticas,* em 2020, com oito municípios de Ponta Grossa (RS) a Altamira (PA), tivemos a oportunidade de aprender com os profissionais de todas as secretarias de educação (gestão, educadores e equipes de infraestrutura das escolas) como foi essencial criar ambientes seguros para que os estudantes pudessem experimentar sem medo de errar. O erro, ou o não saber ainda, passa a ser visto não mais como evidência de fracasso, mas como elemento indispensável (e até desejado) do processo de aprendizagem. Ver a matemática com as lentes *ish* — flexível, aberta e criativa —, é explorá-la em toda a sua beleza, sempre no limite do nosso conhecimento.

No Capítulo 4, vemos como os desafios são desejados e comemorados na matemática abordada de forma *ish*. Boaler discute a importância do senso numérico e da busca de padrões, e vemos que a matemática não é exata, fechada e rígida como geralmente somos levados a acreditar ao longo da educação básica e até mesmo no ensino superior. A autora traz algo que vimos muito nas escolas que visitamos e nos territórios em que trabalhamos, cocriando o Mentalidades Matemáticas Brasil: pensar de forma *ish* não é importante apenas na matemática, mas é uma habilidade essencial para toda a vida. Segundo Boaler, não ensinamos apenas para que os estudantes saibam matemática, mas estamos ensinando uma abordagem para o futuro.

Ainda nesse capítulo, ela apresenta algo que não havia sido discutido em seus livros (apenas em artigos e na California Mathematics Framework): a urgência do letramento de dados. Para além da matemática, esse letramento é fundamental em tempos de *fake news* e da produção de um volume gigantesco de informações e conteúdo, em especial na internet. Ao falar em ciência de dados, Jo Boaler defende que o letramento de dados é elemento *sine qua non* para a construção de um mundo equitativo.

No Capítulo 5, ela traz outro importante componente que, ao longo dos anos, vai desaparecendo das aulas de matemática: as representações visuais. Representar o pensamento de maneira visual, ou seja, organizá-lo por meio de imagens que podem ser gráficos, esquemas ou até mesmo o uso dos dedos, faz o cérebro se desenvolver ainda mais. Entre 2020 e 2021, realizamos um curso de formação continuada com docentes de uma escola localizada entre São Paulo e Mauá (SP). Nessa formação, as representações visuais foram tão impactantes que os educadores passaram a representar visualmente suas justificativas para as atividades propostas.

Em seguida, no Capítulo 6, a autora fala sobre como a perspectiva *ish* nos faz entender a matemática em sua totalidade, percebendo como essa ciência é lindamente complexa (e que não é sinônimo de difícil e inalcançável). Ela também mostra que, dentro desse universo, existem conexões que seriam (e podem ser) mais significativas quando o currículo é trabalhado a partir de grandes ideias.

Já no Capítulo 7, vemos que existe uma diversidade de possíveis abordagens de ensino e de aprendizagem matemática, e que algumas delas são convergentes e podem ser combinadas. Jo Boaler defende uma abordagem que articule o exercício da criatividade dos estudantes, que devem criar seus próprios métodos como sujeitos do seu processo de aprendizagem, a partir de atividades abertas, que abram espaço para a flexibilização, a experimentação e para uma aprendizagem mais profunda e significativa de conteúdos matemáticos em altos níveis. Também vemos como importantes as representações visuais, que além de contribuírem para a compreensão dos conteúdos matemáticos mais profundos, também ativam diferentes áreas do cérebro que levam a um maior desenvolvimento.

É uma pena que já no Capítulo 8 essa leitura tão gostosa e rica chegue ao fim. Nessa parte, Jo Boaler mostra sua "guerreira interior" ao seguir defendendo a relação entre a construção de um mundo mais equitativo e o direito de os estudantes poderem se tornar *experts*. Por conta da radicalidade de sua obra (significando ir à raiz do problema, não referente a uma polarização política), Boaler enfrentou grande resistência, até violenta em alguns momentos, de um grupo que não aceita ter seus privilégios questionados e ameaçados. Acredito que o título do livro, em inglês, *Math-ish*, que optamos por traduzir como *Matematicando*, ou algo como "mais ou menos" matemática, seja uma sutil provocação àqueles que criticam a sua obra dizendo que ela não trabalha com a "verdadeira matemática". Como Boaler pontua, sua abordagem não é a única e, por isso, o debate de ideias é fundamental, porém, infelizmente, ele nem sempre acontece de forma saudável.

Embora a obra seja brilhante, talvez algum cético fique em dúvida se essa abordagem faz sentido no Brasil. Já ouvimos de algumas pessoas que se trata de um "enlatado" vindo dos Estados Unidos e que não cabe para o contexto brasileiro. Ora, pensemos nas oito competências da matemática estabelecidas na Base Nacional Comum Curricular (BNCC): 1) matemática como ciência viva e humana; 2) desenvolvimento do raciocínio lógico; 3) compreensão dos diferentes campos da matemática; 4) observações de aspectos quantitativos e qualitativos; 5) utilização de processos e ferramentas matemáticas; 6) enfrentamento de situações-problema em múltiplos contextos; 7) desenvolvimento de projetos solidários e diversos e; 8) interação com os pares de forma colaborativa. Portanto, desafio qualquer leitor a mostrar como os temas apresentados aqui não se relacionam com tais competências.

Ao longo do livro, Jo Boaler mostra que a abordagem mentalidades matemáticas é construída de forma coletiva e colaborativa, assim como a matemática. É com muito orgulho que apresentei como as propostas presentes nos capítulos que você lerá a seguir já estão sendo aplicadas em nosso país por meio do trabalho de cocriação do Programa Mentalidades Matemáticas, implementado pelo Instituto Sidarta, e de pessoas que ensinam e aprendem matemática por todo o território brasileiro. Sem elas, a realização deste trabalho seria impossível. Fica aqui o reconhecimento e o agradecimento a todas as pessoas que fazem parte dessa comunidade de aprendizagem.

Espero que a leitura seja tão prazerosa e enriquecedora para você quanto foi para mim.

Marina França
Gerente de Inovação Educacional do
Programa Mentalidades Matemáticas por Instituto Sidarta

SUMÁRIO

1

UMA NOVA RELAÇÃO MATEMÁTICA

Fui convidada para um jantar em um restaurante caro para conhecer o CEO de uma importante plataforma de mídia social e sua esposa. O restaurante era luxuoso, típico dos locais caros no Vale do Silício. Senti-me nervosa quando me juntei a eles na mesa, imaginando o que aquela noite me reservava. A situação tinha surgido por meio de uma amiga que conhecia a esposa do CEO. Minha amiga estava familiarizada com meu trabalho para aprimorar o ensino da matemática e achou que seria útil me colocar em contato com ele. Depois de morar e trabalhar no Vale do Silício nos últimos anos, eu entendia que esse tipo de *networking* faz parte da cultura local e é uma das principais razões para o crescimento da inovação e da produtividade na região.

O começo do jantar foi desconcertante, diferente de qualquer um que eu já tenha participado: o CEO agia como se eu e o resto do grupo não estivéssemos ali. Em vez disso, ele passou o tempo todo ao telefone, falando com colegas, ocupado em fazer planos, às voltas com uma pilha de papéis de trabalho que havia tirado da bolsa. Esse comportamento, intencional ou não, fez com que todos nós parecêssemos e nos sentíssemos insignificantes. Sua esposa parecia constrangida, repetidamente olhando de relance na direção do escritório improvisado do marido, no canto da nossa mesa. Essa situação perdurou até a comida chegar, quando, então, o CEO foi forçado a guardar as coisas. Já estávamos na metade da refeição quando ele reconheceu minha existência. Desviando o olhar do seu prato, ele olhou fixamente para mim e disse, em tom de desaprovação: "Então você acha que o ensino da matemática deveria mudar?".

Sem pausa, ele prosseguiu me contando como tinha se saído bem em matemática, revelando suas muitas conquistas na disciplina, tanto na escola quanto na universidade. A essa altura, eu já sabia que a conversa não seria fácil. Depois de muitos anos tentando aprimorar o ensino da matemática — um tema com grandes taxas de insucesso —, eu sabia que as pessoas que tiveram alto desempenho são aquelas que acreditam que nada deve mudar. Na mente delas, a matemática é difícil, e elas haviam demonstrado seu brilhantismo atingindo altos níveis de desempenho. No entanto, uma coisa que você aprenderá sobre mim é que estou disposta a lutar por soluções para o que sei que são problemas reais para muitos estudantes. Decidi mostrar ao CEO uma matemática diferente.

Expliquei como os neurocientistas nos forneceram perspectivas de como o cérebro processa a matemática e o quanto é importante ativarmos diferentes partes dele em nosso pensamento matemático, particularmente os caminhos visuais. Ele concordou em olhar para um interessante recurso visual que frequentemente compartilho quando conheço pessoas novas. Escolhi um dos meus favoritos, criado pela educadora de matemática Ruth Parker (Figuras 1.1 e 1.2).

Geralmente, imagens como as apresentadas na Figura 1.2 são usadas para ajudar os alunos a pensarem sobre o crescimento de padrões e, a partir dali, a generalização por meio do uso de símbolos algébricos. Com frequência, nas aulas de matemática, são feitas perguntas como "Quantos quadrados existem no caso 10? Ou no caso 100? Ou no caso n?". Essas são boas questões, mas ficam muito melhores quando convidamos ao pensamento visual. Em geral, em nossas salas de aula, o esperado é que os estudantes desenhem

FIGURA 1.1 A autora mostrando o modelo dos quadrados crescentes de Ruth Parker, apresentado na Figura 1.2.

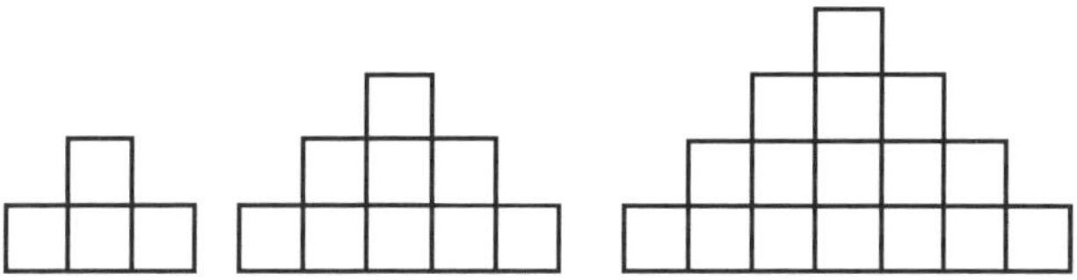

Caso 1 Caso 2 Caso 3

FIGURA 1.2 Modelo dos quadrados crescentes de Ruth Parker.

uma tabela com números e depois o examinem até identificarem o padrão. O padrão que as pessoas possivelmente notam é numérico — ou seja, para encontrar o número de quadrados no padrão, você pode tomar um dos casos numéricos (como 2) e adicionar um a esse número (resultando em 3), elevando, após, o número ao quadrado para obter 9. Esse padrão de adicionar um e elevar o número ao quadrado permite encontrar o número total de quadrados de qualquer um dos casos numéricos. O padrão pode ser expresso algebricamente como $(n+1)^2$.

A expressão que descreve esse padrão é uma função quadrática. Quando os alunos trabalham desse modo — manipulando números e símbolos sem conexões ou significado —, eles perdem importantes oportunidades de entender as funções matemáticas. Em meu trabalho, em vez de perguntar quantos números há em diferentes casos, pergunto "Como você vê o crescimento do padrão? Onde você vê os quadrados extras na forma?". Essas são as perguntas que fiz ao CEO naquela noite.

Número de quadrados em cada caso

Caso	Número total de quadrados
1	4
2	9
3	16
4	25
n	$(n+1)^2$

Fiquei surpresa com a resposta dele. Não é que o CEO não tenha conseguido identificar um método de crescimento; ele conseguiu e o descreveu para mim. Ele disse que via os quadrados extras no alto de cada coluna. Outras pessoas descreveram isso como um método das "gotas de chuva", com os quadrados "caindo" do alto da forma, como os pingos de chuva caem do céu. A Figura 1.3 mostra esse método e outras maneiras como as pessoas veem o crescimento.

Entretanto, depois de compartilhar seu método, o CEO fez uma pergunta que nunca me haviam feito antes. Com uma confusão genuína em sua voz, ele perguntou "Mas não é desse modo que todos veem?". Não respondi que não; apenas pedi que os demais compartilhassem como viam o crescimento. Quando percorremos a mesa, cada um compartilhou uma maneira diferente de ver o crescimento do padrão. O CEO parecia cada vez mais espantado, como se nunca lhe houvesse ocorrido que havia mais de uma maneira de ver algo matemático. Ele abanou a cabeça, incrédulo. Agora tínhamos sua atenção.

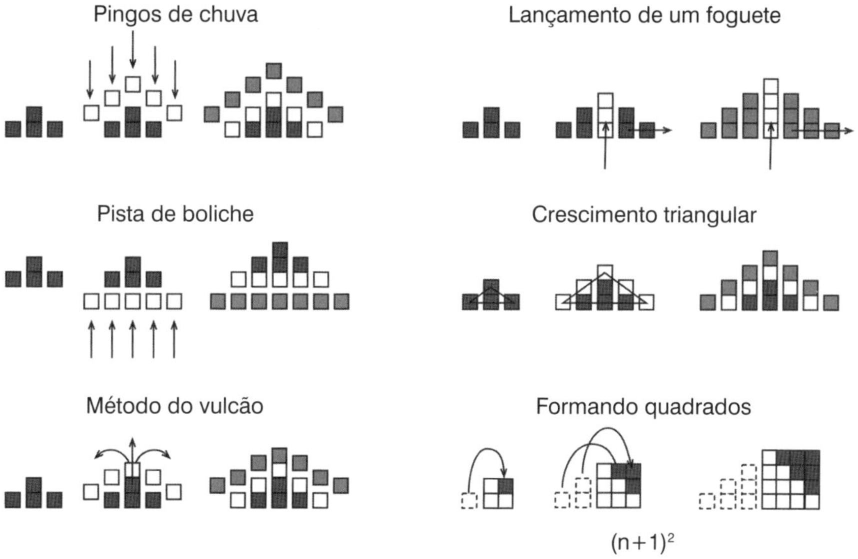

FIGURA 1.3 Diferentes maneiras de ver e descrever o crescimento do padrão.

Mudanças nas perguntas para convidar os alunos a uma versão mais ampla da matemática são importantes. Quando eles se deparam com uma versão numérica limitada de uma pergunta e olham para quadros com números para verem os padrões e encontrarem expressões algébricas, é possível que encontrem $(n+1)^2$, mas que não tenham ideia de por que essa expressão funciona ou o que ela significa. Quando perguntamos aos estudantes como veem o crescimento do padrão, eles compreendem mais profundamente a função e podem entender visualmente que a forma cresce como um quadrado que é sempre um a mais do que o caso numérico. O último método na Figura 1.3 demonstra isso com mais clareza. É por isso que podemos descrever o crescimento como $(n+1)^2$.

À medida que o jantar ia avançando, compartilhei algo que para mim é apaixonante e que está fundamentado em importantes pesquisas neurocientíficas: o valor da diversidade matemática. O termo *diversidade* significa diferença, variedade. Neste livro, utilizarei o termo *diversidade matemática* para incluir tanto o valor da diversidade nas pessoas, seja racial, cultural, social ou alguma outra forma, quanto as diferentes maneiras de ver e aprender matemática. Também utilizarei o termo *math-ish** para descrever um modo de pensar sobre a matemática que empregamos na vida real e que pode ser uma ferramenta poderosa para o pensamento dos alunos. A adoção desses conceitos de diversidade matemática e *math-ish* são a chave para uma compreensão rica da matemática que é igualmente significativa para todos os estudantes, independentemente do grau de instrução, da identidade de gênero, da raça ou da etnia, etc.

As pesquisas mostram que a diversidade entre os estudantes é a chave para a colaboração, a resolução de problemas, a compaixão, o desempenho e muito mais.[1] No entanto, os estudos também mostram que, quando a matemática é adotada como uma disciplina que pode ser vista e resolvida de forma diferente, isso leva a melhor desempenho e maior motivação e prazer.[2] Esses dois aspectos da diversidade — diferenças entre as pessoas e na matemática — são independentes, mas também se associam de formas maravilhosas, reforçando e apoiando um ao outro. Se quisermos valorizar e incentivar todas as pessoas que conhecemos a pensarem de formas diferentes, precisamos recusar a matemática limitada, que é a única matemática que a maioria das pessoas conhece. Em vez disso, devemos adotar a diversidade matemática.

Naquela noite, o CEO ficou maravilhado com a diversidade matemática que viu, o que frequentemente está faltando nas escolas e nos lares, em grande parte em detrimento das relações matemáticas dos indivíduos. Algumas pessoas podem ter sucesso com uma versão unidimensional e limitada da matemática, porém, mesmo elas estão deixando de conhecer todo o alcance e o poder da matemática. Quando as pessoas se envolvem na diversidade da matemática, isso altera suas percepções de cada situação numérica, espacial ou relacionada a dados com que se deparam.

---

* N. de R. T. Em inglês, o sufixo *ish* poder ter dois significados. O primeiro indica uma espécie de pertencimento, como vemos no caso de algumas nacionalidades, como *English*, ou seja, aquele que é da Inglaterra (*England*, em inglês). O segundo sentido é indicar que algo é mais ou menos o que o caracteriza, por exemplo, é comum, ao marcarem um compromisso, falantes da língua inglesa dizerem que é *nine-ish*, ou seja, mais ou menos (ou por volta) das 9 horas. Nas próximas páginas, a autora explicará a origem do título do livro e, ao longo do texto, optamos por manter o uso de *math-ish* e de *ish* conforme o original, a fim de preservar o sentido utilizado.

UMA MANEIRA DIFERENTE

Sou professora na Stanford University, mas iniciei minha carreira como professora de matemática em escolas de Londres. Comecei lecionando na Haverstock School, uma escola de ensino médio em Camden Town, no centro da cidade.[3] Camden é uma parte vibrante, bonita e com poucos recursos de Londres, e a maioria dos alunos vive em lares assistidos e tem direito à merenda escolar gratuita. Quando eu lecionava na Haverstock, os estudantes falavam mais de 40 línguas diferentes. Aquele é um local maravilhosamente diversificado para ensinar.

Em meu primeiro dia de aula, eu estava terminando meu ano de credenciamento para ensino* na London University e estava cheia de ideias sobre as maneiras de transmitir aos alunos a beleza e a alegria da matemática. Eles tinham 13 anos e haviam acabado de ser colocados em grupos de habilidades. Eu estava ensinando o grupo de nível inferior, "grupo 4" de quatro grupos. Ali conheci Sue, uma aluna obstinada que posteriormente fiquei sabendo que tinha uma reputação de muitas suspensões na escola. Sua oposição verbal às ideias de alguns professores significava que ela acabava sendo forçada a perder dias de aula — e oportunidades de aprendizagem. Naquele primeiro dia, Sue tinha sua expressão atrevida característica e um brilho nos olhos quando me perguntou em voz alta: "Por que deveríamos nos importar com isso?" (Figura 1.4).

Eu hesitei. Como uma professora novata na primeira hora da minha primeira aula, eu não sabia bem o que dizer. Sua pergunta incisiva era válida. Os estudantes colocados em grupos inferiores no sistema britânico só conseguem obter notas baixas nas provas. A nota mais alta que os alunos da minha turma conseguiriam atingir em seus exames nacionais, que ocorreriam dali a três anos, era um D. A maioria das profissões e dos caminhos que conduzem ao ensino superior requer no mínimo um C. Se esses alunos escutam algum som estranho e alto quando são colocados em grupos inferiores, provavelmente é o som das portas se fechando, as quais poderiam conduzi-los a futuros mais brilhantes, mas que já não estão

* N. de R. T. Similar à licenciatura no Brasil.

FIGURA 1.4 Meu primeiro dia de aula, Haverstock School, Londres.

mais disponíveis para eles. Naquele momento, decidi que eu faria com Sue e seus pares um trabalho do mais alto nível. Três anos depois, Sue atingiu a nota que precisava para avançar e obteve uma vaga em um programa de engenharia de som. Ela agora é proprietária e dirige grandes empresas de música e entretenimento em Bali.

Quando veio pela primeira vez para minha aula, Sue tinha a ideia de que não conseguiria se sair bem em matemática e estava enfrentando muitas circunstâncias difíceis em casa e na escola, incluindo ter sido classificada para o grupo mais inferior. Apesar disso, ela foi capaz de transformar seu desempenho matemático — e, com isso, sua vida. Anos mais tarde, em um relato na mídia sobre suas conquistas, ela refletiu que, antes de ter bons resultados em matemática, achava que nunca atingiria um sucesso como esse em sua vida.

Nos anos que se seguiram, ensinei a muitas pessoas o que havia ensinado a esses alunos na Harvestock School em Londres — uma forma de abordar a matemática que conduza ao sucesso. Isso começa pela diversidade — valorizar as diferentes formas de ver e pensar sobre matemática. Por si só, isso já tem o potencial de mudar a matemática de uma experiência limitada e rígida para uma experiência diversificada, acessível e dinâmica. Também envolve adotar uma abordagem "*ish*"* à matemática, mas isso explicarei melhor mais adiante.

MATEMÁTICA LIMITADA

Muitas pessoas conhecem os danos causados pela falta de diversidade matemática no sistema escolar, o que chamo de matemática limitada. No mundo da matemática limitada, as perguntas têm um método valorizado e uma resposta. Elas são sempre numéricas e não envolvem recursos visuais, objetos, movimentos ou criatividade. A maioria das pessoas apenas experimentou a matemática limitada, e é por isso que temos um país com insucessos e ansiedade generalizados na disciplina.[4] Um exemplo dos danos causados pela matemática limitada vem do sistema universitário. Em um artigo de destaque no *The New York Times*, o repórter investigativo Christopher Drew informou que, todos os anos, estudantes ingressam em faculdades de quatro anos pretendendo se especializar em uma das muitas disciplinas STEM de matemática, ciências, engenharia e pré-medicina.[5] No entanto, depois de passar pelas aulas introdutórias — o que Drew descreve como "uma enxurrada de cálculo, física e química", impressionantes 60% deles mudam de especialização. Drew cita David E. Goldberg, um professor emérito de engenharia, que descreve isso como "a marcha para a morte da ciência matemática" (Figura 1.5).

Drew cita Matthew como exemplo, o qual obteve 800 em matemática no Scholastic Aptitude Test (SAT) e cursou cálculo básico e cinco outros cursos de colocação avançada no ensino médio. Ele chegou à universidade com a intenção de ser engenheiro, esperando encontrar um conteúdo interessante sobre o qual poderia pensar de diferentes maneiras. Em vez disso, se viu em classes em que era esperado que memorizasse equações e, nesse momento, decidiu que "estava farto" da matemática limitada. Como um candidato a estudante de engenharia, a expectativa de Matt era de que as aulas tivessem

---

* N. de R. T. Ou seja, reconhecer a matemática em lugares que nem imaginamos que ela exista.

"tudo a ver com a aplicação". Ele ficou tão decepcionado com o modo limitado como o conteúdo foi apresentado que trocou sua especialização para psicologia, na qual as disciplinas convidavam os estudantes a discutir ideias.

A matemática limitada não só afasta os alunos de alto rendimento dos cursos STEM (do inglês *science, technology, engineering and maths*), mas também tem um efeito devastador naqueles que precisam passar em matemática para prosseguir com sua vida, seja qual for a direção que pretendam tomar. Aproximadamente 40% dos estudantes nos Estados Unidos frequentam *community colleges*,* em que devem se submeter a testes, geralmente em Álgebra 2, e 80% destes acabam em cursos de recuperação de matemática, que em geral consistem em álgebra ensinada da mesma maneira que eles experimentaram no ensino médio, o que já havia ocasionado seu fracasso. Na Califórnia, mais de 170 mil estudantes foram colocados em recuperação

FIGURA 1.5 A "marcha para a morte" da ciência matemática.

* N. de R. T. São instituições que, além de cursos profissionalizantes, oferecem cursos de ensino superior. Ao contrário das universidades consideradas de ponta, como Stanford, o estudante não precisa passar por um processo seletivo para ingressar nas *community colleges*, apenas realizar a matrícula e pagar as taxas necessárias. Nos Estados Unidos, essas instituições são vistas como inferiores às demais, de forma que seus egressos têm menos oportunidades de trabalho do que os egressos de universidades renomadas.

de matemática, e mais de 110 mil deles foram reprovados ou abandonaram os cursos, não podendo prosseguir com suas carreiras universitárias.[6]

A matemática limitada acaba com as esperanças e os sonhos de milhões de universitários. Isso não só é um problema para os alunos, mas também causa adversidades graves para a sociedade norte-americana, ameaçando o futuro da economia e o desenvolvimento da ciência, da tecnologia, da medicina e das artes.[7] De fato, os dados são tão dramáticos, negativos e consequentes que me surpreende que isso não motive uma ação em níveis federal e estadual para ilegalizar a matemática limitada, banindo-a das salas de aula da educação básica e do ensino superior.

O problema evidenciado pelos dados das faculdades de dois e quatro anos é reproduzido nas salas de aula de todo o país, desde a educação infantil até a faculdade: poucos alunos apreciam ou estabelecem conexão com uma versão da matemática que é limitada e empobrecida. À medida que passam de ano, a matemática se torna cada vez mais limitada, e a limitação da disciplina está refletida na limitação dos estudantes que conseguem se manter engajados e com sucesso.[8]

Quando abrimos a matemática para reconhecer as muitas maneiras como um pensamento ou um conceito pode ser considerado, visto e resolvido — quando ensinamos matemática com diversidade —, abrimos a disciplina para muito mais alunos.[9]

Mesmo no começo da minha carreira, eu sabia que havia uma maneira melhor de ensinar e aprender matemática. Entretanto, quando a nova neurociência da aprendizagem explodiu em cena há cerca de dez anos, mostrando as formas como nosso cérebro processa a matemática, fiquei apaixonada por comunicar essas ideias.[10] Quando as compartilho com outras pessoas, não apresento resultados neurocientíficos abstratos; traduzo os achados, mostrando o que significam para a aprendizagem da matemática — e, mais em geral, para as relações matemáticas. As ideias têm o potencial de transformar a aprendizagem e, por isso, são incrivelmente úteis para pais, professores e alunos. No entanto, além disso, elas também mudam a maneira como as pessoas se defrontam com a matemática e a utilizam em sua vida. A matemática pode ser uma arma secreta, uma ferramenta incrível que todos nós temos potencial para utilizar, mas, com frequência, é uma habilidade subutilizada. Se quiser viver sua vida plenamente, aproveitando ao máximo as lentes matemáticas que podemos usar para ver o mundo, convido você a preparar-se, abordando a matemática e a vida com as lentes da diversidade matemática e *math-ish*.

UM PROBLEMA CULTURAL GLOBAL

As ideias que irei compartilhar neste livro ajudaram não só aqueles que não tiveram bom desempenho em matemática. Há muitos anos leciono para universitários com alto desempenho em Stanford. A maioria deles chega com uma relação rompida com a matemática. Eles até tiveram sucesso, mas veem a matemática como um conjunto de procedimentos que precisam reproduzir em grande velocidade. Quando lhes mostro que a matemática pode ser o oposto disso — um conjunto de ideias interligadas e criativas sobre as quais as pessoas podem pensar devagar —, eles ficam impressionados e empolgados.[11] Os estudantes me dizem que jamais querem retornar àquela versão limitada da matemática baseada na rapidez que conheceram antes.

Poucos indivíduos veem e experimentam a matemática com diversidade, e as consequências da má matemática são reais para milhões de pessoas no mundo. Entre 10 e 40% das pessoas na maioria dos países não têm conhecimentos básicos de matemática e aritmética e as evitam ao máximo.[12] Essas pessoas ficam vulneráveis cada vez que precisam ler um gráfico, um diagrama, uma tabela ou um conjunto de números. Muitos nessa posição estão em situação de pobreza, e as desigualdades nos sistemas educacionais e na sociedade lhes negam oportunidades de aprender e melhorar de vida.

Lamentavelmente, as pessoas que mais precisam de confiança e conhecimento matemático muitas vezes são aquelas que não tiveram acesso a um ensino forte em matemática e, por isso, são excluídas de muitas carreiras profissionais.[13] O bom desempenho em matemática pode ajudar a retirar jovens da pobreza e lhes permitir viver sua vida mais plenamente.[14]

Além da falta de diversidade nas salas de aula, muitas pessoas têm uma relação negativa com a matemática porque, mais do que qualquer outra, ela é tratada na escola como uma disciplina de desempenho. A matemática é a disciplina mais testada do currículo e frequentemente é usada para classificar ou ranquear e, por extensão, medir seu valor como pessoa. Muitas vezes, os alunos nem mesmo pensam na matemática propriamente dita; eles só conseguem pensar se estão se saindo bem na disciplina. Para piorar as coisas, os testes geralmente consistem em perguntas frias e limitadas feitas com rapidez.

Poucas pessoas sobrevivem a esses testes limitados e baseados na velocidade com uma visão positiva da disciplina. O teste de matemática é uma prova por procedimentos. Para aqueles que se saem bem, sua recompensa é conhecer a verdadeira matemática — jogar com as ideias e fazer conexões entre elas. Entretanto, para a maioria das pessoas, sua experiência com os

procedimentos, a pressão e o julgamento constante as leva a concluir que a matemática é assustadora e desagradável.

Se você é pai/mãe ou um professor com alunos que estão enfrentando esses problemas, tenho boas notícias: você não está sozinho, e este livro o ajudará. As informações vitais nestas páginas ajudarão as crianças a navegarem em suas jornadas matemáticas, a encontrarem prazer, alívio e esperança nessa abordagem diversificada. Mesmo que você seja um adulto com uma relação positiva com a matemática, este livro também o ajudará, pois discutirá novas pesquisas sobre a abordagem que precisamos no mundo moderno. Ao longo dos anos, trabalhei com muitas pessoas que foram capazes de mudar sua relação com a matemática — percebendo que não eram elas que eram "falhas", mas o sistema. Quando mudaram a maneira como se relacionavam com a matemática, elas descobriram que sua vida melhorou.[15]

Um dos poderes matemáticos que ensinarei é como mudar qualquer problema difícil transformando-o em um problema mais fácil. A maioria das pessoas não sabe como ou acha que não é "permitido" fazê-lo. Elas acham que devem trabalhar com o problema difícil que recebem. No entanto, mudar os problemas de matemática acaba se revelando muito útil, não só na escola, mas também nas demandas que encontramos no mundo. Esse modo diferente de pensar sobre a matemática é uma nova lente que pode ser aplicada a qualquer coisa — e, depois que você aprender esse superpoder, não olhará para trás. Também lhe ensinarei a usar o conhecimento que você tem e fazer conexões com outros conhecimentos. Se isso parecer misterioso, continue a leitura, pois tudo ficará claro nos próximos capítulos.

A cultura escolar do desempenho em matemática ficou evidente para mim alguns anos atrás, quando entrevistei pedestres nas ruas de São Francisco, Califórnia. Eu estava me preparando para um dos meus primeiros cursos *on-line** e havia chegado à cidade em um dia frio com alguns dos meus alunos da pós-graduação e algumas câmeras.[16]

---

* N. de R. T. Uma adaptação desse curso em língua portuguesa está disponível em mentalidadesmatematicas.org.br.

Pedi a cada pessoa que passava que simplesmente descrevesse a matemática para mim. Entretanto, todas elas responderam a uma pergunta diferente. Uma a uma, todas compartilharam como tinham se saído em matemática — descreveram seu desempenho, geralmente se avaliando enquanto falavam.

Suas descrições emocionais das trajetórias de desempenho, bem-sucedidas ou não, foram surpreendentes. Nenhuma pessoa deu uma descrição da matemática; em vez disso, descreveram suas próprias trajetórias de sucesso ou fracasso. Esse é o dano da cultura do desempenho; ela rouba das pessoas seu direito de desfrutar das ideias matemáticas e se tornar matematicamente empoderadas.[17] Em vez disso, muitas delas só conheceram a matemática como uma ferramenta para classificar, julgar e segregar.

Não é apenas a testagem excessiva da matemática que provoca esse dano; a cultura dos testes se combina com a tradicional representação distorcida da disciplina como um conjunto de procedimentos e respostas certas e erradas. Não é por acaso que esses aspectos aparecem associados. É preciso trabalho, esforço e alguma imaginação para criar perguntas de teste que avaliem uma abordagem diversificada da matemática — valorizando o pensamento, a criatividade e a resolução de problemas dos estudantes. Nenhum dos principais editores de manuais de matemática, desenvolvedores de aplicativos

ou empresas de testes assumiu esse compromisso. Eles adoram a matemática limitada e procedimental porque com ela é fácil reproduzir perguntas sem sentido em centenas de milhares de páginas dos manuais e porque é fácil de testar. No entanto, isso não deveria ser o que norteia o ensino da matemática.

No palco do infortúnio, até agora temos dois personagens: uma disciplina com excesso de testes e uma representação distorcida da matemática como um conjunto de procedimentos. Esses dois vilões são suficientemente maus, mas são auxiliados por um terceiro: o terrível demônio do "cérebro matemático".

Durante séculos, muitos acreditaram que as pessoas já nasciam com um "cérebro matemático" e podiam aprender matemática até níveis superiores, enquanto outras não. Frequentemente, essas ideias eram combinadas com visões sexistas, racistas e outras concepções discriminatórias sobre quem tinha esses "dons".[18] Entretanto, os últimos dez anos mostraram, de forma bastante definitiva, que não existe nada que se possa chamar de um cérebro matemático, e todos os cérebros estão em constante desenvolvimento, conexão e mudança.[19] Isso é apoiado por evidências neurocientíficas que revelam o incrível crescimento do cérebro depois de intervenções curtas.[20] Isso também foi demonstrado por pessoas cujos primeiros anos de escola foram difíceis, muitas vezes sendo rotuladas como precisando de apoio educacional especial severo, mas que alcançaram os mais altos níveis matemáticos — incluindo um doutorado em matemática aplicada na Oxford University.[21]

Esses três vilões — o cérebro matemático, a disciplina procedimental e o excesso de testes —, com algumas desigualdades sistêmicas incluídas para uma boa medida, trabalham juntos em perfeita sincronia para criar uma experiência horrível da qual poucos se recuperam. Para piorar as coisas, algumas das pessoas que passaram por essa experiência perturbadora, geralmente pessoas ricas e poderosas, lutam contra aqueles que tentam mudá-la, a fim de mantê-la igual. Elas sobreviveram a isso; então por que não fazer com que os outros tentem fazer o mesmo? Eu me recuso a ceder a essas pessoas, e minha resistência constante resultou em mais do que alguns ferimentos de guerra ao longo dos anos.[22] Minha experiência mais recente de ser uma das escritoras de um novo programa de matemática para o estado

da Califórnia me transformou em alvo de *e-mails* de ódio e ameaças de morte por parte de um grupo que trabalhava para desacreditar minha pesquisa e meu trabalho.[23] Continuei a luta porque sei que a matemática pode ser vivenciada de um modo completamente diferente e bonito — um modo diversificado. E, quando as pessoas vivenciam a matemática dessa nova maneira — mesmo dentro da brutal cultura do desempenho que permeia as escolas —, o resultado é o gosto pela matemática e o alto desempenho, mesmo nos testes limitados.[24]

Felizmente, nem todas as pessoas que tiveram êxito em nossa cultura do desempenho em matemática lutam para mantê-la igual. Sinto-me encorajada pela colaboração que recebi de alguns matemáticos, engenheiros e cientistas incríveis que sabem que precisamos mudar fundamentalmente a forma como a matemática é ensinada e aprendida.[25] Eugenia Cheng é uma matemática que admiro e que está dedicando boa parte da sua carreira à escrita para tentar mudar as ideias do público sobre o que a matemática é e o que ela pode ser. Ela aponta com precisão que não dedicamos tempo suficiente compartilhando o gosto pela matemática com os jovens; em vez disso, nos concentramos em treiná-los para ultrapassar os obstáculos, encorajando-os a memorizar métodos e regras que provavelmente terão pouca ou nenhuma utilidade em sua vida.[26]

A LIGAÇÃO ENTRE MENTALIDADE E COGNIÇÃO

Há muitas razões para a importância de *pensar sobre* matemática de modo diferente. Lang Chen, neurocientista e professor na Santa Clara University, realizou pesquisas importantes nessa área.[27] Há algum tempo sabia-se que os alunos com atitudes positivas em relação à sua aprendizagem atingiam níveis mais elevados.[28] Atitudes positivas reduzem a ansiedade na aprendizagem, aumentam a motivação e estimulam a persistência dos estudantes.[29] Chen estava interessado em explorar melhor essa relação para determinar os mecanismos neurológicos em jogo e os fatores que apoiam ou impedem uma atitude positiva.

Um dos achados de Chen e seus colegas foi que as atitudes dos alunos em relação à matemática — gostando ou não gostando dela — estavam correlacionadas ao seu desempenho em matemática (mas não ao seu desempenho em leitura), mesmo depois de controlar pontuações de quociente de inteligência (QI),[30] idade, memória de trabalho e ansiedade matemática.[31] De forma significativa, eles descobriram que as atitudes positivas estavam correlacionadas à atividade no hipocampo — isto é, a ativação das regiões direita e esquerda do hipocampo. Isso é importante porque muitas pessoas — dentro e fora do mundo científico — acham que as atitudes não estão relacionadas à cognição matemática, que elas existem em alguma parte difusa do cérebro. No entanto, o hipocampo é uma das regiões mais matemáticas do cérebro, desempenhando um papel vital na aprendizagem e na navegação espacial. O hipocampo tem habilidades semelhantes ao Google; a cientista Sian Beilock o descreve como o "mecanismo de busca da mente".[32] Podemos ativar esse mecanismo nos alunos se passarmos mais tempo incentivando-os a desfrutar da matemática por meio de explorações que estejam desatreladas de testes, notas e outras pressões por desempenho. Chen descobriu que o que você pensa sobre matemática altera seu hipocampo — e altera a forma como seu cérebro funciona enquanto você aprende.[33] Muito financiamento e atenção têm sido dados à mudança no conhecimento e na compreensão dos estudantes, mas quase ninguém presta atenção ao importante fato de que ocorrem grandes aumentos no desempenho (e mais) quando mudam as atitudes e os sentimentos dos alunos — sua mentalidade matemática.

Os cientistas descobriram que, quando pessoas com ansiedade matemática recebem problemas de matemática, é ativado em seu cérebro o mesmo centro do medo que é ativado quando vemos cobras e aranhas.[34] Existem evidências consideráveis mostrando que medo e ansiedade desativam partes do cérebro, incluindo o hipocampo, o que reduz a aprendizagem. Em contrapartida, crenças e pensamentos positivos sobre matemática estimulam as mesmas partes importantes do cérebro, proporcionando aprendizagem positiva e melhor desempenho. Essas evidências, por si só, deveriam frear o uso de práticas que induzem ansiedade nas salas de aula e encorajar uma abordagem que possa infundir mentalidade e positividade no conteúdo. É assim que ensinamos alunos dos anos finais do ensino fundamental e do ensino médio em nossos cursos de verão em Stanford. O impacto é significativo.[35]

O primeiro curso de verão que lecionamos foi para estudantes dos anos finais do ensino fundamental. Os testes de desempenho mostraram que as quatro semanas que eles passaram conosco resultaram em ganhos equivalentes a 2,8 anos de escola.[36] Eles mudaram sua mentalidade e começaram a acreditar em seu próprio potencial. Também começaram a encarar a matemática de uma forma diferente. A combinação dessas mudanças, em sua mentalidade e em sua abordagem da matemática, foi poderosa.

Os resultados foram tão expressivos que minha equipe do YouCubed em Stanford — todos eles educadores experientes — começou a realizar oficinas para outros professores, a fim de oferecer os mesmos cursos em suas regiões.[37] Um estudo do impacto desses cursos, realizados em dez distritos escolares nos Estados Unidos, mostrou os mesmos resultados benéficos no desempenho.[38] Os estudantes não só tiveram um desempenho em níveis significativamente mais altos ao final de seus cursos, como também retornaram para suas escolas e apresentaram *grade point averages* (GPAs)* consideravelmente mais altos em matemática no período seguinte, comparados aos alunos no grupo-controle.[39] O que aconteceu nesses cursos que alterou as

---

* N. de R. T. Trata-se da média das notas dos estudantes durante os anos equivalentes, no Brasil, ao ensino médio. Após a conclusão dessa etapa, essa média se torna um importante fator para o ingresso em grandes universidades, como Stanford, Columbia e Harvard.

trajetórias de aprendizagem deles? Eles aprenderam a abordar a matemática da forma que compartilharei neste livro.

UM NOVO MODELO PARA O SUCESSO

Meu conhecimento sobre as abordagens educacionais que promovem experiências transformadoras para os estudantes provém de diversas fontes. Trabalho e aprendo com neurocientistas em Stanford, e eles disponibilizaram conhecimentos incríveis e importantes nos últimos anos, compartilhando como nosso cérebro processa a matemática.[40] Também aprendo com psicólogos cognitivos que estudam a aprendizagem e compartilharam novos conhecimentos importantes sobre o pensamento e a aprendizagem. Cientistas como Carol Dweck, Anders Ericsson e Jim Stigler escreveram livros compartilhando a sabedoria valiosa da psicologia.[41] Entretanto, sei, com base em muitos anos de ensino, que, embora esses neurocientistas e psicólogos tenham colaborado com percepções fundamentais da aprendizagem, o potencial de suas ideias é maximizado somente quando combinado com os conhecimentos que os educadores fornecem, pois são eles que têm uma compreensão rica da aprendizagem dos alunos nas salas de aulas e nos lares, e foram os pesquisadores em educação que investigaram variados ambientes de aprendizagem para entender o impacto das diferentes abordagens de ensino e de aprendizagem. A compreensão da matemática é uma forma básica de conhecimento da qual todas as pessoas precisam — e que todas podem atingir. Neste livro, faço algo que nunca havia feito antes; reúno as diferentes percepções que essas diferentes fontes fornecem para o modelo de ensino e aprendizagem. É esse modelo que eu e outros profissionais temos usado nos últimos anos que resultou em melhorias significativas e duradouras nos resultados.[42]

...

Livros populares de ensino de matemática compartilham estruturas de sala de aula e formas de organizá-las, o que pode ser generativo para o pensamento e para a aprendizagem dos alunos e útil para os professores, mas muitas vezes não incluem a construção de relações matemáticas importantes.[43] Essas relações — entre adultos e alunos, entre estudantes e estudantes e entre você e você — são essenciais. Sei que as relações matemáticas positivas provêm de duas áreas de trabalho importantes: uma delas envolve mudar a matemática que as pessoas conhecem, de questões limitadas para questões abertas que encorajam ideias diversificadas e criativas; a outra envolve incentivar relações respeitosas e colaborativas entre as pessoas. Este livro está repleto de informações sobre como criar ambas as condições e exemplos inspiradores das pessoas que o fazem, com resultados impressionantes.

Espero que as ideias neste livro ajudem você, e aqueles com quem trabalha, a obter belas relações matemáticas. Se você for pai/mãe, estudante, educador ou uma pessoa que simplesmente gostaria de melhorar sua relação com a matemática, eu o convido a conhecer ou familiarizar-se com dois conceitos que ganharão vida nas próximas páginas: diversidade matemática e *math-ish*. Essas ideias surgem quando a diversidade fornecida por diferentes pessoas e concepções combina com uma versão da matemática que seja aberta e suficientemente *ish* para se beneficiar com essa diversidade. Se você conhecer e experimentar verdadeiramente essa versão da matemática, ela o mudará. Então, quem sabe, se algum dia você for parado na rua e lhe pedirem para descrever a matemática, você não falará sobre suas experiências brutais ou sobre a avaliação do seu desempenho; em vez disso, descreverá como a matemática ilumina seu mundo.

2

APRENDENDO A APRENDER

Acontece que as pessoas mais capacitadas matematicamente no mundo adotam uma abordagem de aprendizagem diferente daquelas que têm menos sucesso. Elas não têm um alto desempenho porque nasceram com vantagens especiais, mas porque tiveram acesso a algumas das ideias e das formas de trabalhar que compartilharei neste capítulo. Em geral, aprenderam essas ideias com amigos ou familiares, pois elas raramente são compartilhadas no sistema escolar. No entanto, quando os aprendizes recebem informações que lhes permitem abordar a matemática de maneira diferente, isso muda a trajetória da sua aprendizagem.

É importante salientar que a abordagem diferente e mais bem-sucedida para compreender a matemática pode ser aprendida. E o impacto da abordagem modificada tem um grande alcance; as pesquisas mostram que as práticas e as crenças que criam alunos com desempenho superior também são as práticas e as crenças que melhoram a vida das pessoas. A abordagem modificada inicia com ações metacognitivas, as quais permitem que as pessoas se tornem melhores solucionadoras de problemas, melhores comunicadoras e melhores questionadoras; fiquem mais motivadas; desenvolvam melhores relacionamentos; e sejam mais bem-sucedidas na sua profissão. Para os estudantes, o impacto é igualmente impressionante, dando um enorme impulso ao seu desempenho, um benefício que se estende para todas as faixas etárias e para todas as disciplinas.

Em meu trabalho com educadores, percebo que a maioria das pessoas considera que metacognição é um processo de pensamento sobre seu próprio pensamento. Prefiro pensar nesse conceito como aprender a aprender e aprender a ser eficiente na vida. A metacognição é uma parte importante do desenvolvimento de um solucionador de problemas criativo, independente, autorregulador e flexível. Apesar das evidências que apoiam o impacto das práticas de metacognição na aprendizagem e no desempenho, raramente as vejo aplicadas nas aulas de matemática. E tenho dúvidas se as ideias são normalmente encorajadas nos lares ou nos ambientes de trabalho. Essa ausência da aprendizagem metacognitiva tem importantes ramificações no sucesso do indivíduo em longo prazo tanto em matemática quanto em outras áreas. Felizmente, existe um conjunto de estratégias que todos nós podemos usar. Ao compartilhá-las neste capítulo, convido-o a embarcar em uma jornada metacognitiva que irá melhorar sua aprendizagem e sua vida.

UMA NOVA TEORIA DA COGNIÇÃO

Em 1979, o professor de psicologia de Stanford John Flavell criou a teoria da metacognição, e os pesquisadores têm investigado seu impacto desde então.[1] A palavra *meta* vem do prefixo grego que significa além, e metacognição refere-se aos processos importantes que vão além do pensamento, como planejamento, monitoramento e avaliação. Na descrição de Flavell, metacognição inclui o conhecimento de nós mesmos, o conhecimento da tarefa em questão e o conhecimento de estratégias, por isso não surpreende que ela aumente a capacidade de resolução de problemas, possibilite a diversidade matemática e melhore o desempenho no trabalho.[2] Neste capítulo, compartilho as estratégias que levam a uma perspectiva metacognitiva e matematicamente diversificada para que você possa empregá-las à medida que avançar na leitura deste livro.

Em 2015, o Programa Internacional de Avaliação de Estudantes (PISA) considerou as abordagens de aprendizagem de 15 milhões de jovens e as formas como eles se relacionavam com o desempenho em matemática. Os resultados mostraram que os alunos que adotaram uma abordagem de memorização em matemática eram os que apresentavam o mais baixo desempenho no mundo. Os que tinham o mais alto desempenho eram aqueles que adotavam uma abordagem "relacional" ou de "automonitoramento".[3] Esses alunos descreveram sua abordagem de aprendizagem como focada na relação entre as ideias (veja o Capítulo 6) ou então relataram como monitoravam sua aprendizagem; as duas abordagens são essencialmente metacognitivas. A Organização para a Cooperação e Desenvolvimento Econômico (OCDE), o grupo que organiza e administra os testes PISA mundialmente, instituiu um "Projeto de Educação 2030" definindo "conhecimento, habilidades, atitudes e valores que os estudantes precisam para atingir seu potencial e contribuir para o bem-estar de suas comunidades e do planeta".[4] As habilidades metacognitivas são fundamentais na orientação dada para o desenvolvimento dos alunos em pessoas que funcionam eficientemente e podem contribuir de formas significativas para suas comunidades locais e para o mundo.

John Hattie é um pesquisador que realiza metanálises, uma abordagem que combina múltiplos estudos científicos para encontrar resultados que tenham aplicabilidade em grande escala. Hattie conduziu um estudo inovador que considerou diferentes abordagens em educação, cada qual recebendo um tamanho de efeito. Um tamanho de efeito é um valor que comunica a força da relação entre duas variáveis — Hattie examinou a relação entre as diferentes abordagens em educação e o desempenho dos estudantes, explorando o quanto elas afetavam o desempenho. Ele considerou 138 abordagens educacionais diferentes em 700 mil estudos e 300 milhões de estudantes e descobriu que o tamanho de efeito médio (medido como um d de Cohen) das diferentes abordagens era 0,40. Então, decidiu avaliar a eficácia de todas elas em relação a esse ponto de articulação para ver quais delas valem a pena ser seguidas. Uma das abordagens se destacou como tendo maior impacto do que qualquer outra — com um tamanho de efeito de 1,33: os alunos relatando seu próprio progresso. Os outros atos que demonstraram ter alto impacto foram as discussões em sala de aula (0,82), o envolvimento dos alunos em metacognição (0,75) e o ensino de resolução de problemas (0,68). Entre as abordagens que tiveram um tamanho de impacto tão baixo que não justificava seu uso estavam instrução individualizada (0,23), sistemas de responsabilidade externa (os quais considero como testes impostos pelo distrito!) (0,31) e agrupamento por habilidades (0,12).[5] As metanálises de Hattie resumem milhares de estudos, por isso não fornecem detalhes sobre as diferentes formas de aplicação, mas dão pistas estatisticamente poderosas sobre as abordagens que são importantes de usar.

Apenas uma das categorias foi chamada de "metacognição", mas o ato que tem o maior impacto de todos — o relato dos estudantes sobre seu próprio progresso — é altamente metacognitivo; mais adiante no capítulo, compartilharei algumas formas de proporcionar essa oportunidade importante aos alunos.

Nas salas de aula e nos ambientes de trabalho, é fácil identificar as pessoas que aprenderam e as que não aprenderam estratégias metacognitivas. Provavelmente todos nós conhecemos pessoas que ficam desanimadas quando recebem desafios difíceis, presumem que não conseguirão se sair bem e desistem diante de obstáculos. Provavelmente também conhecemos pessoas que não estão abertas a ideias diferentes das suas e que tentam rejeitar outras ideias ou talvez se fechem quando algo diferente é proposto.

Em contrapartida, pessoas que aprenderam estratégias metacognitivas provavelmente serão inquisitivas e curiosas, estão ansiosas por aprender e valorizam pontos de vista diferentes. Se estão presas em um problema, podem voltar atrás e refletir sobre o que sabem e o que precisam saber ou podem escolher entre outras estratégias que aprenderam. É importante mencionar que elas desfrutam do processo de resolução de problemas e da aprendizagem. Essa combinação complexa de resolução de problemas, mentalidade e planejamento de alto nível que ocorre quando somos metacognitivos ocorre no córtex pré-frontal anterior do cérebro.[6]

Quando as pessoas aprendem a *ser metacognitivas*, elas não só melhoram suas habilidades de resolução de problemas, como também desenvolvem maior comportamento pró-social e mais empatia, tornam-se melhores comunicadoras e aprendem maior controle executivo.[7] Algumas pessoas aprendem a se engajar nessas diferentes maneiras, invocando uma combinação complexa de mentalidade e pensamento de ordem superior em suas vidas, e são pessoas mais bem-sucedidas por causa disso.[8] Como dizem Donna Wilson e Marcus Conyers, dois especialistas em "aprendizagem baseada no cérebro", se as funções cognitivas são os músicos, a metacognição é o maestro.[9]

Vejo potencial na adoção de uma abordagem metacognitiva em três diferentes áreas da vida e do trabalho. Primeiro, a área mais frequentemente associada à metacognição é a autoconsciência que temos da nossa própria aprendizagem e interação. Em meu trabalho ensinando professores no Reino Unido e nos Estados Unidos, regularmente lhes peço para refletir sobre uma aula que tenham dado. Isso me mostrou algo fascinante. Alguns educadores são incrivelmente reflexivos e recordam detalhes das aulas e de como poderiam ter se engajado de forma diferente, dissecando interações importantes na sala de aula e considerando seu papel nelas. Outros não refletem tanto, dizendo apenas que as aulas foram boas ou que correram bem. Não causa surpresa que as pessoas que refletem sempre são as que se tornam professores mais eficazes e, muitas vezes, líderes na educação. É importante ressaltar que essa autorreflexão é algo que todos nós podemos aprender e pode ser estimulada por educadores, pais e outras pessoas.

Um segundo aspecto da metacognição envolve diferentes formas de se concentrar na tarefa em questão, estar disposto e ser capaz de desvendá-la e refletir sobre o que está envolvido. Uma pessoa metacognitiva irá pensar de formas importantes — possivelmente retornando à questão, considerando quais informações são necessárias, pensando em voz alta ou simplificando-a.

Aquele que desenvolveu e refletiu sobre as diferentes estratégias poderá escolher entre elas ou tentar algumas abordagens diferentes.

A terceira parte da metacognição envolve avaliação, ser capaz de monitorar o próprio progresso e refletir sobre o que é necessário para atingir os objetivos. É aqui que os professores e os pais desempenham um papel fundamental, indicando aos alunos para onde devem ir e como chegar lá. Os líderes em educação Paul Black e Dylan William propuseram uma abordagem que denominaram "avaliação para aprendizagem", definindo-a como comunicar aos alunos onde eles se encontram no momento, onde precisam estar e como reduzir a lacuna entre os dois.[10] Essas informações, que criam estudantes responsáveis que regulam a própria aprendizagem, não são típicas das avaliações usadas nas salas de aula de matemática.[11] Posteriormente apresentarei casos de alunos que se engajaram nessa importante oportunidade.

COLOQUE A METACOGNIÇÃO EM PRÁTICA

Quando trabalho com grupos de professores, com frequência descubro que eles têm pleno conhecimento do valor de ser metacognitivo, mas menos conhecimento de como desenvolver essa abordagem em si mesmos e em seus alunos. Na próxima sessão, compartilharei algumas das abordagens mais impactantes que já usei ou vi serem usadas, além das respostas das pessoas que as experimentaram. Não é um eufemismo dizer que, para muitos estudantes, a aprendizagem das estratégias que compartilho a seguir desbloqueia seu potencial a partir desse momento.

Compartilhe o valor da metacognição

O ponto lógico por onde iniciar as pessoas em uma jornada de aprendizagem metacognitiva é compartilhando a importância das diferentes formas de interagir com o conhecimento que está disponível para todos nós. Muitos pesquisadores demonstraram o impacto da metacognição no desempenho dos alunos.[12] É importante compartilhar que existem diferentes formas de se envolver com a matemática e outras ideias e que essas diversas maneiras de fazer isso são importantes.

Donna Wilson e Marcus Conyers são especialistas em abordagens de aprendizagem baseadas no cérebro, e uma estratégia que eles compartilham com alunos mais jovens é convidá-los a desenhar ou decorar seus próprios "carros cerebrais", dizendo que eles podem ser "os condutores do seu próprio cérebro".[13] Os alunos podem refletir sobre como desviar seu carro das distrações ou dar marcha à ré para reconsiderar as direções a serem tomadas.

Entretanto, comunicar a importância de ser metacognitivo só ajudará se também encorajarmos as formas de ser metacognitivo — as diferentes estratégias de modos de pensar e se comunicar que as pessoas podem empregar. Recomendo informar às pessoas que o engajamento metacognitivo é importante e, então, ajudá-las a aprender uma variedade de estratégias para isso.

Ao longo dos anos, tive a sorte de aprender com alguns professores de matemática incríveis que desenvolveram alunos metacognitivos. Um deles é Carlos Cabana. Ele utiliza estratégias de ensino para ajudar a estimular estudantes metacognitivos durante as discussões com toda a classe e em outras situações. Iniciaremos nossa consideração das diferentes abordagens meta-

cognitivas que todos nós podemos compartilhar e utilizar examinando um exemplo de ensino de Carlos.

Estimule a metacognição por meio de discussões

Conheço e admiro Carlos Cabana há muitos anos e tive a felicidade de estudar sua abordagem de ensino em muitas escolas. Quando estudei os alunos na Railside School, uma escola urbana de ensino médio diversificada onde Carlos era codiretor do departamento com Lisa Jilk, testemunhei estudantes do ensino médio que eram solucionadores de problemas altamente eficientes porque os professores lhes ensinaram como trabalhar bem em conjunto.[14] Quando percebiam que alguém em seu grupo não estava contribuindo ou trabalhando bem, eles o convidavam para as discussões; quando não sabiam como começar a resolver um problema, faziam perguntas reflexivas aos outros — por exemplo: "O que a questão está nos perguntando?". Enquanto resolviam os problemas que haviam recebido, experimentavam diferentes estratégias que haviam combinado em conjunto.[15] Minha convicção é de que muitos educadores — ou gestores do local de trabalho — observariam as salas de aula na Railside e ficariam impressionados com a habilidade dos estudantes de trabalhar de maneira independente e tão bem em grupo. Não tenho dúvidas de que as práticas de trabalho conjunto aprendidas pelos alunos tiveram um papel importante em seu alto rendimento, o qual era significativamente mais alto do que a aprendizagem dos estudantes em outras escolas que eu estava estudando.[16]

Enquanto os alunos na Railside estavam aprendendo a ser solucionadores de problemas eficientes, eles também estavam aprendendo "igualdade relacional", uma forma de igualdade que não tem a ver com notas iguais nas provas, mas com relações respeitosas entre eles.[17] Um dos objetivos mais importantes que devemos ter para que nossos alunos aprendam a ser cidadãos no mundo diversificado é essa forma de respeito por seus colegas, independentemente de sua raça, sua classe, seu gênero, seu nível de desempenho ou qualquer outra forma de diferença.[18]

Durante a primeira semana de aula em que Carlos estava lecionando para o 6º ano, ele demonstrou como os educadores podem incentivar a metacognição reflexiva em seus alunos. Observar um professor na primeira semana do ano letivo é incrivelmente informativo, pois esse é o momento em que estabelecem quais serão as normas das suas salas de aula para o ano que se inicia.[19] Quando observei Carlos em sua primeira aula ensinando o 6º ano, ficou claro para mim como seus alunos se tornaram solucionadores de problemas conscientes, eficientes e metacognitivos. Notei, pela primeira vez, que cada instrução que ele dava aos estudantes era um convite a refletir metacognitivamente.

Dentro da sala de aula de Carlos

Carlos iniciou sua aula pedindo que um voluntário desenhasse no quadro um retângulo com 12 quadrados diante da turma. E esse foi o primeiro pedido de matemática do ano para os alunos do 6º ano. Carlos estava particularmente ciente da necessidade de valorizar o pensamento dos estudantes e de demonstrar compreensão significativa, clareza e sensibilidade. Ana se ofereceu como voluntária e aproximou-se do quadro nervosamente. Ela era a primeira aluna da classe a se apresentar naquele ano. Quando Ana foi até a frente, Carlos perguntou aos demais: "O que Ana vai fazer?". Alguns disseram "Desenhar 12 quadrados". Carlos respondeu com outra pergunta: "Que outras informações temos aqui? Não apenas os velhos quadrados. O que mais?".

Essa pode parecer uma interação típica, mas, na verdade, é muito incomum. Antes que Ana se apresentasse para a turma, Carlos pediu que os estudantes refletissem sobre o que ela ia fazer, em detalhes. Esse é um convite metacognitivo para refletir sobre o processo matemático. Quando os alunos não foram suficientemente específicos, Carlos os estimulou a pensar de forma mais detalhada. Quando Ana se preparava para desenhar seu retângulo, Carlos fez um convite importante para a turma. Ele disse a todos que eles tinham um papel específico a ser desempenhado enquanto Ana estava se apresentando, o qual era serem respeitosos e pensarem sobre as perguntas que poderiam fazer, assim todos eles poderiam "ter uma boa conversa sobre o trabalho".

Com essa solicitação, Carlos estava pedindo que os alunos refletissem sobre seu próprio comportamento e sobre as formas de interação com as ideias apresentadas. Ele estava trabalhando para trazer metacognição para os momentos de escuta. Em particular, ele salientou que, mesmo que Ana tivesse uma solução correta, os outros teriam um papel na consideração e na discussão do trabalho dela ao fazer bons questionamentos. Todos os professores sabem que quando alguém está se apresentando diante da turma é comum que os colegas se desliguem e percam o foco. Carlos evita isso atribuindo um papel aos alunos, pedindo que eles pensem em perguntas para o apresentador.

Quando Ana começou a desenhar seu retângulo, Carlos pediu que ela falasse em voz alta e explicasse seus processos de pensamento, outra solicitação metacognitiva importante.

Ana desenhou um retângulo e declarou "Isto é 12". Carlos imediatamente respondeu: "Como você sabe que é 12?". Essa é uma pergunta importante. Quando perguntamos a alguém *Como você sabe que uma resposta é correta?*, isso convida a pessoa a raciocinar sobre sua resposta, o que é um ato matemático fundamental. Carlos trabalha com cuidado e de forma explícita para ampliar as ideias dos alunos sobre o que significa ser matemático e acrescentar raciocínio às suas ferramentas para que eles possam ter sucesso com qualquer problema de matemática no futuro. Quando Ana compartilhou que contou até 12, Carlos respondeu dizendo "É uma boa estratégia. Alguém tem outra estratégia?". Essa declaração valorizou a estratégia de Ana e comunicou aos demais que existem abordagens diferentes e que ele, como professor, as valorizava.

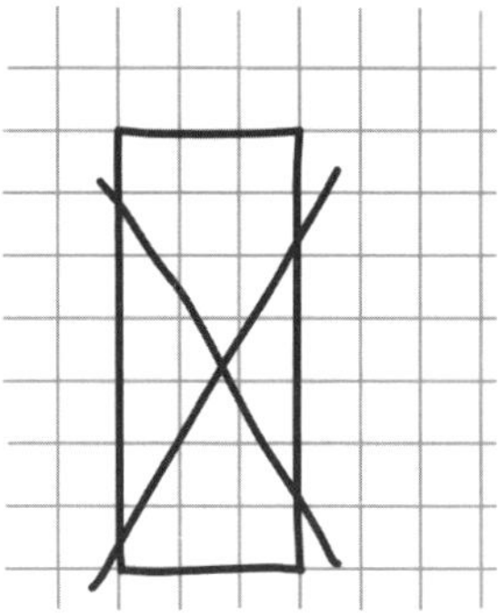

FIGURA 2.1 Retângulo de 12 incorreto de Alfonso.

Mais tarde na aula, Alfonso desenhou para a turma um retângulo que tinha mais que 12 quadrados e, depois, disse que aquilo estava errado e riscou o desenho com um X (Figura 2.1). Carlos respondeu: "Como você sabe que está errado? Por que você riscou?". Quando Alfonso vacilou diante da turma, Carlos o interrompeu com palavras de afirmação: "Você fez muita matemática perfeita aqui, e quero ouvir o que estava passando pela sua cabeça". Inicialmente, Alfonso disse "Não importa" de forma desanimada, mas

Carlos persistiu na sua comunicação de que o trabalho de Alfonso era importante e de que, se pudesse explicar o que estava incorreto, ele faria todos avançarem.

Nesses momentos, Carlos comunicou algo valioso a todos os estudantes na sala. Ele tratou o erro do mesmo modo que trataria o trabalho correto, demonstrando interesse na matemática, perguntando por que estava incorreto, investigando o processo e valorizando-o. Também teve o cuidado especial de elogiar Alfonso, dizendo que ele havia feito "muita matemática perfeita". Essa maneira de valorizar o aluno e seu pensamento matemático foi um momento importante durante a aula. Alfonso respondeu ao incentivo de Carlos e explicou corretamente, pensando de três em três, e desenhou um retângulo que tinha uma área de 12 (Figura 2.2).

Mais tarde, Carlos me contou que os dois alunos que haviam desenhado, os quais foram os primeiros da turma a se apresentar, tinham declarações de necessidades educacionais especiais e que estava emocionado por eles terem sido tão corajosos. Ele disse que, naqueles primeiros momentos, seu objetivo principal como professor foi protegê-los e valorizar seu pensamento matemático, fosse ele correto ou incorreto.

Os momentos seguintes na aula foram igualmente importantes quando Carlos convidou os alunos a compartilharem suas estratégias para encontrar 12 quadrados. Alguns deles disseram que multiplicaram para obter 12, o que seria o final da conversa na maioria das aulas de matemática. No entanto, Carlos voltou à resposta da multiplicação perguntando "Por que?". Alguns disseram que a multiplicação funcionava porque era mais rápida ou porque dava a resposta. Isso não satisfez Carlos, pois ele queria que se concentrassem no processo matemático. Por sete vezes durante a discussão, Carlos perguntou "Por que?", até que um aluno acabou explicando que "cada linha é um grupo de três, e há quatro linhas". Nesses momentos, Carlos compartilhou que valorizava

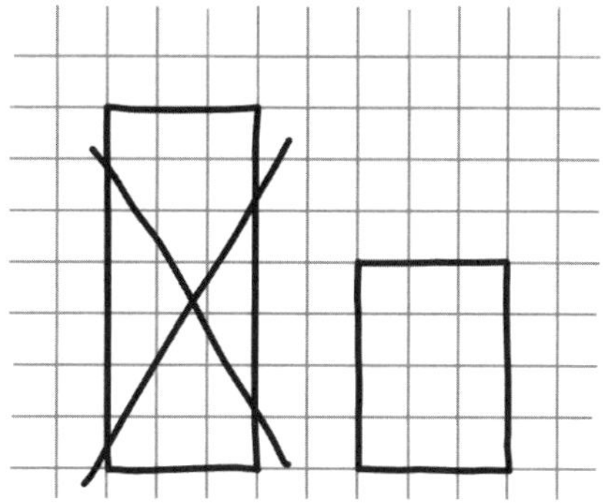

FIGURA 2.2 Retângulo revisado de Alfonso.

o processo matemático e a compreensão de por que ele funciona e que um papel importante dos estudantes na classe era buscar um significado mais profundo. O ato de perguntar *Por que?* a alguém é algo que todos nós podemos praticar em interações com outras pessoas.

Posteriormente, Hector ilustrou o processo de multiplicação, circulando as partes do retângulo que correspondiam aos números (Figura 2.3), e Carlos o elogiou dizendo que aquele tipo de explicação e codificação ajudava as pessoas a verem o pensamento umas das outras.

Carlos, então, ampliou a importância dessa codificação dizendo que os escritores de textos técnicos utilizam esse tipo de codificação cuidadosa e que "escritores de textos técnicos são pessoas que ganham muito dinheiro".

Carlos encerrou o período de aula com estas palavras encorajadoras: "Faremos toneladas de problemas com área. Portanto, se vocês entenderam isso, estão em ótima forma. Se ainda não entenderam, não estão em má forma. Não precisam entrar em pânico ou se preocupar; o que precisam é continuar trabalhando em problemas de área quando eles surgirem".

Nesses momentos, Carlos estava pedindo que os alunos refletissem sobre a matemática em que estavam trabalhando — encontrando a área usando o raciocínio multiplicativo —, em uma comunicação simples, embora significativa, que também assinalava que eles precisavam aprender esse conteúdo, mas que, se ainda não o soubessem, também não havia problema, já que teriam outras oportunidades.

Nesse breve trecho de ensino, Carlos convidou os estudantes a passarem do raciocínio aditivo para o multiplicativo, que é um conteúdo matemático importante. Ele fez isso convidando-os a oito tipos diferentes de pensamento metacognitivo. Pediu a eles que ouvissem com respeito, falassem em voz alta, refletissem sobre o que alguém iria apresentar, considerassem estratégias diferentes, entendessem e valorizassem os erros, pensassem em por que os métodos funcionam, notassem a codificação

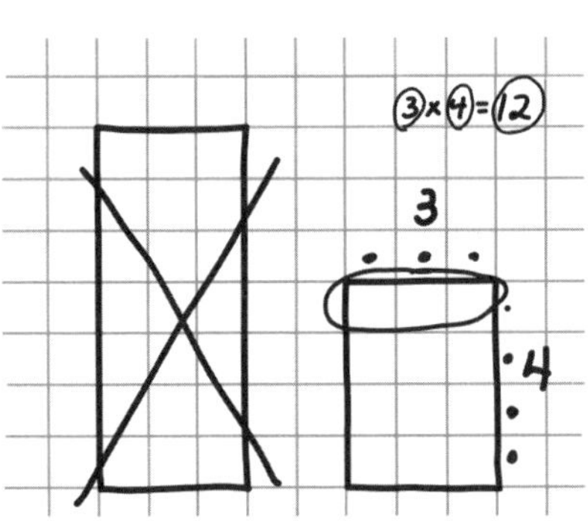

FIGURA 2.3 Enquadramento dos céticos.

por cores e o "desenho técnico" e refletissem sobre o que aprenderam. Durante a discussão matemática, Carlos se posiciona no fundo da sala para transmitir aos alunos a mensagem de que eles devem trocar ideias entre si, não apenas com ele.

Envolver os alunos ou você mesmo em pensamento metacognitivo é parte essencial do desenvolvimento de uma mentalidade matemática, abrindo-se para o pensamento reflexivo e para a diversidade no pensamento. Se você for pai/mãe, professor ou alguém que resolve problemas com os outros, pode se engajar em conversas similares, incentivando outras pessoas a serem metacognitivas. Um convite importante a ser feito a outras pessoas, e a você mesmo, é perguntar *Por que?* Quando as pessoas refletem sobre por que escolheram um método, por que um método ou regra funciona ou por que escolheram uma estratégia de negócios, elas entram em uma zona de pensamento mais profunda e reflexiva.

Para os professores, as discussões no grande grupo são particularmente valiosas, tanto para encorajar quanto para enfatizar os atos metacognitivos e as estratégias para toda a turma.

Os alunos de Carlos do 6º ano atingiram resultados muito altos, com alguns deles sendo encaminhados para empregos relevantes e diferentes fa-

culdades, incluindo Stanford e a University of California. Uma aluna, inclusive, ocupou uma posição no conselho escolar como estudante da 2ª série do ensino médio e prosseguiu tornando-se membro do California State Board of Education.

ESTIMULE A METACOGNIÇÃO POR MEIO DE OITO ESTRATÉGIAS MATEMÁTICAS

Talvez as ferramentas mais importantes no arsenal de uma pessoa metacognitiva sejam as estratégias que ela usa quando aborda um problema de matemática. Essas estratégias geralmente são o que separa os alunos de matemática bem-sucedidos, e as pessoas em geral, daqueles menos bem-sucedidos, conforme enfatizado por uma variedade de pesquisas.[20] Costumo pensar em muitas dessas estratégias como superpoderes, já que possibilitam que as pessoas tenham sucesso, mas elas não são muito conhecidas ou bem utilizadas por estudantes ou solucionadores de problemas.

1. Dê um passo atrás

A primeira estratégia, útil em todas as áreas de aprendizagem, é a abordagem de se afastar de um problema refletindo sobre o que ele está lhe pedindo. Isso pode parecer óbvio, mas a maioria das pessoas lê as perguntas e os problemas matemáticos e acha que é capaz de respondê-los imediatamente, ou então desiste. Quando os alunos pedem a ajuda de Carlos, inseguros sobre como iniciar um problema, ele lhes pede que falem a questão em voz alta.

"O que o problema está lhe pedindo? Diga em voz alta."

Quando fazem isso, frequentemente prosseguem dizendo "Oh, eu sei o que fazer". É como se a repetição de uma pergunta em voz alta desbloqueasse o pensamento matemático. Esse é um dos motivos pelos quais é tão importante que os estudantes trabalhem em grupos, pois, assim, têm oportunidades de descrever e falar sobre os problemas entre si.

Uma boa pergunta de acompanhamento é "Sobre o que é a questão?". Isso é mais amplo e invoca o pensamento metacognitivo.

Estou ciente de que uma estratégia comum compartilhada no ensino de matemática é incentivar os alunos a procurarem palavras-chave quando estão trabalhando em questões com enunciado. Por exemplo, os professores pedem aos estudantes que procurem a palavra *de* em problemas matemáticos e utilizem isso como uma pista para dividir ou procurem a palavra *mais* e somem os números. Não estou completamente convencida de que palavras-chave são produtivas, e esta é a razão: o que realmente precisamos é que os alunos compreendam o significado dos problemas e considerem "O que está sendo pedido aqui?". Quando procuram palavras-chave, eles não estão vendo o panorama geral e considerando o significado geral; estão fazendo o contrário, na esperança de que a palavra-chave os conduza a empregar uma regra ou um método em particular. Essa abordagem não só resulta em respostas incorretas, como também faz com que os alunos percam de vista o sentido da pergunta.

2. Desenhe o problema

Essa é uma estratégia que utilizo em todas as questões de matemática em que trabalho, e nunca é demais falar sobre o valor dessa abordagem. Como mostrarei no Capítulo 5, os pesquisadores descobriram que a atividade cerebral que separa a matemática de outras disciplinas acadêmicas provém de áreas visuais do cérebro — e isso vale para qualquer conteúdo de matemática.[21] Pedir que uma pessoa desenhe uma questão numérica provocará atividade nas áreas visuais do cérebro, além de estimular a conectividade entre as áreas numérica e visual. Também proporcionará uma maneira diferente de abordar e compreender qualquer problema, o que é muito importante.

3. Encontre uma nova abordagem

Uma terceira estratégia é pedir que as pessoas pensem sobre uma abordagem diferente para um problema. Descobri que essa abordagem é particularmente eficaz com alunos de alto rendimento, muitos dos quais até então só haviam utilizado um único modo de resolver problemas. Essa também é uma abordagem útil para usar em salas de aula quando os estudantes trabalham em ritmos diferentes. Se alguns terminam o trabalho antes dos demais, não lhes dou um trabalho diferente até que eles consigam pensar em outras formas diferentes de resolver o problema que acabaram de trabalhar. Essa é uma maneira importante de apresentar os estudantes ao pensamento com diversidade matemática.

4. Reflita sobre "por que?"

Na sala de aula do 6º ano, Carlos perguntou aos alunos nada menos do que sete vezes por que a multiplicação funciona até que alguém fosse além de dizer "funciona" para explicar o processo matemático e a lógica subjacente. Saber por que alguma coisa funciona é fundamental para a compreensão dos alunos, especialmente para as meninas e as mulheres, as quais demonstraram de forma consistente desejar esse conhecimento profundo em maior proporção que os meninos e os homens.[22] Saber o porquê é bom para todos os gêneros, mas as mulheres e as meninas frequentemente rejeitam a matemática quando não lhes é dado acesso a essa profundidade de compreensão.

5. Simplifique

Torne os problemas mais fáceis de entender, calcular ou ver. Como o Capítulo 6 revelará detalhadamente, a ação que separa aqueles com alto e baixo desempenho ao trabalharem com problemas numéricos é a modificação dos problemas.[23] Por exemplo, quando pedimos para somar 19 + 6, alguns, em vez disso, somaram 20 + 5. Pode parecer uma estratégia óbvia, mas descobri que muitos alunos de baixo rendimento, de algum modo, acreditam que "não é permitido" alterar o problema que lhes é apresentado. A abordagem de mudar os números ou as formas ajuda as pessoas a ficarem mais flexíveis em sua resolução de problemas.

6. Faça conjecturas

Uma sexta estratégia a ser ensinada é convidar os alunos a criar suas próprias conjecturas. Em matemática, uma conjectura é uma ideia que ainda não foi comprovada, ainda está na fase da ideia. Em ciência, chamaríamos isso de hipótese. Para mim, é muito interessante que todos os estudantes conheçam o significado de uma hipótese, porém a maioria deles nunca ouviu falar de uma conjectura. Isso revela algo sobre os problemas no sistema de ensino de matemática. A ênfase generalizada nas regras faz com que muitos alunos não percebam o valor em algo tão lúdico como uma conjectura. No meu ensino, digo aos estudantes que parte do seu papel na minha aula é elaborar suas próprias conjecturas, e isso muitas vezes muda toda a sua perspectiva matemática.

7. Torne-se um cético

Uma sétima estratégia, associada ao trabalho dos alunos de fornecer conjecturas, é convidá-los a raciocinar e assumir o papel de um cético. Compartilho que, em matemática, é muito importante compartilhar as razões — explicar por que eles escolheram os métodos, as conexões lógicas entre eles e por que funcionam. Isso é chamado de raciocínio e é a essência da matemática. Quando os matemáticos publicam suas pesquisas, elas estão repletas de raciocínio, pois esse é o método por meio do qual provam suas ideias. Os adultos que são capazes de compartilhar seu raciocínio também são mais eficientes em seu local de trabalho.[24] Costumo dizer aos alunos que existem três níveis de raciocínio: no nível mais baixo, normalmente você pode se convencer de alguma coisa; é um pouco mais difícil convencer um amigo; e o nível mais alto de raciocínio é ser capaz de convencer um cético (Figura 2.4). Então lhes digo que sejam céticos!

Encorajo essa abordagem metacognitiva — o enquadramento dos céticos — porque descobri que ela é incrivelmente eficiente para mudar as discussões em sala de aula. Antes de apresentar esse enquadramento, as discussões em geral são dirigidas a mim, mas, quando encorajo os estudantes a serem céticos uns com os outros, isso muda.

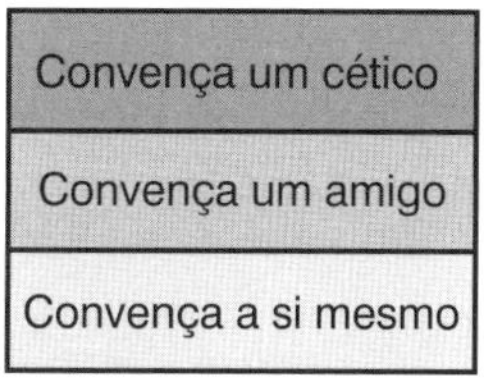

FIGURA 2.4 Enquadramento dos céticos.

Quando digo aos alunos dos anos finais do ensino fundamental em nossos cursos do YouCubed que precisam ser céticos, eles abraçam a ideia imediata-

mente e de bom grado. Em nossos primeiros cursos, eu estava preocupada com o fato de que as conversas em classe eram frequentemente direcionadas para o professor, com os estudantes respondendo a nossas perguntas, mas não conversando entre si. Quando pedi que fossem céticos, isso imediatamente mudou. Ainda me lembro de um aluno chamado Josh provando uma conjectura que Matt, outro aluno, havia apresentado. Matt compartilhou a conjectura de que a soma de quaisquer dois números ímpares sempre será um número par. Perguntei à turma se alguém poderia provar isso para mim. Josh se apresentou como voluntário e se aproximou do quadro na frente da sala.

Josh começou seu raciocínio com um exemplo, dizendo que 1 + 2 = 3, e 3 é ímpar, mas que 1 + 1 = 2, e 2 é par, acrescentando de forma atrevida: "E isso funciona para tudo. Fim!". As primeiras respostas dos estudantes, que haviam aprendido a ser céticos, foram: "Por que isso funciona?" e "Prove isso para nós!". Josh aceitou o desafio, dizendo alegremente: "Vocês querem que eu proooove?!". Então, apresentou outro exemplo: "Vou somar 201, que é ímpar, com 1.103, que também é ímpar, e o resultado é 1.304, que é par". Os alunos continuaram seu ceticismo, perguntando *por que* isso funciona. Josh acrescentou à sua prova, dizendo "Porque você pode dividir 1.304 por 2 e ele se dividirá em dois números pares. Pimba!".

Nesses momentos, os alunos praticaram ceticismo, e John respondeu com mais raciocínio. Essa ligação entre ceticismo e raciocínio é poderosa e estimula os jovens a saberem que seu papel na aprendizagem de matemática é engajar-se na busca de sentido e em raciocínio, uma das formas mais importantes de ser matemático, valorizando a diversidade matemática e obtendo acesso à compreensão. À medida que raciocinam mais, outros colegas têm maior acesso à compreensão.

8. Experimente um caso menor

Uma última estratégia matemática é pedir que os estudantes resolvam um problema trabalhando com um caso menor. Compartilho essa estratégia com todos os meus alunos, pois geralmente descubro que isso nunca lhes foi ensinado, embora eu a considere um superpoder matemático.

FIGURA 2.5 Tabuleiro de xadrez.

Por exemplo, se você tivesse que resolver quantos quadrados há em um tabuleiro de xadrez de 8 por 8 (Figura 2.5) (a resposta não é 64!), seria útil primeiro determinar o número de quadrados em um tabuleiro de xadrez de 2 por 2, 3 por 3 e 4 por 4 (Figura 2.6).

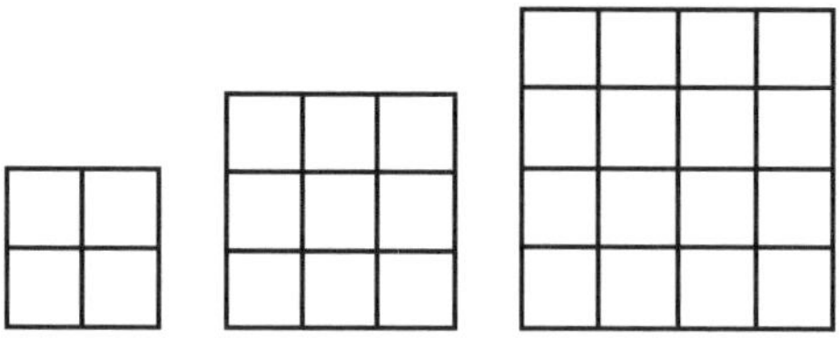

À esquerda, você consegue encontrar cinco quadrados?; *no meio*, você consegue encontrar 14 quadrados?; *à direita*, você consegue encontrar 30 quadrados?

FIGURA 2.6 Tabuleiros de xadrez menores.

Esse trabalho com um caso menor permitirá que você veja os padrões subjacentes com muito mais clareza.

Essa abordagem pode ser usada em todas as áreas da matemática e em muitas outras formas de conhecimento. Por exemplo, se você tivesse que dividir 2 por $\frac{5}{6}$ — uma questão que deixa muitas pessoas ansiosas e suando muito —, uma boa estratégia seria perguntar "Quanto é 2 dividido por $\frac{1}{6}$?" e desenvolver a partir do caso menor.

Essas oito estratégias o ajudarão em qualquer questão ou trabalho matemático que você precise resolver. Elas não são muito conhecidas ou utilizadas nas salas de aula, embora transmitam muito poder aos alunos. Um manual compartilhando essas ideias está disponível, em inglês, em Mathish.org.

ESTIMULE A METACOGNIÇÃO POR MEIO DE UM DIÁRIO

Sou uma grande fã de dar diários aos alunos, nos quais eles refletem sobre suas jornadas de aprendizagem em matemática. Não se trata de um caderno de exercícios que em geral é dado nas aulas de matemática, nos quais os estudantes registram as respostas; em vez disso, são espaços abertos para livre pensamento e reflexão. Não são apenas os alunos que se beneficiam ao terem diários em que expõem seu pensamento e suas reflexões; todos nós nos beneficiamos quando temos espaços para nossos pensamentos reflexivos. Eu não iria a lugar nenhum sem meu diário para registrar meus pensamentos, minhas ideias e meus planos.

Prefiro os diários com páginas em branco ou que têm quadrados ligeiramente pontilhados, para que os alunos possam pensar fora da caixa, literalmente. Em nossos cursos de matemática, damos diários aos estudantes e os convidamos a anotar qualquer ideia útil sobre matemática ou sobre sua própria aprendizagem. Também lhes damos tempo no começo da aula para decorarem seus diários para que se apropriem deles. Ocasionalmente, recolhemos os diários e fazemos comentários sobre seu trabalho. Deixamos nossos comentários em notas adesivas para que os alunos não sintam que seu espaço para reflexão foi tomado por avaliações do professor.

DESENVOLVA UMA MENTALIDADE REFLEXIVA E DE CRESCIMENTO

Estudos mostraram que refletir sobre a própria aprendizagem — uma parte importante de ser metacognitivo — melhora o desempenho.[25] Saber como fazer autorreflexão geralmente faz diferença entre ser um aprendiz eficiente e ineficiente; assim, professores e pais devem incentivar essa prática o tempo todo e de diferentes maneiras. A Figura 2.7 apresenta opções de perguntas úteis para reflexão que podem ser dadas aos estudantes como parte das aulas, como bilhetes de saída ou para reflexão em casa. A lista tem a intenção de oferecer opções, de modo que os alunos possam ser estimulados a refletir sobre uma ou mais declarações em momentos diferentes. Como pai/mãe, você pode fazer perguntas como essas aos seus filhos como parte das suas conversas cotidianas. Ou pode ir mais além, pedindo que eles as coloquem em seus diários para que possam refletir regularmente sobre elas.

	Que ideias/conceitos matemáticos você aprendeu hoje?
	Como a ideia que você aprendeu hoje está relacionada a outras que já havia aprendido?
	Em que momentos você teve que enfrentar desafios? Como foi isso?
	Como você poderia usar o conceito matemático em sua vida?
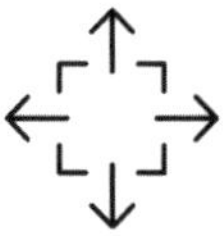	Que estratégias ou abordagens diferentes para os problemas foram úteis para você?
	Existem áreas que você não entende ou que gostaria de ter mais oportunidades para aprender?
Escreva seu próprio problema para outra pessoa resolver.	

FIGURA 2.7 Ideias para reflexão.

Quando os professores com quem trabalhei substituem as perguntas típicas do dever de casa, que muitas vezes não são significativas, pela solicitação de refletirem sobre a aula, os alunos relatam que isso aumenta sua compreensão matemática.[26] Essa prática é tão eficaz porque eles têm a oportunidade de refletir sobre seu próprio conhecimento e compreensão, o que é incrivelmente valioso. Os educadores com quem trabalhei alguns anos atrás escolheram uma ou duas perguntas para cada tarefa do dever de casa. Estes são alguns comentários feitos pelos estudantes depois que sua tarefa de casa mudou de perguntas de prática limitada para perguntas para reflexão:

> Achei que as perguntas da tarefa de casa me ajudaram a refletir sobre o que aprendi naquele dia. Se eu não me lembrar de alguma coisa, isso me dá a chance de consultar meu caderno de anotações.
>
> Ter as perguntas para reflexão me ajuda muito. Posso ver no que preciso trabalhar mais e no que estou me saindo bem.
>
> Acho que o modo como fazemos nossa tarefa de casa é muito útil. Quando você passa mais tempo refletindo sobre o que aprendemos, e menos tempo praticando mais matemática, acaba aprendendo mais.[27]

A reflexão também tem um papel importante para ajudar os alunos a desenvolverem uma mentalidade de crescimento, que é outra parte do pensamento metacognitivo. Muitos professores me perguntaram como identificar se seus alunos têm ou não uma mentalidade de crescimento. Alguns já experimentaram pesquisas sobre mentalidade, mas não as acharam úteis; no mundo todo, a maioria dos estudantes sabe as respostas "certas" ou esperadas que devem ser dadas em pesquisas sobre mentalidade. O que é mais importante do que as respostas às pesquisas é como eles se comportam quando o trabalho é desafiador ou quando cometem erros. Para ajudar professores e alunos a tomarem conhecimento de suas próprias mentalidades e aprenderem estratégias metacognitivas importantes, minha equipe em Stanford desenvolveu uma rubrica da mentalidade, apresentada na Figura 2.8.

Os professores me contaram que essa rubrica ajudou seus alunos a desenvolverem estratégias matemáticas e uma mentalidade de crescimento. Alguns dão a rubrica aos estudantes no começo e no fim de um curso, coletando as respostas nos dois momentos para ver se elas mudam.

ESTIMULE A METACOGNIÇÃO POR MEIO DO TRABALHO EM GRUPO: ENSINE OS ALUNOS A RESPEITAREM AS IDEIAS DOS OUTROS

Um momento crítico para os alunos aprenderem maneiras de se envolver metacognitivamente é quando trabalham em grupo. Há muitos anos venho estudando o trabalho em grupo equitativo,[28] durante o uso das estratégias com meus alunos professores em Stanford e em nossos cursos de verão.[29] Como mencionei anteriormente, testemunhei alguns dos exemplos mais impressionantes de trabalho em grupo durante os anos em que estudei a Railside School, observando estudantes desde o 9º ano do ensino fundamental, com poucas ou nenhuma estratégia metacognitiva, até a 3ª série do ensino

	**Crenças** Acredito em mim e sei que posso aprender qualquer coisa, pois tenho potencial ilimitado. Sei que meu cérebro é flexível e que está se desenvolvendo, se fortalecendo e/ou conectando caminhos o tempo todo.
	**Desafios** Quando acho o trabalho desafiador e tenho que me esforçar mais, eu persisto, sabendo que estou desenvolvendo meu cérebro. Não tenho medo de correr riscos, de tentar algo novo ou de errar.
	**Estratégias** Se tento um método ou uma abordagem que não funciona, experimento uma abordagem diferente e penso sobre o problema de novas maneiras. Gosto de investigar ideias, procuro padrões e penso de diferentes maneiras: visual, verbal, física e numericamente.
	**Conexões** Sou curioso sobre as ideias das outras pessoas e suas diferentes formas de pensar. Faço perguntas sobre o que estou aprendendo para obter novos conhecimentos.
	**Reflexão** Acho que reflexão é uma prática de aprendizagem valiosa. Quando recebo muitas devolutivas, mesmo que pareçam excessivas, sei que isso será útil e uso estratégias para incorporá-las ao meu trabalho.

FIGURA 2.8 Rubrica da mentalidade.

médio,* época em que eles haviam se tornado comunicadores e solucionadores de problemas altamente eficientes. Isso não aconteceu por acaso; os educadores foram intencionais na criação de membros eficazes no grupo que respeitavam e ajudavam uns aos outros, e a si mesmos, a aprender.[30]

Os professores criaram um trabalho em grupo eficiente usando as estratégias do ensino para a equidade,** uma abordagem concebida para tornar o trabalho em grupo igualitário e reduzir as diferenças de *status* entre os alunos.[31] Os professores na Railside passaram as primeiras dez semanas de cada aula concentrando-se nas interações respeitosas entre os estudantes nos grupos. Esse tempo foi compensado nas interações dos alunos pelo resto dos seus anos na escola. Durante o período de dez semanas, os educadores deram aos estudantes tarefas de "valorização do grupo", atividades para as quais são necessários diferentes membros do grupo. Quando eles trabalhavam em conjunto, os professores salientavam e compartilhavam interações respeitosas, criando um ciclo de devolutivas útil.

Uma forma como o ensino para a equidade estimula o bom trabalho em grupo e a metacognição é a distribuição dos papéis desempenhados pelos alunos nos grupos. Os autores do ensino para a equidade recomendam que os estudantes trabalhem em grupos com quatro papéis.[32] Ao longo dos anos, e depois de ensinar os papéis a professores na Inglaterra, adaptei ligeiramente o método e acrescentei um quinto papel, descrito a seguir.

---

* N. de R. T. Nos Estados Unidos, os níveis de ensino são ligeiramente diferentes do sistema brasileiro. Lá, tem-se a *elementary school*, que corresponde aos anos iniciais do ensino fundamental (1º ao 5º ano). Depois dessa etapa vem a *middle school*, que corresponde aos anos finais do ensino fundamental (6º ao 8º ano). A última etapa da educação básica é o *high school*, que abarca do 9º ano do ensino fundamental à 3ª série do ensino médio no Brasil.

** N. de R. T. Em inglês, essa abordagem recebe o nome de *complex instruction* (instrução complexa, em tradução literal). Nela, por meio do trabalho em grupos colaborativos, busca-se que todos os estudantes se desenvolvam em nível de excelência em conteúdos complexos. No Brasil, essa abordagem ficou conhecida após a publicação do livro *Planejando o trabalho em grupo: estratégias para salas de aula heterogêneas*, de Elizabeth Cohen e Rachel Lotan, traduzido pela Penso.

Papéis sem limites, adaptados do ensino para a equidade

Inclusor: assegure-se de que todos estão incluídos no trabalho em grupo. Peça que o grupo leia toda a tarefa em conjunto antes de começar. Pergunte: "Como vocês veem isso? Como vocês pensam sobre as ideias? Todos entendem o que têm que fazer?". Mantenha seu grupo unido e trabalhe para abrir caminhos para que as pessoas compreendam. Certifique-se de que as ideias de todos sejam ouvidas. Verifique: "Vocês estão prontos para prosseguir?". Garanta que seu cartaz mostre as ideias de todos.	**Conector:** lembre seu time de pensar de diferentes maneiras, procurar conexões e encontrar razões para cada afirmação matemática. Algumas maneiras diferentes incluem pensar visualmente, sem palavras, com números, com gráficos, com movimento ou com modelagem. Garanta que o cartaz do seu time seja bem-organizado e use codificação por cores, setas e outras ferramentas de matemática para mostrar as conexões. Pensem juntos: "Como queremos mostrar essa ideia? Como queremos salientar essa conexão?".
Sintetizador: preste atenção ao tempo, ao espaço e aos recursos. Quanto tempo seu time deve empregar em diferentes aspectos da tarefa? Reflita sobre onde o grupo se encontra e até onde eles precisam ir. Certifique-se de que haja espaço para pensamento profundo e criativo. Seja responsável pelos recursos necessários. Considere: "Precisamos de algum suprimento que possa nos ajudar a visualizar isso melhor? Há algum recurso que pode nos ajudar a resolver isso?".	**Questionador:** seu papel é ser curioso e estimular a curiosidade em seu grupo. Faça muitas perguntas importantes e abertas e incentive os outros a também fazer perguntas criativas. Estimule o grupo a pensar de formas divergentes. Seja um cético e encoraje os outros a serem céticos — estimulando-os a fundamentar suas ideias. Em um determinado momento, esteja pronto para juntar-se ao professor para uma reunião.
Espião: uma vez durante o tempo de grupo você poderá espiar outro grupo. Seja discreto e não tire fotos!	

Atribuir um papel a cada membro do grupo tem muitos benefícios e pode, inclusive, ser adaptado para uso com as crianças em casa. Um dos benefícios é que os alunos se sentem incluídos e têm algo específico para fazer. Os papéis também estimulam o pensamento metacognitivo, incentivando-os a perguntarem o porquê e a pensarem de forma profunda e estratégica. Quando os professores da Railside convidaram os alunos a assumirem seus papéis, eles empregaram uma estratégia que achei altamente eficaz no meu próprio ensino: um *quiz* de participação.[33] Isso envolve dar aos estudantes uma tarefa na qual trabalhar em grupos, mas, antes de começar, eles rece-

bem um conjunto de abordagens matemáticas valorizadas. Os professores da Railside compartilharam a lista a seguir, um conjunto de comportamentos matemáticos que, mais uma vez, convidam os alunos a pensamentos e ações metacognitivos:

Formas de trabalhar com a matemática

Durante o *quiz* de participação, procurarei:

- Reconhecer e descrever padrões
- Justificar o raciocínio usando múltiplas representações
- Fazer conexões entre as diferentes abordagens e representações
- Usar palavras, setas, números e codificação por cores para comunicar as ideias com clareza
- Explicar as ideias com clareza aos membros do time e ao professor
- Fazer perguntas para entender o raciocínio dos outros membros do time
- Fazer perguntas que estimulem o grupo a ir mais fundo
- Organizar uma apresentação para que as pessoas de fora do grupo possam entender o pensamento apresentado

Os professores também compartilharam esse mantra: *ninguém é bom em todas essas coisas, mas todos são bons em alguma coisa. Você precisará de todos os membros do seu grupo para ter sucesso na tarefa de hoje.*

Além da lista das formas de trabalhar com a matemática, os educadores compartilharam uma lista de bons comportamentos em grupo:

Bons comportamentos em grupo

- Inclinar-se e trabalhar no meio da mesa
- Destinar o mesmo tempo para todos se expressarem
- Manter-se unidos
- Ouvir uns aos outros
- Fazer muitas perguntas uns aos outros
- Cumprir seus papéis no time

Os professores circularam pela sala observando os bons (ou maus) comportamentos no grupo, anotando no quadro ou em um papel as palavras utilizadas. No final da aula, os alunos receberam uma devolutiva e, algumas vezes, notas, pelo seu comportamento no grupo. Quando dou minhas aulas na graduação e na pós-graduação em Stanford, realizo *quizzes* de participação (embora eu os chame de promoção da participação) sempre que vejo que o trabalho em grupo está ficando desigual. Isso quase sempre acontece em algum momento, com alguns alunos direcionando as conversas matemáticas ou outros optando por não participar ou ficando de fora. O trabalho desigual no grupo muda quando realizo uma promoção da participação e os estudantes se tornam mais conscientes do seu comportamento. Essa prática metacognitiva é um passo importante para ajudá-los a reconhecer a diversidade matemática em seus grupos. Compartilhar com eles o que é valorizado em seu trabalho — estimulando-os a refletir sobre a forma como estão aprendendo, a desenvolver estratégias metacognitivas e a assumir a responsabilidade pela sua jornada de aprendizagem — conduz ao sucesso em longo prazo.

Outra estratégia que os professores da Railside usaram foi dar *quizzes* para o grupo, nos quais coletavam o trabalho de apenas um membro (escolhido aleatoriamente) e todos no grupo receberiam a nota dessa pessoa naquele trabalho. Isso comunicava fortemente que todos eram responsáveis pela aprendizagem dos colegas.

ESTIMULE A METACOGNIÇÃO POR MEIO DA AVALIAÇÃO

Um capítulo sobre metacognição não seria completo sem alguma discussão do poderoso papel que a avaliação pode ter no encorajamento de pessoas metacognitivas e autoconscientes. Escrevi em outro lugar sobre a importância de mudar as perspectivas dos alunos de uma cultura de desempenho para uma cultura de aprendizagem.[34] Uma cultura de desempenho é caracterizada pela falta de informações úteis sobre as formas de melhorar, em que são usadas apenas as pontuações e as notas nos testes como informação sobre o desempenho dos estudantes. Uma cultura de aprendizagem é aquela em que a devolutiva de um professor informa a aprendizagem dos alunos e os ajuda a conhecer formas de melhorar. Nas ocasiões em que estive em escolas que criaram uma cultura de aprendizagem, os estudantes me contaram o quanto estavam gratos por receberem informações sobre sua própria aprendizagem (o Capítulo 7 compartilhará um exemplo). Nunca fico surpresa ao ouvir isso, já que os alunos foram convidados a assumir responsabilidade pela própria vida e a ser responsáveis pelo próprio progresso. Como descrevem os líderes da avaliação para aprendizagem, esses alunos foram convidados a ingressar no clube.[35]

A melhor maneira de informar os estudantes sobre sua jornada de aprendizagem em matemática é o uso de rubricas. Elas mostram o que deve ser aprendido e onde os alunos se encontram no processo de aprendizagem. Algumas vezes, os professores acrescentam comentários que são extremamente valiosos, e, às vezes, os estudantes são solicitados a fazer autorreflexão sobre a própria aprendizagem. O *website* do YouCubed compartilha um exemplo de uma escola que muda para uma cultura de aprendizagem, a fim de encorajar o desenvolvimento de mentalidades de crescimento, alterando a avaliação de testes para rubricas com devolutivas; no Capítulo 7, veremos um exemplo de um professor que usa rubricas para dar aos alunos placas de sinalização para guiar sua jornada de aprendizagem.[36]

O ato de estabelecer os passos para atingir o objetivo de aprendizagem de um aluno e avaliar seu progresso na direção do objetivo não tem que ser uma abordagem unicamente com avaliação. Por exemplo, em meu livro mais recente, contei a história de Milly e sua fantástica professora Nancy Qushair, que é diretora do departamento de matemática em uma escola de *International Baccalaurate* (IB)*.[37] Milly chegou à aula de Nancy achando que não poderia ser uma "pessoa matemática", pois os outros trabalhavam mais rápido do que ela. Ela se descrevia como "burra". Para ajudá-la, Nancy sugeriu que elas se concentrassem em um tópico. Milly escolheu números inteiros, então Nancy lhe deu muitos problemas com números inteiros usando diferentes representações visuais e fazendo devolutivas de todo o seu trabalho, o que ajuda os estudantes a saberem onde se situam em sua aprendizagem. No fim do ano, Milly era uma pessoa diferente. Ela escreveu uma carta para Nancy dizendo que ver as ideias visualmente e saber por que elas funcionavam, além de como funcionavam, havia mudado tudo para ela. A transformação de Milly ocorreu porque Nancy lhe apresentou a diversidade matemática, lhe deu objetivos claros e avaliou seu progresso na direção desses objetivos. Enquanto eu estava escrevendo este livro, Nancy entrou em contato comigo para dizer que Milly estava na sua turma de matemática na faculdade, na University of Oregon, quando o professor apresentou um vídeo do meu livro *Mente sem barreiras*.[38] O vídeo apresenta Milly falando sobre a mudança que havia ocorrido com ela. Aquele foi um belo momento de conclusão de um ciclo, em que Milly foi ajudada pela diversidade matemática e depois teve o papel de auxiliar outras pessoas.

Outro exemplo em que é fornecido um objetivo de aprendizagem em matemática com devolutiva sobre o progresso vem de uma amiga minha ajudando sua filha que estava no 3º ano a aprender fatos matemáticos de multiplicação. Kristina estava preocupada com a abordagem da escola de sua filha, que era inteiramente numérica e baseada na memorização. Por isso, ela deu um caderno novo à Abby e a convidou a escrever um capítulo para cada número de multiplicação — ou seja, um capítulo sobre a tabuada do 2,

---

* N. de R. T. Fundação educacional internacional que busca oferecer um modelo de educação focada em abordagem investigativa de aprendizagem por conceitos para alunos de 3 a 19 anos.

outro sobre a tabuada do 3, e assim por diante. Ela pediu que Abby dedicasse cerca de uma semana para cada capítulo e incluísse o seguinte:

1. Um recurso visual mostrando um ou mais fatos matemáticos
2. Uma observação sobre o padrão numérico que ela viu
3. Um exemplo da vida real, dando significado aos números

Poderia ter sido assustador para uma aluna do 3º ano a ideia de fazer esse trabalho para todos os 12 conjuntos de fatos numéricos,* e ela poderia facilmente se desviar do raciocínio matemático, por isso Kristina o tornou divertido e estabeleceu objetivos claros. Ao final de cada capítulo, Kristina examinava o trabalho com Abby, lhe dava uma devolutiva e lhe fazia perguntas; também jogava com ela um jogo numérico divertido que enfatizava os números. Kristina achou que poderia ter que fornecer uma recompensa extrínseca, como um brinde para cada capítulo concluído, mas ficou entusiasmada por não ter precisado fazê-lo: Abby gostou de ter 12 áreas nas quais trabalhar, uma por semana — aquele era um objetivo administrável, com devolutiva, e os jogos numéricos eram divertidos. Abby também percebia que o trabalho a estava ajudando durante o período de matemática na escola.

A Figura 2.9 mostra uma página do caderno de Abby.

Muitos educadores, líderes e pais têm conhecimento de que as pessoas abordam a aprendizagem de maneiras diferentes, mas não se dão conta de que as formas eficientes de aprendizagem e resolução de problemas podem ser ensinadas. A maioria dos professores dedica seu tempo ao ensino do conteúdo da sua disciplina, presumindo que os alunos sabem como aprender. Na verdade, os alunos não só não conhecem as melhores abordagens de aprendizagem, como muitas vezes aprenderam estratégias que são contraproducentes, especialmente se foram sujeitados à rígida cultura do desempenho e à matemática limitada.[39] É importante ressaltar que tudo isso muda quando aprendem abordagens metacognitivas da aprendizagem, que os ensinam a ter a mente aberta e a ser curiosos sobre as diferentes ideias matemáticas.

---

* N. de R. T. No Brasil, trabalhamos com a tabuada (tabela de fatos de multiplicação) de 1 a 10, mas, nos Estados Unidos, ela é trabalhada com as multiplicações de 1 a 12.

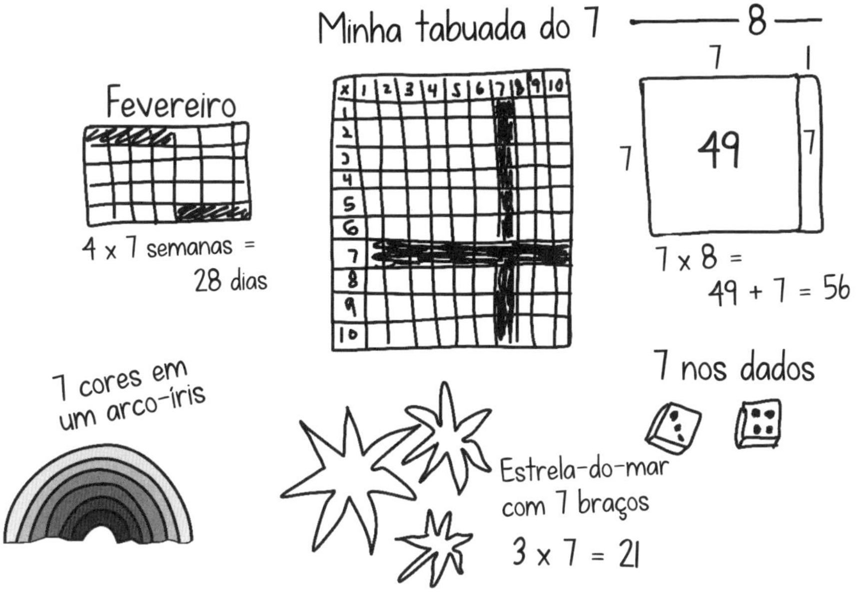

FIGURA 2.9 Caderno de Abby destacando o número 7.

Neste capítulo, compartilhei formas de incentivar estudantes metacognitivos eficientes: discussões em classe, uma variedade de estratégias matemáticas poderosas, o uso de diários, reflexão, trabalho em grupo respeitoso e uma avaliação que forneça devolutivas. Quando ensinamos metacognição por meio dessas ideias, ensinamos algo que é generativo para a vida das pessoas. Essas ideias são importantes, pois, quando ensinamos uma pessoa a estar aberta a ideias diferentes, a fazer perguntas, a refletir profundamente e a ponderar, ela aprenderá a aprender e se beneficiará muito mais de cada ideia que encontrar em sua vida.

3

VALORIZANDO OS DESAFIOS

À medida que percorremos juntos este livro, experimentando a beleza da diversidade matemática e a ludicidade das ideias *math-ish*, há uma mentalidade que é importante que todos adotem. Essa mentalidade muda não só nossa aprendizagem, mas também a forma como interagimos com o mundo. Ela provém da importante ciência dos erros, dos esforços e dos desafios.

Extensas pesquisas fornecem evidências de que as pessoas que têm uma mentalidade de crescimento são mais eficientes.[1] No entanto, o que significa ter uma mentalidade de crescimento? Muitos pensam que significa que você sabe que pode aprender qualquer coisa e que experimentar é bom. Ambas as crenças são importantes, mas vejo a qualidade definidora de *mentalidade* (em inglês, *mindset*) como um conjunto de crenças presentes nos momentos em que nos esforçamos, cometemos erros e enfrentamos desafios em nossa vida. Uma característica fundamental da mentalidade de crescimento que protege as pessoas quando as coisas dão errado e as ajuda a persistir diante de problemas difíceis é uma mudança na reação aos momentos de dificuldade e aos erros. Estudos neurocientíficos demonstraram que, enquanto as pessoas com uma mentalidade fixa encaram os erros como evidências da sua própria fraqueza, aquelas com uma mentalidade de crescimento os encaram como oportunidades de aprender. Em estudos de eletroencefalografia, as pessoas com uma mentalidade de crescimento, comparadas com aquelas com uma mentalidade fixa, apresentaram melhor correção dos erros após devolutivas, mais marcadores neurais de atenção às devolutivas e menos marcadores neurais de sofrimento emocional devido aos erros.[2] Em outras palavras, elas experimentam os erros de modo muito diferente das pessoas com uma mentalidade fixa. Quando os indivíduos são estimulados a desenvolver uma mentalidade de crescimento, eles começam a abordar os erros de maneira positiva.[3]

As implicações dessa pesquisa são profundas — imagine que, em cada situação desafiadora com a qual se defronta, você se sente fortalecido e encorajado a aprender, presta mais atenção às devolutivas e tem respostas cerebrais mais eficazes que aumentam sua aprendizagem. Não é de surpreender que muitos estudos mostrem que as pessoas com uma mentalidade de crescimento têm desempenho superior em todos os níveis de instrução.[4]

Estou compartilhando reflexões sobre a mudança na mente, que permite a todos nós acolhermos ideias e situações desafiadoras, para que os leitores possam abordar as ideias da diversidade matemática e de *math-ishness** com uma mente aberta e generosa. Isso é especialmente importante para todos aqueles que já tenham vivenciado trauma ou adversidade matemática, que — sejamos francos — são muitos de nós! Neste capítulo, explorarei as mais recentes evidências e ideias em torno do acolhimento dos desafios para melhorar nossa compreensão, nossa aprendizagem e nossa vida à medida que embarcamos juntos em nossa jornada matemática.

---

* N. de R. T. Em inglês, conforme mencionado anteriormente, o sufixo *ish* pode denotar pertencimento ou algo que é de determinada maneira, além de significar "mais ou menos". Assim, consideramos que a melhor tradução de *math-ish* para o português seria "matematicar". O sufixo *ness* transforma um adjetivo ou um verbo em um substantivo, por exemplo, *happy* (feliz) e *happiness* (felicidade).

APRENDA A GOSTAR DOS DESAFIOS

Nos últimos dez anos, tenho recebido centenas de *e-mails* de pais que pedem conselhos sobre a aprendizagem de matemática de seus filhos. Para mim, é impossível responder a todos eles, apesar de tentar. Um *e-mail* recente chamou minha atenção: era do pai de uma universitária em Stanford implorando que eu ajudasse sua filha. Julie tinha se matriculado em Stanford dez anos antes, mas, devido a uma doença grave, havia se afastado por muitos meses da universidade. Ele contou que ela detestava matemática, apresentava ansiedade matemática significativa e tinha uma disciplina de estatística atrapalhando sua formatura em literatura inglesa. Ainda era o início do trimestre, Julie já considerava o material "incompreensível" e, devido à sua incapacidade, estava "à beira de um total colapso físico", segundo seu pai. Quando conheci Julie, fiquei imediatamente impressionada com sua curiosidade intelectual e seu entusiasmo pelas ideias na disciplina de inglês. Fiquei igualmente atônita com sua profunda tristeza enquanto falava sobre matemática. Ela não havia tido boas experiências no ensino médio e estava convencida de que nunca conseguiria ser aprovada em estatística.

Providenciei que uma das minhas alunas do doutorado, Margie Hahn, fosse sua tutora. Inicialmente, Margie me contou que Julie estava sendo reprovada em todas as provas da disciplina, mas a dupla persistia. Juntas, elas acolheram o desafio. Em especial, começaram a revisar a cada semana as provas feitas em aula, analisando as questões que Julie havia errado. Margie a ajudou a ver as ideias de modo diferente e a encontrar outras abordagens para as perguntas que tinham sido apresentadas durante as aulas. Gradualmente, Julie começou a melhorar. No final do trimestre, recebi um texto adorável de Margie contando que Julie tinha acabado de receber um A em sua prova final. Julie e seu pai estavam radiantes. Julie se formou em Stanford e agora está fazendo doutorado.

Quando Julie se concentrou em seus erros e refletiu sobre uma abordagem diferente dos problemas, ela se desbloqueou, e sua aprendizagem prosperou. Isso se tornou possível devido a um importante ato de ensino de sua professora — devolver as provas aos alunos para reconsideração e revisão.

Isso não acontece o suficiente no ensino, embora os erros sejam um dos pontos mais importantes para qualquer aprendizagem.

Leciono uma disciplina na graduação em Stanford denominada Como aprender matemática. Todos os anos, apresento um vídeo de uma aula de matemática do final do ensino fundamental no Japão. Conto que o vídeo provém de um estudo que explorou a natureza do ensino em diferentes países e que havia escolhido observar o Japão porque é um país com desempenho muito alto em matemática.[5] Meus alunos sempre ficam encantados com a aula.

A turma japonesa é composta por aproximadamente 40 estudantes com desempenho prévio variado. No começo da aula, o professor introduz uma investigação visual — é mostrado aos alunos um terreno dividido entre duas pessoas.

Eles recebem a tarefa de fazer uma linha reta que divide o terreno, sem mudar a quantidade de terra que cada pessoa possui. A questão não tem números e é desafiadora, pois o terreno tem forma irregular, sem ângulos de 90º que facilitariam fazer uma divisão igualitária; geralmente, meus alunos trabalham no problema antes de assistir ao vídeo, mas poucos deles encontram uma solução. O professor no Japão dá tempo aos estudantes para tra-

balharem em grupos. Cabe mencionar que o educador dá opções aos alunos: ele diz que, enquanto trabalham na investigação, podem discutir o problema com seus amigos, pedir a ajuda do professor ou receber cartões com pistas.

Enquanto a turma japonesa investiga o problema visual, o professor circula pela sala preparando os diferentes grupos para apresentarem algumas de suas ideias. A classe é um espaço vibrante, com alguns estudantes em pé nos grupos e alguns sentados e muito movimento, conversa e risadas por toda a sala.

O professor sorri e dá risadas enquanto fala com os estudantes, demonstrando a relação positiva que desenvolveu com eles. Quase todos estão sorrindo enquanto trabalham com seus amigos em grupos. É durante esse período que ocorre uma interação que choca e fascina meus alunos da graduação. O educador pede que um grupo compartilhe com o restante da turma o erro que haviam cometido. Os estudantes olham para ele e perguntam: "Você quer que mostremos o que fizemos de errado?". "Sim," ele diz, "o erro é que é o importante. Se as pessoas conseguissem fazer corretamente desde o início, não precisariam vir para a escola". Essa é uma declaração forte — o professor comunica aos alunos que espera que eles cometam erros, que eles estão em uma parte natural da aprendizagem e que ele valoriza o erro suficientemente para compartilhá-lo com os demais, pois é uma fonte de aprendizagem produtiva para todos.

A aula prossegue com diferentes alunos compartilhando os erros e as soluções, sorrindo e dando risadas enquanto fazem isso. Depois disso, o professor amplia a investigação, colando no quadro algumas formas pré-confeccionadas, fazendo mais perguntas investigativas, pedindo que os estudantes usem seu conhecimento sobre linhas e ângulos para adaptar as formas e encorajando-os a descobrir uma variedade de abordagens.

Essa aula é chocante para meus alunos por muitos motivos. Um deles é a sua natureza investigativa, especialmente quando muitos acreditam que países de alto desempenho como o Japão e a China treinam os estudantes em fatos e regras. O segundo motivo é uma ideia que exploraremos em profundidade no Capítulo 5 — o fornecimento pelo professor de modelos visuais, incluindo as formas em cartões que ele havia pré-confeccionado. O terceiro é seu incentivo e o compartilhamento dos erros. Os pesquisadores que estudaram as abordagens de ensino em diferentes países também descobriram algo referente aos Estados Unidos: no Japão, os estudantes passam 44% do seu tempo "inventando, pensando e enfrentando os desafios com conceitos subjacentes", mas, nos Estados Unidos, eles se envolvem nesse comportamento menos de 1% do tempo.[6]

Steve Olson é um escritor de ciências premiado que estudou alunos em diferentes países que participaram da Olimpíada Internacional de Matemática. Ele chegou a esta conclusão sobre o papel dos desafios e da diversidade matemática nas salas de aula no Japão:

> [...] os professores *querem* que seus alunos se esforcem com os problemas, pois acreditam que é assim que eles realmente passam a compreender os conceitos matemáticos. As escolas não agrupam os estudantes em diferentes níveis de habilidades, uma vez que as diferenças entre eles são vistas como um recurso que pode ampliar a discussão de como resolver um problema. Nem todos os alunos aprenderão a mesma coisa com uma aula [...], mas cada um aprenderá mais ao ter que enfrentar os desafios com o problema do que engolir à força um procedimento simples pré-digerido.[7]

No Capítulo 1, discuti o vilão do cérebro matemático. O oposto disso é o fato forte e replicado de que todos os alunos estão em uma jornada de crescimento, e, o tempo todo, seu cérebro está se fortalecendo, fazendo conexões e

se expandindo.[8] Além disso, os momentos desafiadores, de erros e fracassos não são sinais de que uma pessoa é fraca ou ruim em um assunto; em vez disso, são sinais de que está ocorrendo uma atividade incrível no cérebro.

Quando leciono, seja para alunos dos anos finais do ensino fundamental e do ensino médio em cursos, seja para universitários em Stanford, costumo lhes dizer: "Estou lhes passando um trabalho difícil, pois quero que vocês se esforcem. Quero que trabalhem em algo desafiador para que possam fazer uma ótima malhação cerebral". Isso é libertador para os alunos, que se mostram mais dispostos a persistir sabendo que o momento de desafio é produtivo. Eu lhes digo que o trabalho parece árduo porque seu cérebro está trabalhando muito. Algo importante acompanha essa mensagem: a oferta de problemas de piso baixo, teto alto — problemas a que todos podem ter acesso, mas que atingem altos níveis. Os problemas que compartilho também têm múltiplos pontos de acesso, incluindo recursos visuais que os estudantes podem compreender com facilidade. Eles trabalham em problemas desafiadores sabendo que podem ter êxito, o que é importante. Recentemente, ouvi falar de professores que dizem aos alunos para se esforçarem e trabalharem sozinhos, sem ajuda, mas os problemas que eles apresentam são perguntas típicas e limitadas de matemática. Os estudantes ficam frustrados e não sabem como acessar as questões, e a aprendizagem não é produtiva. O que faz o momento de esforço e desafio ser produtivo para os alunos é a oferta de tarefas que incluam diversidade matemática e *ish* — os capítulos posteriores neste livro apresentarão muitos exemplos.

As pesquisas em mentalidade mostram que, quando acreditamos que podemos aprender qualquer coisa e nos esforçamos, temos maior probabilidade de nos beneficiarmos com esses momentos desafiadores do que quando não acreditamos em nós mesmos ou na importância do esforço.[9] Parte do motivo de termos um desempenho tão baixo em matemática nos Estados Unidos é porque tantos professores e estudantes acreditam que ter de se esforçar muito é um sinal de fraqueza. Se conseguíssemos mudar as respostas dos educadores, pais e alunos a essa questão, desbloquearíamos o desempenho superior em matemática em todos os níveis.

Eu estava fazendo um de meus cursos *on-line* quando ouvi pela primeira vez Carol Dweck falar sobre o momento em que decidiu iniciar sua pesquisa sobre mentalidade — o que viria a ser uma das ideias mais influentes em educação no mundo todo.[10] Ela me contou que estava entrevistando algumas crianças pequenas, dando-lhes tarefas para trabalhar, e viu que muitas delas se retraíam quando defrontadas com uma tarefa difícil, mas um menino reagiu de forma completamente diferente. Quando recebeu uma tarefa desafiadora, ele exclamou, com alegria, que adorava um desafio e logo começou a trabalhar. Esse jovem, sem saber, teve naquele momento um papel importante na educação em nível mundial. Sua exclamação fez com que Dweck percebesse que a forma como abordamos as tarefas pode mudar a forma como aprendemos. Após décadas de pesquisas feitas por ela e seus colegas, essa teoria foi comprovada e passou a ser conhecida como *mentalidade*.[11]

Quando os estudantes têm uma mentalidade de crescimento, em oposição a uma mentalidade fixa, eles acreditam que podem aprender qualquer coisa e encaram os erros e os desafios como oportunidades de aprendizagem. Essa abordagem mental não só os impulsiona quando a aprendizagem é difícil, mas também os protege dos estereótipos prejudiciais e encoraja a persistência — todos os quais conduzem a um desempenho superior.[12] As evidências do impacto de uma mudança nos alunos de uma mentalidade fixa para uma mentalidade de crescimento são contundentes: as pesquisas mostram que as intervenções na mentalidade podem aumentar o desempenho,[13] melhorar a saúde,[14] ajudar os estudantes a diminuir a agressividade[15] e reduzir as disparidades raciais[16] em sala de aula.

Dweck testemunhou em primeira mão uma diferença importante entre a maioria dos estudantes com quem havia trabalhado naquele dia e o menino que não só se mostrou destemido, como também empolgado com o trabalho. O desafio que isso representa para os pais e os educadores é como desenvolver em nossos alunos e em nós mesmos esse tipo de pensamento e a empolgação para enfrentar o desafio. Nos últimos dez anos, muitos estudos investigaram se uma intervenção na mentalidade estimula uma abordagem mais produtiva da aprendizagem. As evidências são complexas, mostrando que alguns alunos mudam quando aprendem sobre o crescimento do cérebro e a importância dos momentos desafiadores. Entretanto, pesquisas mais recentes estão mostrando que, para que tenham um impacto em grande escala e duradouro, essas mensagens precisam ser específicas da matemática e entregues por meio de uma mudança no ensino, não apenas na entrega de ideias diferentes.[17] Em outras palavras, o que realmente precisamos é do desenvolvimento de culturas de mentalidade nas salas de aula e nos locais de trabalho. A abordagem de ensino que ajuda a desenvolver uma cultura de mentalidade começa talvez com a condição de ensino e aprendizagem mais importante de todas — a criação de ambientes em que os alunos sejam estimulados a se esforçar.

Os neurocientistas com quem trabalhei nos últimos anos estudam diferentes aspectos do cérebro, usando técnicas contrastantes, mas todos foram claros quanto a um achado neurocientífico: os momentos mais produtivos para o cérebro são quando temos de nos esforçar mais e cometemos erros. Daniel Coyle, autor do *best-seller O código do talento*, estudou os indivíduos mais bem-sucedidos em diferentes áreas e concluiu que todos eles são pessoas que aprenderam "trabalhando no limite da sua compreensão" — cometendo erros, corrigindo-os, prosseguindo e cometendo mais erros.[18] Isso confirma minha própria experiência: os alunos que estão preparados para enfrentar os desafios e trabalham no limite da sua compreensão geralmente são aqueles que aprendem mais que os outros.

Ellie, uma aluna que estava disposta a trabalhar no limite da sua compreensão, participou do primeiro curso de verão do YouCubed. Se você assistiu à aula que Cathy Williams e eu demos, provavelmente notou Ellie, pois ela estava muito disposta a compartilhar seu raciocínio e suas respostas, que geralmente estavam incorretas. Um observador poderia ter considerado Ellie uma das estudantes com o mais baixo rendimento em nossa turma, e é verdade que ela ingressou com uma das pontuações mais baixas no pré-teste. No entanto, eu valorizava muito o fato de Ellie ter compartilhado seus erros, pois isso proporcionava a todos os alunos importantes oportunidades de reflexão. Ellie defendia sua abordagem errônea de uma determinada maneira, por fim corrigindo seu raciocínio e seguindo em frente. Ela estava trabalhando no limite da sua compreensão.[19] Quando analisamos os ganhos no desempenho dos estudantes, Ellie havia melhorado mais do que qualquer outro dos 82 alunos, tornando-se uma das mais bem-sucedidas no grupo.[20] Havia muitas evidências de que Ellie tinha ouvido as mensagens que demos sobre esforço e mentalidade, e isso mudou sua abordagem da matemática. Anos depois, quando estava na última série do ensino médio, Ellie fez contato pedindo minha ajuda, pois havia decidido escrever seu projeto de final de curso sobre mentalidade.

Steven Strogatz é um matemático aplicado na Cornell e conduz pesquisas sobre "redes do mundo pequeno".[21] Esse conceito baseia-se na ideia de que todos estamos conectados por no máximo seis graus de separação e vivemos em um mundo pequeno. Steven conduziu uma pesquisa com um de seus alunos na época, Duncan Watts, que mostrou que muitos sistemas no mundo — das redes elétricas às redes neurais de vermes, à colaboração entre atores de Hollywood — não operam aleatoriamente, mas como redes agrupadas com comprimentos de trajetória característicos. Seu trabalho comunicando a pesquisa sobre as redes do mundo pequeno é um dos 100 estudos científicos mais citados no mundo.[22]

Há muitas coisas que aprecio nas comunicações de Steven sobre a aprendizagem da matemática, mas nenhuma mais do que a descrição de seus esforços na disciplina. Em uma bela entrevista em um *podcast*, o economista Steven Levitt entrevista o matemático Steven Strogatz e conversa com ele sobre seu trabalho e sua jornada.[23] Durante essa entrevista,

Strogatz compartilha que percorreu de modo "atrapalhado" seu caminho até se formar em matemática, obtendo as notas mais baixas em todas as matérias que cursava, pois as disciplinas não envolviam intuição ou recursos visuais — em outras palavras, a matemática não tinha qualquer diversidade; era unidimensional. Ele também conta que se apaixonou pela sensação de ser desafiado.

Strogatz teve uma experiência memorável no ensino médio quando o professor deu à sua turma um problema e disse que nenhum aluno jamais tinha sido capaz de resolvê-lo. Ele também contou à turma que ele mesmo, formado no Massachusetts Institute of Technology (MIT), não tinha conseguido resolvê-lo. Isso chamou a atenção de Strogatz. Ele começou a trabalhar no problema e, depois de uma hora ou duas, não conseguiu resolvê-lo. Contou que trabalhou no problema dia após dia, e os dias se transformaram em semanas e depois em meses. Após seis meses, ele desenvolveu uma prova correta. Seu professor ficou tão satisfeito que compartilhou isso com o diretor da escola.

Durante aqueles meses, Strogatz ficou viciado na busca obstinada da compreensão por meio do esforço, o que chamou de "luta". Ele gostou tanto da sensação que começou a criar problemas desafiadores para si mesmo, fazendo perguntas sobre essa vasta e incrível disciplina que chamamos de matemática.

A jornada de Strogatz até se tornar um dos principais matemáticos mundiais refuta o mito, comum no sistema educacional, de que ter de se esforçar é um sinal de fraqueza e só é experimentado por pensadores de "baixo nível". Persistir foi uma parte fundamental do progresso de Strogatz como aluno de matemática. Outro mito perigoso é o de que a maioria das pessoas de sucesso não enfrenta dificuldades. Isso é completamente equivocado — na verdade, as pessoas mais exitosas são aquelas que estão confortáveis com os desafios e, como Strogatz, aprendem a procurar essa sensação, sabendo que ela é parte essencial da realização.

Isso é importante de ser lembrado por todos nós: devemos acolher ou mesmo procurar oportunidades de realizar um trabalho que nos atraia até o limite da nossa compreensão, pois é nesse limite que pode ser descoberto o nosso maior conhecimento; é onde a criatividade é encontrada e descobertas importantes podem ser feitas. Com frequência, quando nos aventuramos até o limite de lugares onde ficamos inseguros, nos falta conhecimento ou temos incertezas, é ali que alcançamos as maiores realizações. Não conseguimos muito na vida se não nos arriscamos ou se cedemos às nossas vozes negativas e aos medos internos.

Em quatro diferentes estudos experimentais com estudantes aprendendo diferentes conteúdos em diferentes idades, os pesquisadores compararam a abordagem usada na maioria das salas de aula de matemática — ensinando métodos e depois os estudantes praticando esses métodos nas questões — com outra abordagem.[24] Na condição contrastante, os professores dão aos alunos as perguntas e as tarefas *antes* de ensinarem os métodos que eles precisam para resolvê-las. Os estudantes são convidados a usar sua intuição para discutir possíveis caminhos a serem seguidos. Todos os estudos mostram que essa abordagem de ensino promove melhores resultados, e os pesquisadores concluíram que isso acontece porque os estudantes têm maior oportunidade de se esforçar — refletir a respeito e basear-se no conhecimento que já haviam desenvolvido.[25] Quando aprendem novos métodos *depois* que se esforçaram para encontrar um caminho, seu cérebro é preparado para aprender o novo conteúdo.

Um dos estudos, uma investigação de estudantes que estavam aprendendo cálculo em Harvard, comparou os grupos que trabalhavam em abordagens diferentes.[26] Em uma delas, os alunos tiveram uma aula antes de trabalhar nos problemas. Na outra abordagem, eles trabalharam nos problemas antes de aprender sobre os métodos que precisavam. O estudo foi bem delineado para que os grupos experimentassem abordagens contrastantes em diferentes momentos. Cabe mencionar que o estudo descobriu que os estudantes aprendiam mais ao terem de se esforçar mais primeiro, trabalhando nos problemas antes de terem aprendido os métodos. No entanto, também descobriu que os alunos *acharam* que haviam aprendido mais quanto tiveram uma aula primeiro. A clareza da aula havia dado a ilusão de aprendizagem, e a experiência da dificuldade os fez se sentirem mal. Os pesquisadores concluíram que uma das razões para os alunos terem acreditado que a condição mais desafiadora não foi tão eficaz foi porque nunca lhes tinham ensinado o valor da dificuldade. Apesar de os estudantes acha-

rem que a abordagem era menos eficaz quando tinham dificuldade, os dois grupos aprenderam mais quando receberam problemas a serem considerados antes de terem aprendido os métodos que lhes permitiriam avançar.

Temos amplas evidências de que os melhores momentos para nosso cérebro são aqueles em que somos desafiados e temos que nos esforçar.[27] Essas evidências têm implicações profundas na forma como vivemos nossa vida e são o oposto das mensagens que muitos de nós recebemos das escolas e de outras instituições.

"EMBARQUE NO ÔNIBUS DO DESAFIO"

Anders Ericsson foi um psicólogo suíço e professor na Florida State University frequentemente reconhecido como um especialista mundial no desenvolvimento de *expertise*. Ele descreveu a importante rota da aprendizagem para o desenvolvimento de *expertise* como tentar, falhar, revisar sua abordagem e tentar novamente, repetidamente.[28] Não é de admirar que os Estados Unidos tenham resultados tão baixos em matemática, visto que raramente incentivamos os alunos a utilizarem essa importante abordagem. Em vez disso, as salas de aula e os lares se concentram no concreto, elogiando os alunos por acertarem questões que envolvem pouca oportunidade de se esforçarem para acertar. Ken Robinson, um líder em educação e criatividade internacionalmente aclamado, afirmou, de forma célebre, que é impossível fazer qualquer coisa criativa sem cometer erros.[29] Eu diria que é impossível trabalhar em qualquer matemática de valor que seja apropriadamente desafiadora sem cometer erros. Então, como ajudamos os estudantes a desenvolverem conforto com esse processo importante e valioso — um processo que é incrivelmente útil para a aprendizagem, a compreensão e a vida? Essa não é uma tarefa menor, pois muitas pessoas se sentem mal cada vez que cometem um erro e, assim, tentam evitar desafios difíceis. A seguir, estão algumas das estratégias que eu e outros educadores descobrimos serem as mais eficazes para mudar o pensamento dos estudantes e sua abordagem da aprendizagem e da vida.

Compartilhe a neurociência

Sempre dou início aos meus cursos compartilhando com os estudantes que nosso cérebro está crescendo, fazendo conexões e fortalecendo caminhos o tempo todo, como pode ser visto na Figura 3.1. Não existe algo como um "cérebro matemático"; o cérebro está em constante mudança.[30] Quero que meus alunos encontrem desafios e cometam erros. Quando estamos nos esforçando, esse é um momento importante para o cérebro: ele está formando, conectando e fortalecendo caminhos neurais.

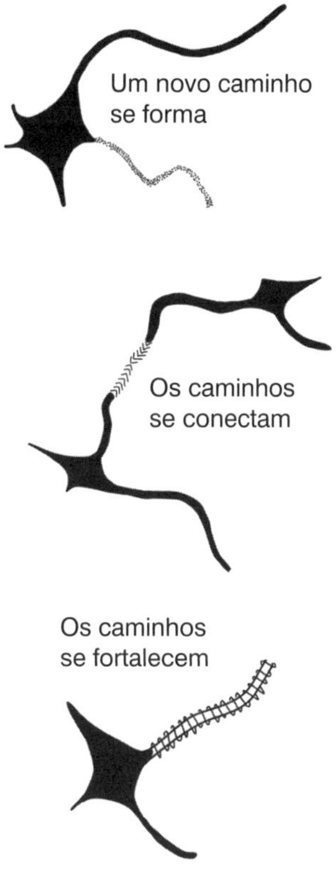

FIGURA 3.1 Cérebros formando, conectando e fortalecendo caminhos neurais.

Inicie uma aula ou uma conversa – ou uma refeição em família – com a discussão sobre os desafios

Uma conversa interessante e importante para ter com as pessoas é aquela em que você compartilha o valor dos desafios e pergunta aos outros como eles se sentem a respeito. Pergunte com que frequência eles têm dificuldades e como é a sensação no momento. Se possível, fale sobre os momentos em que você teve de se esforçar com a matemática ou compartilhe a história de Steven Strogatz, descrita anteriormente neste capítulo. Carol Dweck estimula as pessoas a reconhecerem que todos nós temos momentos de pensamento de mentalidade fixa, quando achamos que não podemos fazer algo. Ela, inclusive, nos encoraja a dar um nome às nossas mentalidades fixas. Ao discutir uma dificuldade com seus filhos, seus alunos ou seus colegas, peça-lhes que pensem sobre situações em que eles desenvolveram pensamento de mentalidade fixa e faça um *brainstorm* sobre as formas de mudar esse pensamento para um reconhecimento de que a dificuldade é um sinal positivo de que eles estão fazendo algo importante.

Sabemos que o lugar mais importante para o desenvolvimento da compreensão e da conectividade no cérebro é próximo ao limite da nossa compreensão.[31] Uma prática relevante é comunicar o quanto esse lugar é importante e como deveríamos querer estar em uma caminhada à beira desse limite.

Também gosto de pedir que os estudantes me informem quando eles acham que estão no limite para que possamos refletir sobre isso juntos. Convide os estudantes ou seus filhos a compartilharem com você: quando isso acontece? Como é a sensação? Torne a ideia de trabalhar no limite algo importante que os alunos tenham em mente e que se orgulhem de experimentar. Convide-os a fazerem um desenho de si mesmos no limite e o levarem consigo dentro de seus livros.

Compartilhe metáforas sobre o valor do desafio

Alguns anos atrás, fui procurada por Alina Schlaier, uma *designer* gráfica na Alemanha. Ela me falou que Greta, sua filha de 8 anos, tinha ansiedade matemática significativa até que começou a trabalhar em matemática criativa e visual, tendo aprendido sobre o valor dos desafios e da mentalidade. Alina tinha sido bem-sucedida em matemática; ela teve excelentes professores na escola que lhe mostraram várias maneiras de pensar sobre matemática. Quando, no 1º ano, sua filha declarou que detestava matemática, Alina ficou chocada e sabia que tinha que fazer alguma coisa. Ela encontrou os problemas diversificados e desafiadores, mas acessíveis, que havíamos criado e compartilhado no youcubed.org e em livros e os passou para Greta.[32] Ela disse que sua filha adorou e começou a pedir que sua família jogasse jogos matemáticos na hora do jantar. Fiquei emocionada ao saber da transformação de Greta. Também fiquei interessada em saber sobre Alina. Embora tenha sido bem-sucedida em matemática, ela disse que esta sempre tinha sido uma disciplina de números. Quando começou a trabalhar em problemas de matemática com sua filha, passou a ver os conceitos com "novos olhos". Ela me contou que nunca havia pensado antes sobre como a simetria divide números positivos e negativos ou como era útil ver a multiplicação, visualmente, como área. Contou que agora resolve melhor os problemas matemáticos no trabalho e em outras áreas da sua vida.

Muitos desenvolvedores de aplicativos têm entrado em contato comigo ao longo dos anos para trabalhar com eles em *softwares* de matemática, mas, em todos esses casos, os aplicativos que eles estavam desenvolvendo só aceitavam uma resposta. Frequentemente, tenho visto os estudantes ficarem decepcionados quando não inseriram a resposta que o aplicativo "queria" e da forma exigida. Quando falei com Alina, ela me mostrou os belos *designs* que sua equipe poderia criar, e compartilhamos o objetivo de que um aplicativo deveria valorizar as diferentes formas como os alunos pensam. Decidimos desenvolver juntas um aplicativo e, como queríamos ajudar os alunos a se sentirem bem em relação aos desafios, o chamamos de Struggly*.[33] No Struggly, as pessoas experimentam a matemática por meio de tarefas visuais e *games*, suas diferentes formas de pensar são valorizadas, e elas ga-

---

* N. de R. T. Em inglês, *struggle* significa se esforçar diante de um grande desafio. Por exemplo, quando uma pessoa está enfrentando um problema matemático em que é necessário testar várias conjecturas, dizemos: "*She is struggling*", que seria, mais informalmente, "ela está batendo cabeça". Assim, *struggly* pode ser traduzido como esforçado(a).

nham distintivos pelo esforço e por pensarem de formas diferentes (Figura 3.2). Os distintivos incorporam várias metáforas para o processo de esforço diante dos desafios.

Uma das metáforas que compartilhamos com nossos usuários do Struggly é pensar no desafio como uma nuvem pairando sobre sua mente. Dizemos que a mente pode parecer nebulosa e que eles podem sentir que não conseguem pensar com clareza.

Dizemos ao aluno que é importante permanecer naquele momento de dificuldade, senti-la, valorizá-la e continuar pensando. Por fim, fagulhas serão disparadas do cérebro por meio das nuvens do desafio. Essas fagulhas ocorrem quando começamos a ter ideias. Struggly oferece uma variedade de ideias para ultrapassar as dificuldades, como:

- falar sobre o problema;
- desenhar o problema;
- escrever sobre ele;
- fazer uma pausa, por exemplo, uma caminhada rápida;

FIGURA 3.2 Distintivos do Struggly.

- abordá-lo de forma diferente;
- pensar fora da caixa.

Uma metáfora que tem sido altamente generativa para muitas pessoas vem de James Nottingham: o poço do esforço.[34] Alguns professores incentivam os estudantes a fazerem um poço juntos, como o mostrado na Figura 3.3, feito pelos alunos de Jen Schaefer.

À medida que os estudantes vão entrando no poço, eles usam sentenças como "Esta questão é muito difícil" e "Não sei fazer isso", mas, quando estão saindo do poço, eles reformularam esses pensamentos, usando frases como "Eu sei fazer isso", "A escola foi feita para tentar coisas novas e cometer erros" e "Só preciso encontrar outra maneira". Eles também indicam um caminho para atravessar o poço, com as palavras "Perigo, não pegue esse caminho". Jen Schaefer, uma professora no Canadá que compartilha o poço com seus alunos, lhes diz que poderia pegar a mão deles e atravessar o poço ou saltar

Poço do esforço
Não sei fazer
Socorro!
Esta questão é muito difícil
Não sou uma pessoa matemática
Não sei fazer matemática
Uh, cometi um erro!
Não sei o que fazer
PERIGO!
Não pegue esse caminho!
Meu erro me ajudou
A escola foi feita para tentar coisas novas e cometer erros!
Espere aí - tenho uma ideia!
Sei fazer isso!
Espere, eu sei fazer
Só preciso de outra maneira
Como você vê isso?

FIGURA 3.3 Descrição de um aluno do seu poço do esforço.

sobre o poço com eles, mas que isso não os ajudaria porque lhes tiraria a oportunidade de se esforçarem. Jen trabalha para garantir que os estudantes se sintam confortáveis nos momentos de esforço, proporcionando tarefas acessíveis que permitam que isso aconteça.

Muitas vezes, os alunos de Jen vão até ela e dizem "Srta. Schaefer, estou realmente dentro do poço!". Sua resposta a isso é "Excelente! Quais as ferramentas que você precisa?". Adoro essa resposta por dois motivos. Primeiro, Jen os valoriza por estarem dentro do poço; segundo, ela não se apressa em estruturar o problema para torná-lo mais fácil para os alunos evitarem o desafio; ela pergunta sobre as ferramentas que eles achariam úteis.

Recentemente, quando estava visitando uma escola, ouvi de uma professora do ensino fundamental que ela convida seus alunos a construir uma dança interpretativa sobre o poço de aprendizagem, e ela contou que trabalhou para incutir a ideia em toda sua didática.

Essas diferentes metáforas — limites de aprendizagem, poço do esforço e nuvens de desafio — foram iniciativas incríveis para estudantes de diferentes idades e para adultos que queriam viver com uma mentalidade de crescimento, valorizando e aprendendo com os momentos desafiadores.

Passe um trabalho desafiador, mas com muitos pontos de acesso

Quando os estudantes aprendem matemática, eles precisam que o trabalho seja desafiador para que possam ter a oportunidade de se esforçarem. No entanto, as questões e as tarefas que oferecem essa oportunidade da maneira correta têm um conjunto de qualidades específicas que são importantes. Não é útil apresentar às pessoas questões limitadas às quais elas não podem responder e sobre as quais não têm como refletir. O tipo de questões que incentivam o esforço, e o conforto com a dificuldade, é muito diferente. Uma qualidade que todas elas apresentam é conhecida como "piso baixo, teto alto". O exercício na abertura deste livro, em que os estudantes são convidados a compartilhar onde veem os quadrados extras, é um bom exemplo dessa qualidade (Figura 3.4). Todos podem compartilhar onde veem os quadrados extras (piso baixo), mas a tarefa se estende até o pensamento algébrico de nível superior sobre funções quadráticas (teto alto).

Descobri que problemas que incentivam o esforço e o conforto com a dificuldade, bem como a beleza da diversidade matemática, têm várias características diferentes, as quais são apresentadas a seguir.

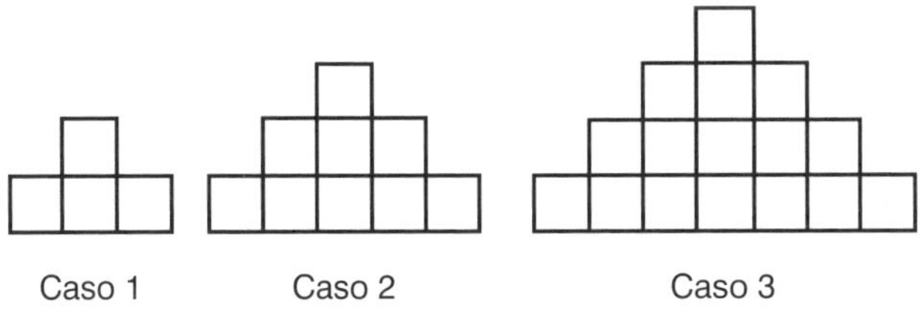

FIGURA 3.4 Padrão crescente de quadrados.

Problemas diversificados que convidam os alunos a ir até o limite da compreensão devem:

	Ser piso baixo, teto alto — piso baixo significa que todos podem acessá-los; teto alto significa que eles se estendem até altos níveis
	Incluir pensamento visual ou físico
	Ser possíveis de ver e resolver de maneiras diferentes
	Convidar a ideias e discussões
	Incluir referências ao mundo real

Esses problemas se revelaram como os mais interessantes e estimulantes para os alunos, e os recomendo enfaticamente. Conheceremos muitos deles no restante deste livro.

Comemore quando os alunos encontram desafios e cometem erros

Quando passo um trabalho desafiador para os alunos e eles expressam o quanto ele é difícil, digo que parece assim porque seu cérebro está trabalhando arduamente — formando e fortalecendo caminhos e novas conexões — e que isso é exatamente o que eles deveriam querer. Digo que esse é um momento importante e que eles devem valorizar o sentimento do trabalho árduo. No meu ensino, assim como o professor japonês, coloco os erros no quadro para que toda a turma possa se beneficiar com eles e reconhecer seu valor. Jen Schaefer pede que seus alunos escrevam uma reflexão sobre a matemática em que compartilham seus erros favoritos ou seus maiores esforços ou momentos de descoberta. Jen me enviou algumas das reflexões de seus alunos sobre seus momentos de descoberta, e fiquei impressionada com o enorme valor matemático do fato de os estudantes falarem sobre ideias complexas como subtrair números inteiros, entender a unidade na adição de frações e reorganizar expressões algébricas.

Lisa van den Munckhof, uma professora que conheci quando visitei a Senpaq'cin School, uma escola das Primeiras Nações em Kelowna, Canadá, me contou que, quando os educadores ou os alunos cometem erros em aula, eles recebem cinco "toca aqui" dos colegas. Adoro essa ideia e, quando visitei a turma de Lisa, pude constatar que uma cultura favorável aos erros tinha sido estabelecida. Entrarei em mais detalhes sobre minha agradável visita a essa escola no Capítulo 6.

Para os pais, é importante que valorizem os erros em casa, o que pode ser difícil algumas vezes, especialmente quando seus filhos quebram seu enfeite preferido, derramam uma bebida sobre seus papéis de trabalho ou ficam agitados demais e derrubam seu irmão mais novo. Sei o quanto é difícil reagir de modo calmo e apoiador em tais momentos; na posição de mãe, eu mesma já tive que trabalhar nisso. Entretanto, sabemos que as ideias que os estudantes têm sobre si mesmos, sobre suas mentalidades e sobre a importância do esforço diante dos desafios começam em casa. Um estudo feito por um grupo de pesquisadores em mentalidade encontrou que, quando tinham 3 anos, as crianças desenvolveram mentalidades diferentes dependendo dos tipos de elogios dados pelos pais.[35] Por isso, na próxima vez que seu filho cometer um erro, esforce-se para comunicar a mensagem útil: os erros fazem parte da vida e são uma oportunidade importante de aprendizagem.

Use um elogio de crescimento em vez de elogio fixo

Um dos estudos de Carol Dweck mostrou de forma contundente o impacto das diferentes maneiras de elogiar. Os pesquisadores conduziram um experimento em que dois grupos trabalharam em uma tarefa desafiadora. Um dos grupos foi elogiado pelo trabalho árduo; ao outro grupo foi dito que eram muito inteligentes. Depois disso, foi dada a opção aos dois grupos de uma tarefa desafiadora e uma fácil; 90% daqueles que foram chamados de inteligentes escolheram a tarefa fácil, enquanto a maioria dos alunos elogiados por trabalharem duro escolheu a tarefa desafiadora.[36] Esse estudo mostra como uma pequena mudança na forma como elogiamos as pessoas pode ter um efeito imediato. Sabemos que, quando elogiamos outras pessoas dizendo que são inteligentes, inicialmente elas se sentem bem em relação à ideia, mas, quando posteriormente fazem asneiras ou falham, como acontece com qualquer um de nós, elas começam a pensar "Talvez eu não seja assim tão inteligente". Não há problema em elogiar as crianças, mas elogie o que elas fizeram e o processo que empregaram. Diga-lhes que você adora seu pensamento criativo ou sua ótima abordagem de um problema em vez de usar rótulos fixos. Aqueles que são elogiados por serem inteligentes escolheram uma tarefa fácil no estudo porque tinham medo de perder o rótulo de "inteligentes" que haviam recebido. Essa é uma resposta comum ao elogio fixo: conduz à vulnerabilidade, em que as pessoas se empenham para proteger sua imagem de "inteligentes", e lhes retira o conforto de fazer perguntas e se esforçarem.[37]

Mude a forma como você avalia

No Capítulo 7, apresentarei diferentes ideias para dar às pessoas uma devolutiva útil da avaliação. Se quisermos incentivar os alunos a se sentirem bem em relação aos erros e aos momentos desafiadores, não podemos penalizá-los cada vez que cometerem um erro. Se procedermos assim, isso transmitirá uma forte mensagem contraditória, da qual estarão bem conscientes. É claro que, em uma prova final, todos nós sabemos que é importante que os estudantes cometam o menor número de erros possível, mas as avaliações dadas durante um curso ou o ano letivo são muito diferentes; elas são oportunidades de estimular o esforço e os erros.[38]

Compartilhe erros famosos ou importantes

Marc Petrie é professor dos anos finais do ensino fundamental em Santa Ana, Califórnia.[39] Todas as semanas, Marc apresenta um vídeo aos seus alunos que mostre algum exemplo de alguém exibindo uma mentalidade de crescimento. Adoro essa ideia e acho que ela poderia ser ampliada para incluir erros, já que o mundo está cheio de exemplos que podem ter parecido problemáticos na época, mas que acabaram se tornando valiosos. Um dos meus favoritos é compartilhar a história da resolução do Último Teorema de Fermat.

O Último Teorema de Fermat recebe o nome de um matemático francês, Pierre de Fermat, que fez uma ousada afirmação nos anos 1600 de que a equação $a^n + b^n = c^n$ não tem solução numérica quando n (o expoente) for maior que 2. Quando n é 2, podemos criar uma frase numérica que é verdadeira, $3^2 + 4^2 = 5^2$, mas Fermat afirmou que nenhum conjunto de números jamais funcionaria quando n for maior que 2. Ele também rabiscou nas margens do seu trabalho que tinha uma prova "maravilhosa" de que isso nunca funcionaria, mas não a forneceu. Isso levou os matemáticos a se lançarem em uma busca para encontrar a prova por centenas de anos. Somente mais de 350 anos depois é que foi encontrada uma prova pelo tímido matemático inglês Andrew Wiles. Vale mencionar que Wiles se deparou pela primeira vez com o Último Teorema de Fermat quando era um menino de 10 anos em Cambridge, e ele descreve o momento em que tomou conhecimento do problema dizendo:

> Parecia tão simples, e, no entanto, todos os grandes matemáticos na história não conseguiram resolvê-lo. Ali estava um problema que eu, uma criança de 10 anos, conseguia entender, e, a partir daquele momento, eu sabia que nunca iria desistir; eu tinha que resolvê-lo.[40]

Anos mais tarde, depois que Wiles terminou o doutorado e tornou-se um matemático, ele começou a trabalhar a sério no problema. Durante anos,

Wiles explorou e procurou padrões, trabalhando para construir uma prova válida. Certo dia, sete anos depois, ele emergiu de seu estudo em sua casa e anunciou à sua esposa que tinha uma prova.

O local para compartilhar essa prova foi o Isaac Newton Institute, em Cambridge. Espalhou-se o rumor de que o Último Teorema de Fermat tinha sido resolvido, e a sala estava lotada com mais de 200 matemáticos e jornalistas. Wiles apresentou seu trabalho em três conferências diferentes, e, quando terminou, a sala irrompeu em aplausos. Nas semanas seguintes, verificou-se que havia um erro em seu trabalho, e Wiles voltou ao seu estudo para trabalhar por mais alguns meses antes de apresentar a prova completa e precisa.

Essa é uma história interessante por si só, mas uma das partes que gosto muito de destacar é o fato de que as teorias errôneas que haviam sido apresentadas como provas do Último Teorema de Fermat agora tinham gerado novos domínios da matemática — incluindo partes da álgebra. Como o autor Peter Brown descreveu: "Das ruínas desses fracassos surgiram teorias profundas que abriram novos e vastos domínios da matemática".[41]

Os alunos dos anos finais do ensino fundamental que ensinamos em nossos cursos de verão ficam muito impressionados com a história do Último Teorema de Fermat. Primeiro, ficam admirados que alguém tenha trabalhado em um problema de matemática por sete anos — um problema de matemática que eles podem entender. Isso muda suas ideias sobre o tempo que "deveriam" passar resolvendo problemas. Eles também ficam impressionados com o fato de os erros terem gerado novos e importantes domínios da matemática; a história ajuda a sublinhar o valor dos erros no pensamento e nas descobertas humanas.

Papel amassado

Por volta de 2013, durante a época em que estavam surgindo os cursos *on-line*, ou "cursos *on-line*, abertos e massivos" (MOOCs, do inglês *massive open online courses*), eu havia começado a trabalhar com o líder do pensamento Sebastian Thrun, um professor de ciência da computação em Stanford

que recentemente havia inventado os carros autônomos. Sebastian tinha acabado de abrir uma nova empresa para criar cursos *on-line* denominada Udacity. Meu trabalho de consultoria na Udacity me levou à criação do meu próprio MOOC* para professores de matemática, que foi lançado como um curso *on-line* em Stanford.[42] Eu não tinha certeza se alguém faria o curso, mas fiquei agradavelmente surpresa quando 30 mil pessoas o fizeram durante o verão. Em meu primeiro MOOC, compartilhei o valor dos erros e pedi que os participantes planejassem uma atividade que ajudasse os estudantes a valorizá-los. Um dos meus preferidos foi enviado por uma professora que sugeriu que os alunos amassassem uma folha de papel com a gana e a frustração que sentem quando cometem um erro e depois atirassem o papel no quadro à sua frente.

Os estudantes, então, são convidados a desdobrar sua folha de papel e colorir as linhas, com todas elas representando o cérebro crescendo e fazendo conexões.

---

* N. de R. T. No *site* Mentalidades Matemáticas é possível encontrar cursos gratuitos como este. Visite: https://mentalidadesmatematicas.org.br.

Escolha seu erro favorito

Uma prática popular que aprecio entre os educadores é a escolha de um "erro favorito" para compartilhar todos os dias. Isso tem o benefício de demonstrar a valorização dos erros, mas também possibilita reflexão sobre os princípios matemáticos subjacentes às ideias que estão sendo aprendidas em aula ou em casa. Isso é útil à medida que o domínio da compreensão em torno de qualquer problema matemático sempre se estende além do problema em si, e é importante que isso seja considerado.

Por exemplo, quando é solicitado que sejam somadas as frações $\frac{2}{3} + \frac{1}{4}$, sempre haverá alguns alunos que obterão a resposta $\frac{3}{7}$. Esse é um erro valioso que merece uma discussão. Se eu estivesse liderando essa aula, iniciaria dizendo: "Este é um exemplo interessante, pois Naj somou os números de cima para obter 3 e os números de baixo para obter 7. Essa abordagem é importante para todos nós refletirmos a respeito. No entanto, outros na turma obtiveram a resposta $\frac{11}{12}$. Em matemática, existem perguntas que têm mais de uma resposta correta. Esta é uma delas? (*Aguardo que respondam.*) Se concordamos que não é, então temos o desafio de descobrir qual é a resposta correta e por que".[43]

Em discussões como essa, a autoridade na sala de aula desloca-se do professor, que poderia dar a resposta correta com facilidade, para a matemática, uma vez que é pedido aos alunos que raciocinem para chegar a uma solução. Adoro quando a turma dá respostas diferentes às perguntas, pois isso me diz que temos um problema interessante, com muitas coisas sobre o que falar. Quando abro a conversa para os estudantes compartilharem seu raciocínio, também os convido a se dirigirem ao quadro, na frente da sala, e defenderem o exemplo que consideram correto, (e esperamos) acrescentando recursos visuais. Quando, juntos, chegamos à conclusão de que uma resposta está correta, sempre valorizo o papel da resposta incorreta no desenvolvimento da compreensão.

Um exercício parecido que gosto muito é dar aos estudantes o trabalho de outro aluno, que, na verdade, é um problema que você criou incluindo um erro importante, e pedir que forneçam uma devolutiva a esse aluno. Sempre é bom dedicar algum tempo examinando por que as abordagens aos problemas funcionam ou não funcionam. Quando os alunos cometem erros em matemática, quase sempre há alguma lógica em seu pensamento, e é importante destacá-la e considerá-la.

Esses são exemplos de como discutir os erros e os exemplos não tradicionais, tornando a matemática muito mais interessante e diversificada.

Compartilhe vídeos e artigos

Nosso *website*, youcubed.org, compartilha uma variedade de recursos para ajudar os alunos a se sentirem bem em relação aos desafios e aos erros.* Eles incluem vídeos[44] e artigos da *Science News*.[45]

Há muitas gerações, cientistas e educadores conhecem o valor do fato de os alunos encontrarem dificuldades e cometerem erros. Muito antes de os neurocientistas terem mostrado o valor desses momentos para o cérebro, Jean Piaget (1896-1980), psicólogo suíço, falava sobre o valor de os estudantes estarem em um estado de desequilíbrio, um tipo de "desiquilíbrio cognitivo" que nos impulsiona a modificarmos nossos modelos de aprendizagem e passarmos a um estado de equilíbrio.[46] Lev Vygotsky (1986-1934), outro gigante da psicologia e da aprendizagem, focou o que chamou de "zona de desenvolvimento proximal" — o espaço entre o que os alunos conseguem fazer sem assistência e o que conseguem fazer com a assistência de um orientador experiente.[47] Esses dois psicólogos sabiam que os momentos em que os estudantes estavam em desequilíbrio, ou precisando da assistência de um adulto, eram os mais importantes em sua aprendizagem. Sabemos agora que os momentos em que os estudantes estão se esforçando e trabalhando no limite da sua compreensão são os mais úteis para a atividade e o desenvolvimento do cérebro. Apesar dessa riqueza de evidências, os alunos no mundo todo sentem-se mal se têm dificuldades e cometem erros, o que afeta negativamente sua aprendizagem no futuro.

---

* N. de R. T. A tradução do *site* youcubed.org é feita pelo Instituto Sidarta. Há também a página https://mentalidadesmatematicas.org.br, onde estão disponíveis diversos recursos gratuitos.

Como sociedade — não só em nossas escolas —, precisamos recalibrar nosso medo cultural de estarmos errados e tendo que nos esforçar, pois esses são momentos de grande importância e valor — para o desenvolvimento do conhecimento e da criatividade do cérebro.

Talvez o ponto de partida para ajudar os alunos a ficarem confortáveis com os desafios e os erros é ajudando os adultos a ficarem mais confortáveis com estes. Isso geralmente começa pelo trabalho para erradicar a conversa interna negativa, algo de que todos nós sofremos de vez em quando. Ficar confortável com a incerteza, os erros e as dificuldades permite que os adultos sirvam de modelo de como ficar confortável nesses momentos com outros adultos e com os estudantes; demonstrar conforto é uma parte importante do processo. Onde quer que você esteja nessa jornada, espero que este capítulo tenha sido útil ao compartilhar ideias e recursos para ajudá-lo a criar ambientes favoráveis aos erros para seus alunos e que o ajude a ser receptivo aos seus próprios momentos de desafio e erros. Aprender é um processo, não um resultado, e é nos momentos de dificuldade que as oportunidades mais dinâmicas ocorrem.

Agora chegou o momento de compartilhar minhas novas ideias para aprendizagem da matemática, as quais espero que você adote com a mentalidade aberta e positiva que esses primeiros capítulos apresentaram.

4

A MATEMÁTICA NO MUNDO

Meu objetivo ao escrever este livro é compartilhar a ideia de *math-ish* e celebrar a diversidade matemática. *Math-ish*, e o conceito de *ish*, como você lerá mais adiante no capítulo, é uma abordagem diversificada para compreensão da matemática como ela existe na vida cotidiana para diferentes tipos de pessoas. O conceito de diversidade matemática abrange o valor da diversidade cultural e da diferença nas pessoas e a diversidade na abordagem da matemática, valorizando as diversas formas de ver e pensar. O Capítulo 1 apresentou a ideia de que ambas as formas de diversidade, especialmente quando reunidas, ajudam a estimular a colaboração, a resolução de problemas e o alto rendimento.[1] Nos cursos de verão do YouCubed, minha equipe e eu lecionamos para alunos que eram diversos, e o ensino foi bem-sucedido porque a abordagem da matemática valorizou e elevou as diferenças entre eles por meio de nosso respeito pelas suas formas variadas de ver, de pensar e de resolver problemas.[2] A diversidade dos estudantes enriqueceu a diversidade matemática, que, por sua vez, apoiou a experiência dos alunos.

A pesquisa mais contundente e em grande escala a considerar o impacto da diversidade racial provém de Sean Reardon, um de meus colegas no corpo docente em Stanford, que investiga a desigualdade educacional. Sean e seus colegas analisaram a oportunidade educacional baseando-se em um conjunto de dados impressionantemente grande: 11 anos de dados sobre o desempenho de mais de 50 milhões de alunos em mais de 10 mil distritos. Esses dados revelaram algo valioso: a segregação racial dos estudantes está associada às lacunas no desempenho, iniciando no 3º ano e estendendo-se até o 8º ano.[3] As escolas não são tão segregadas atualmente quanto eram 60 anos atrás, mas as segregações racial e econômica aumentaram nos últimos 30 anos. Em 2022, o estudante negro médio frequentava uma escola com 32% mais alunos negros e latinos do que o estudante branco médio.[4] Quando as escolas e as comunidades não são diversificadas, todos perdem, especialmente porque muitas delas são subfinanciadas, ocasionando graves e indefensáveis lacunas de oportunidades que afetam desproporcionalmente alunos não brancos e estudantes provenientes de comunidades de baixa renda. O estudo de Reardon sugere que, se a igualdade for um objetivo importante para nós como sociedade, precisamos reconsiderar a organização das escolas. A pesquisa também mostra o valor de instituições de ensino mais diversificadas racialmente para combater a desigualdade, um resultado que não é surpreendente para mim. Durante todos esses anos em que trabalho com escolas no Reino Unido e nos Estados Unidos, descobri que as mais eficientes são aquelas com diversidade considerável de todos os tipos — racial, cultural, social, etc. As pessoas se beneficiam ao abrirem sua mente e valorizarem as diferentes contribuições das diferentes culturas e pessoas.[5] Com um ensino cuidadoso, os jovens desenvolvem o respeito mútuo que ultrapassa as divisões raciais, sociais e culturais — um dos objetivos mais importantes da educação.[6] A diversidade engrandece a vida e a matemática.

Alguns anos atrás, recebi um convite para ajudar a criar oportunidades para uma matemática mais diversificada na educação básica. Ele foi feito por alguém de fora do meu círculo profissional usual — alguém que não estava na educação ou na matemática. Era Steven Levitt, um economista da University of Chicago que ficou famoso por seu livro *Freakonomics*.[7] Ele me convidou para ir ao *podcast* do *Freakonomics*, que é apresentado por seu colega Stephen Dubner. O que motivou Levitt para a conversa foi sua frustração com a tarefa de casa de matemática que seus filhos no ensino médio eram solicitados a fazer e, mais em geral, com o conteúdo que estava sendo ensinado. Ele reconhecia que aquela era a mesma matemática que havia aprendido na escola, mas que seu próprio trabalho conduzindo pesquisas em economia envolvia matemática e ferramentas matemáticas que não tinham "nada a ver com o que meus filhos estão aprendendo". Essa desconexão motivou Levitt a realizar uma edição especial do programa intitulada "O currículo de matemática na América não faz sentido". O episódio iniciou com uma de suas filhas do ensino médio lendo em voz alta, em tom de brincadeira:

> "Racionalize o denominador na equação: 3 sobre a raiz quadrada de x menos 7. [...] Encontre os zeros imaginários da equação: f de x igual a 4x elevado a 4 mais 35x ao quadrado menos 9."[8]

Seguiu-se uma conversa animada, incluindo eu mesma, a economista e ex-professora Sally Sadoff, a analista de pesquisa Daphne Worchenko e o presidente do Conselho Universitário David Coleman. Muito foi dito sobre a desconexão entre a matemática que *deveria* ser ensinada e a matemática que *é* ensinada. Coleman relatou que o Conselho Universitário havia feito uma sondagem entre professores universitários de matemática e outras disciplinas e professores de matemática do ensino médio, perguntando a todos eles que matemática é mais necessária para o ensino superior. Ele relatou que a diferença nas respostas dadas pelos dois grupos é "de partir o coração":

> Os professores universitários dizem: "Muito poucas coisas importam e importam muito". Os professores do ensino médio dizem: "Tudo é importante". Pense no estresse disso. Eles precisam fazer tudo, caso contrário, estarão traindo suas crianças, o que os obriga a correr com o currículo, senão elas não estarão preparadas. O que os professores universitários dizem, mas não é ouvido, é que, se os seus alunos conseguirem fazer esse conjunto

> de coisas essenciais, nós podemos fazer o resto. Entretanto, se elas forem precárias e eles tiverem meramente um ligeiro conhecimento dessas e de muitas outras matemáticas, ficaremos presos.[9]

Essas palavras são contundentes e muito importantes. Para os professores universitários, *poucas coisas importam e importam muito*. No entanto, na opinião dos professores do ensino médio, tudo deve ser abordado. Isso não causa surpresa, pois foi dito a esses educadores — por estados, distritos, padrões curriculares, livros didáticos e testes — que eles devem ensinar tudo que está estabelecido nos padrões. (No Capítulo 6, tentarei ajudar com o problema enfrentado por todos os professores da educação básica e alguns pais: as maneiras de ensinar o conteúdo de forma significativa e com a diversidade que os alunos precisam quando há tanto conteúdo a ser ensinado.) Você pode estar se perguntando: quais são as poucas coisas que importam? Quais são as áreas que os professores universitários consideram essenciais para os diferentes cursos e para o futuro matemático dos estudantes em geral?

APRENDENDO E ENSINANDO O QUE IMPORTA

O primeiro conceito matemático fundamental que David descreve é "modesto": aritmética — as quatro operações e frações, uma área da matemática que descrevo como senso numérico. A segunda área é análise de dados e resolução de problemas, com conceitos como taxas, razão e proporção, permitindo que as pessoas vejam como as quantidades se relacionam entre si; denomino isso como letramento de dados. A terceira são as equações lineares, uma área da matemática que descreve como tudo na vida relaciona-se mutuamente, que é usada em muitas disciplinas. Essas três áreas não só são necessárias para os cursos universitários, mas também são as áreas do pensamento matemático mais necessárias na vida e no trabalho. Cada uma delas pode ser encontrada de forma limitada — como um conjunto de regras, métodos e procedimentos — ou em formas diversas e *ish** que destacam seu potencial, sua beleza e sua aplicabilidade. Este capítulo dará início ao nosso exame dessas três áreas. O que há de interessante sobre elas? E como podemos encontrá-las em formas diversas e *ish*?

Senso numérico

Os números são muito importantes, mas têm uma reputação negativa na sociedade. A maioria das pessoas não sabe que eles têm uma característica interessante inata; isso não causa surpresa, já que a maioria das pessoas nunca consegue ver ou experimentar o que há de interessante neles. De fato, muitas pessoas acham que os números e a aritmética são frios, remotos e irrelevantes. Os currículos estabelecidos pela maioria dos países e dos estados geram essa ideia. Stephen Ball, professor no King's College London, descreve o "currículo dos mortos" como um currículo e padrões que não reconhecem o papel das pessoas na criação de conhecimento, parecendo, em vez disso, ser transmitido "pelo julgamento inquestionável de gerações", não incluindo espaço para as experiências ou as representações dos próprios alunos.[10] As listas de métodos matemáticos estabelecidos em padrões e currículos nacionais certamente se encaixam nessa descrição. Quando esses padrões são traduzidos pelas editoras em perguntas limitadas nos livros didáticos, os estudantes passam a encarar os números como fatos frios que carecem de diversidade cultural ou de qualquer tipo.

Números: uma história

Uma das formas como eu desafio a versão sem vida e impessoal dos números que os alunos experimentam é compartilhando a rica história cultural do seu desenvolvimento. Poucos estudantes chegam a aprender sobre a história dos números, mas, se isso acontecesse, eles aprenderiam que os primeiros registros quantitativos no mundo vêm da Amazônia brasileira.[11] Pinturas criadas por artistas indígenas há mais de 10 mil anos mostram marcas com "x" contando os dias, as luas e outros ciclos. Os arqueólogos

---

* N. de R. T. Uma matemática aberta a diferentes abordagens e formas de aproximação.

encontraram inúmeras evidências de que os povos antigos do Brasil prestavam atenção às quantidades, agora consideradas como os primeiros numerais pré-históricos.

Em uma pequena área da África central, foi encontrado um osso que fascinou os historiadores por gerações. O osso de Ishango tem profunda importância matemática; considera-se que ele tem 20 milênios de idade e apresenta um conjunto de marcações que revelam conhecimento dos números primos e do sistema decimal. As primeiras indicações das partes importantes do nosso sistema numérico provêm da agora chamada República Democrática do Congo.[12]

Gosto de pedir aos alunos que olhem para um diagrama do osso encontrado em um ótimo livro de atividades do mundo inteiro, de autoria de Claudia Zaslavsky (Figura 4.1). Faço perguntas como: "Na sua opinião, por que estes números estão no osso? Para que você acha que o osso era usado?". Isso permite que eles aprofundem sua apreciação da natureza diversificada da nossa história matemática e abre sua compreensão dos números *ish** no mundo.

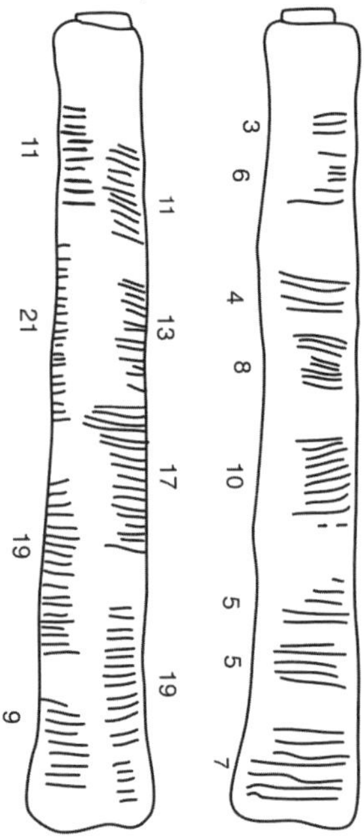

FIGURA 4.1 Dois lados do osso de Ishango.[13]

Os sumérios são a primeira civilização que viveu na região da antiga Mesopotâmia, que agora é "a terra entre os rios" no Iraque. Mais tarde, os babilônios viveram na mesma região, e os sumérios e os babilônios são creditados como os primeiros usuários de álgebra.[14] A maioria das tábuas de argila que foram recuperadas ali, mostrando marcações algébricas, data de 1800 a 1660 A.C. A palavra *álgebra* vem do árabe *al-jabr*, que significa a reunião das partes quebradas. Atravessando os tempos, o sistema numérico que conhecemos e usamos no Ocidente

* N. de R. T. Aberta, cheia de possibilidades.

provém do sistema árabe, que, por sua vez, vem do sistema indiano. Foram os estudiosos na Índia que inventaram o número zero.

Um dos primeiros usos de números é apresentado no registro do tempo. As pessoas se perguntam por que nosso sistema de registro do tempo está em unidades de 12 ou 24 (horas), e a resposta é que ele provém dos antigos egípcios, que desenvolveram relógios de sol há mais de três mil anos. A decisão de dividir o dia em 12 unidades veio da sombra que se podia ver nos relógios de sol. Eles encontraram dez unidades desde o nascer do sol e, então, acrescentaram uma unidade para o amanhecer e outra para o crepúsculo. O sistema foi formalmente codificado pelos astrônomos gregos no período helenístico, em torno de 323 A.C. Essas decisões permaneceram ao longo do tempo e são o motivo de termos 24 horas em cada dia.

Esses são apenas alguns exemplos da história dos números, que raramente é contada aos alunos. Acho os exemplos fascinantes, pois mostram a rica história cultural da matemática, que abrange o mundo todo e é lindamente diversificada e parte de todas as culturas.

Penso na matemática como uma lente que todos nós podemos usar para ver o mundo; quando fazemos isso, vemos muito melhor, percebendo os padrões e as relações interessantes. É importante salientar que os próprios

números têm uma história cultural rica que vale a pena conhecer e compartilhar.

O encanto dos padrões

Os números sempre me fascinaram, e estou certa de que isso tem origem nas minhas primeiras experiências com eles, já que me foram apresentados como um parque infantil visual e físico. Eu passava horas brincando com um conjunto de barras Cuisenaire que minha mãe trouxe para mim, que parecem simples, mas são incrivelmente poderosas (Figura 4.2). Inventadas pelo professor belga Georges Cuisenaire, cada uma das dez barras coloridas representa um número de 1 a 10. Cuisenaire observou crianças aprendendo as relações musicais tocando as teclas de um teclado e queria que elas tivessem uma experiência sensorial semelhante que lhes desse percepções das relações numéricas.[15]

Se você for pai/mãe de crianças pequenas, sugiro que compre um conjunto de barras Cuisenaire e simplesmente as apresente. Seus filhos instintivamente começarão a brincar com elas e investigar os padrões.

Quando era pequena, eu adorava essas barras coloridas e passava muitas horas ordenando-as de maneiras diferentes, investigando os padrões numéricos. Depois que fiquei mais velha e tinha uma calculadora, passava boa parte do meu tempo na escola (quando deveria estar ouvindo os professores)

FIGURA 4.2 Barras Cuisenaire.

inserindo números e modificando-os com as diferentes operações para ver o que acontecia com eles. Eu tinha um caderno, uma prática que mantenho até hoje. Meus cadernos de infância eram frequentemente preenchidos com padrões numéricos que eu continuava a investigar por dias a fio. Espero que os leitores não concluam com isso que sou algum tipo de gênio da matemática, atraída pelos números desde uma idade precoce. Se há algo que pode ser extraído dessa história, é que aprendi a brincar com os números desde uma idade tenra; pude experimentá-los visual, física e flexivelmente; e, por meio disso, desenvolvi curiosidade e fascínio pelos números.

Agora, como professora em Stanford, consegui me reconectar com a minha primeira paixão: uma das atividades que convido os alunos da graduação a trabalhar envolve construir padrões com barras Cuisenaire. Assim como muitas das atividades que valorizo e compartilho no YouCubed, a atividade parece ser simples — qualquer um pode acessá-la, incluindo crianças pequenas —, mas se estende até níveis muito altos que desafiam os universitários. Um de meus vídeos favoritos mostra uma de minhas alunas da graduação, Yasmeena Khan, compartilhando uma prova de um padrão matemático complexo usando barras Cuisenaire. Ela mostra a prova movimentando as barras, destacando o padrão matemático existente neles. Não é

exagero dizer que, quando as pessoas assistem a esse vídeo, elas ficam surpresas e comovidas com a complexidade e a beleza do padrão que se revela diante delas.

As pessoas gostam muito de assistir ao vídeo e me perguntam se podem assisti-lo de novo e mostrar aos seus alunos. Adoro ver as reações das pessoas à prova visual de Yasmeena, pois o que elas demonstram nesses momentos é a apreciação da matemática, e sua apreciação é por algo muito simples — um belo padrão visual que destaca um significado mais profundo do que os números podem transmitir sozinhos.

Muitos perguntam o que Yasmeena está fazendo atualmente; eles imaginam que ela deve ter se tornado uma criadora em uma empresa de tecnologia de ponta. Yasmeena trabalha em uma empresa global de resolução de problemas. Ela conta que continua sendo grata pelas minhas aulas na graduação, pois isso mudou sua mentalidade e sua abordagem da matemática, o que a ajudou a fazer "muitos cursos de matemática avançada (álgebra linear, cálculo multivariável, probabilidade e estatística)" em Stanford, permitindo-lhe continuar a ter sucesso.

Há um grande valor em compartilhar atividades matemáticas que se relacionam com o mundo, mas também sei que pessoas de todas as idades são fascinadas pelos padrões dentro e entre os números. David Coleman, CEO do Conselho Universitário, enfatiza a importância do senso numérico para os alunos que ingressam em cursos universitários, e é minha firme convicção que os melhores fundamentos em senso numérico que podemos proporcionar a alguém começam com um convite a brincar com os números, explorar os padrões e abordá-los de formas *ish*. Quando os números se tornam visuais, a experiência é ainda mais significativa.

Brent Yorgey é professor de matemática e ciência da computação no Hendrix College. Quando me deparei pela primeira vez com suas belas apresentações dos números, fiquei encantada.[16]

Minha equipe e eu frequentemente damos aos alunos e aos professores a representação visual na Figura 4.3 e primeiramente lhes pedimos que escrevam cada número ao lado da sua imagem correspondente para que possam *ver* o número e obter percepções visuais de como ele é formado — seus fatores e suas relações com outros números. Depois disso, pedimos que procurem padrões interessantes. Quando fazemos essa atividade nas salas de aula, os estudantes apresentam com entusiasmo os diferentes padrões que encontram. Alguns deles são apresentados nas Figuras 4.4 a 4.7.

FIGURA 4.3 Imagens numéricas de Brent Yorgey.

- Todos os múltiplos de 3 têm uma estrutura similar que mostra sua característica de 3 — todos eles incluem triângulos.

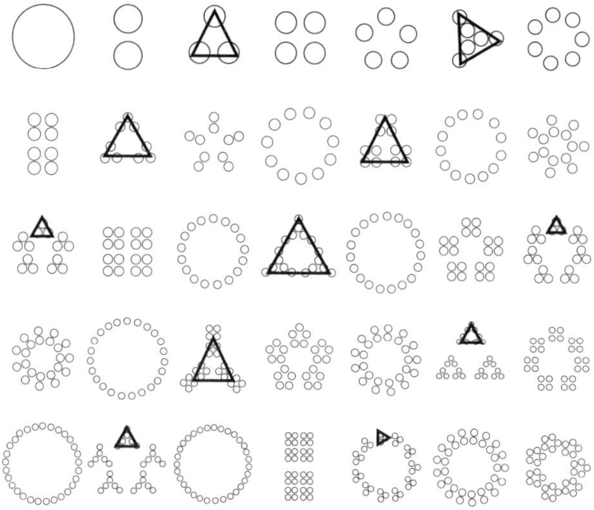

FIGURA 4.4 Múltiplos de 3.

- Todos os múltiplos de 7 estão em formas com sete lados.

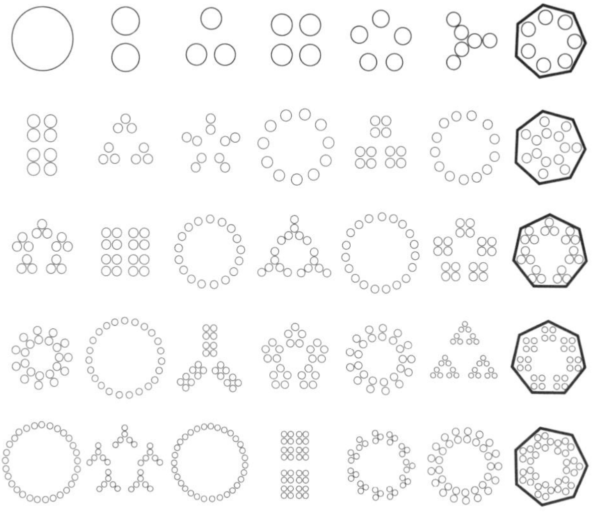

FIGURA 4.5 Múltiplos de 7.

- Todos os múltiplos de 6 estão na mesma forma.

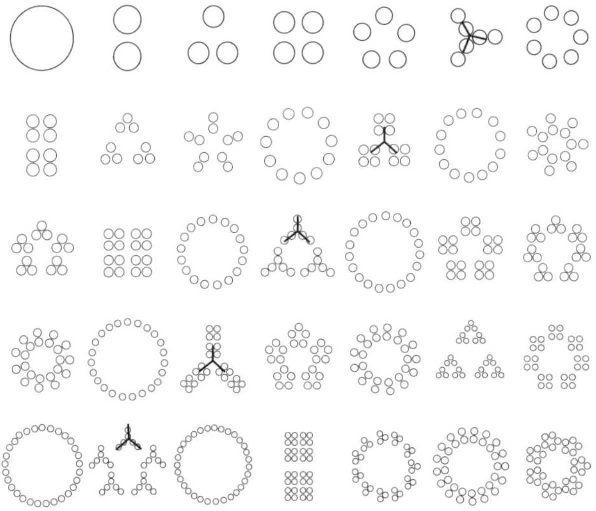

FIGURA 4.6 Múltiplos de 6.

- Os números primos (exceto 2) são apresentados como círculos.

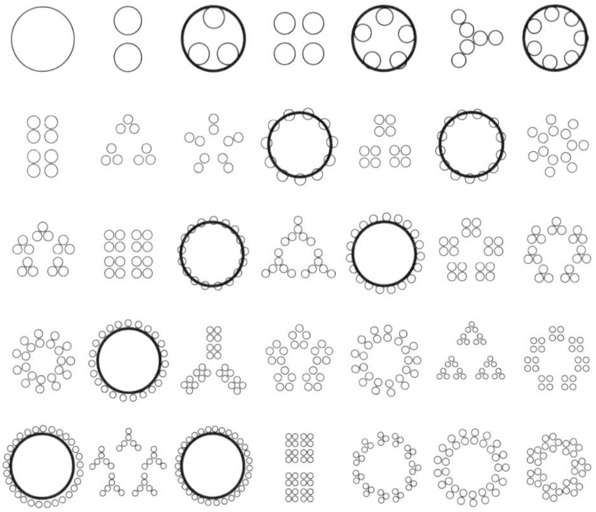

FIGURA 4.7 Números primos.

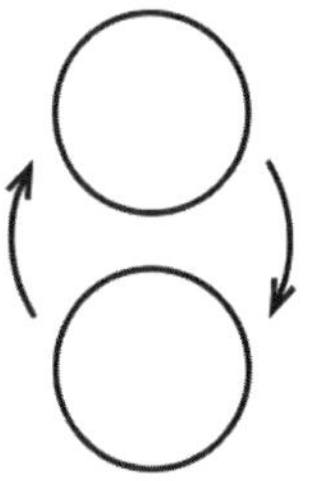

FIGURA 4.8 O número 2.

Gostei particularmente de um professor com quem trabalhei no Arizona, chamado Randy, que notou que os números primos são apresentados como círculos. Ele argumentou de forma apaixonada que o número 2 é também um círculo, o qual mostrou como dois círculos em órbita (Figura 4.8).

Naquele momento, Randy estava se engajando em flexibilidade matemática, um importante ato criativo que exploraremos no Capítulo 5.

Certa vez, compartilhei essa apresentação dos números com uma turma do final do ensino fundamental e pedi que os alunos explorassem os padrões. Alguns dias depois, quando voltei a visitar a escola, uma mãe me abordou. Ela me perguntou, com um tom de voz excitado e animado, o que eu havia feito, pois sua filha, que detestava matemática e achava que jamais gostaria, havia mudado de ideia. Já presenciei essa resposta muitas vezes; ela acontece quando as pessoas se dão conta de que podem "ver" e brincar com os números — e de que a matemática é um domínio criativo. Quando os jovens percebem que os números não são fatos concretos remotos, mas personagens descolados e adoráveis, tudo muda na sua aprendizagem.

Proporcionar a pessoas de todas as idades uma oportunidade de simplesmente brincar com os números e os padrões numéricos tem um valor intrínseco, além dos padrões que cumpre em qualquer currículo. Depois que as pessoas brincam com padrões numéricos interessantes, elas começam a encarar os números e a matemática de maneira diferente.

Os números sempre podem ser vistos visualmente, e as representações visuais acrescentam significados mais profundos. Lembro-me da época em que estava trabalhando com um grupo de professores do ensino fundamental quando uma delas exclamou com alegria que não sabia que os números quadrados têm esse nome porque podem ser desenhados como um quadrado (Figura 4.9).

A representação visual dos números quadrados é muito mais significativa do que um número com um expoente ao quadrado ao seu lado. Quando mostramos que 4 é um número quadrado porque pode ser desenhado como um quadrado (um quadrado de 2 x 2) e que 9 é o próximo número quadrado

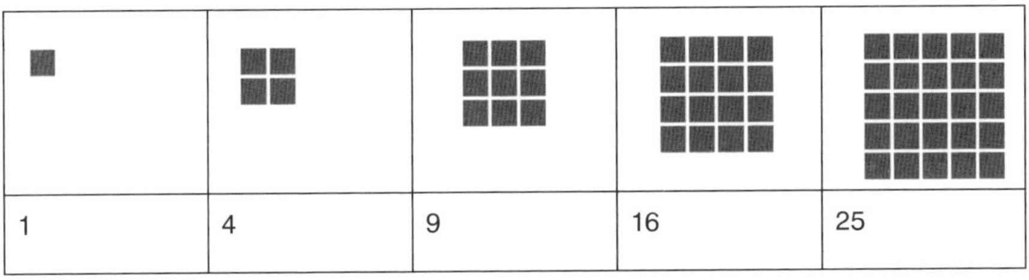

FIGURA 4.9 Números quadrados.

que pode ser desenhado como um quadrado (3 x 3), geralmente as pessoas ficam chocadas e fascinadas. Também compartilhei com a professora naquele dia que os números quadrados resultam da adição de números ímpares, o que pode ser visto na Figura 4.10. A versão numérica disso é a seguinte:

1 + 3 = 4
4 + 5 = 9
9 + 7 = 16, e assim por diante

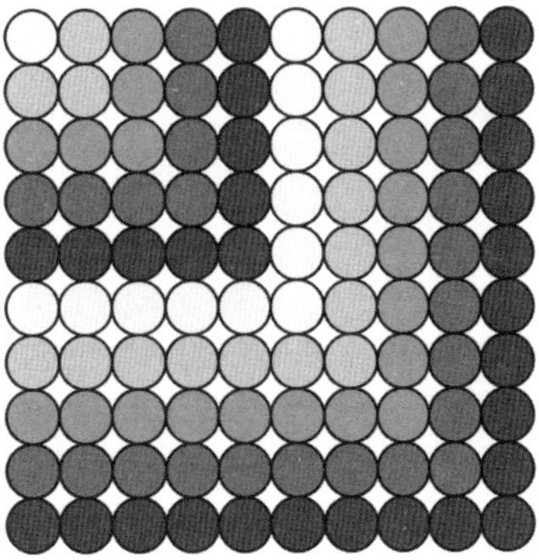

FIGURA 4.10 Adição de números ímpares consecutivos.

Naquele dia, também compartilhei com ela os números triangulares — números que podem ser organizados como triângulos (Figura 4.11).

A professora ficou completamente encantada com as representações visuais dos números, os quais só conhecia como símbolos.

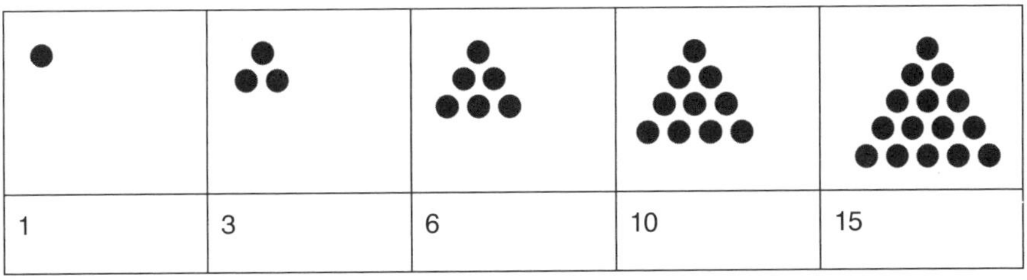

FIGURA 4.11 Números triangulares.

Há muitos anos leciono para universitários em Stanford, e, apesar de suas muitas conquistas matemáticas, a maioria deles nunca havia ouvido falar de números triangulares. Talvez você não ache que isso seja uma grande perda para esses jovens estudantes, muitos dos quais mudarão o mundo com seu trabalho em educação, em instituições de caridade, em empresas que fundaram e dirigem e em novas intervenções que eles criam, mas os números triangulares são necessários em muitas áreas da matemática, incluindo probabilidade, funções algébricas e muito mais. Os alunos aprenderam essas áreas sem os benefícios dessa representação interessante dos números. Esse, é claro, é apenas um sintoma de um problema maior — a matemática tem sido apresentada como uma disciplina numérica simbólica, carente de diversidade e alegria. Quando convidamos os estudantes a conhecer e explorar os números triangulares, as representações visuais dos números e o lugar dos números em nossa história e nossa cultura, os convidamos a ingressar nos padrões e na flexibilidade numérica, um lugar importante para se estar.

Math-ish

Os números estão em toda parte no mundo, e todos nós os utilizamos, da mesma forma, todos os dias. Entretanto, há algo digno de nota sobre o uso cotidiano dos números que difere de como os usamos e os aprendemos na escola. Quando usamos os números em nossa vida e no trabalho, eles são quase sempre estimativas imprecisas, o que chamo de números *ish*.* Para algumas pessoas, a ideia de números *ish* é uma heresia, pois, segundo elas, os números têm que ser acurados, precisos e corretos o tempo todo. No entanto, os números *ish* acabam sendo os que mais precisamos em nossa vida, e acredito que eles poderiam transformar a abordagem que as pessoas têm da matemática se estivessem presentes em suas jornadas de aprendizagem. Estas são algumas perguntas que tipicamente seriam respondidas com números *ish*:

- Quantos anos você tem?
- O quanto da lua conseguimos ver esta noite?

* N. de R. T. Aqui, com sentido de mais ou menos, aproximadamente, ou seja, flexíveis.

- Posso comer metade desse biscoito?
- Quanto tempo leva de carro até o aeroporto?
- Como está o calor lá fora?
- Qual é o tamanho dos Estados Unidos?
- Qual é o comprimento da London Bridge?
- Que quantidade de farinha uso nesta receita?
- Que quantidade de tinta devo comprar para pintar a parede?

Esses são apenas alguns exemplos de números *ish* no mundo. As formas são sempre *ish*, pois não existem círculos, triângulos ou retângulos perfeitos. Exemplos de formas *ish*, como torrões de açúcar, pipas, círculos concêntricos e pirâmides, nos mostram o quanto muitas formas comuns são *ish*.*

Números e formas *ish* estão por toda parte; podemos vê-los todos os dias. Refiro-me a eles aqui não só porque são curiosos e interessantes, mas também porque são importantes. Quando os educadores no Reino Unido quiseram melhorar o ensino de matemática, organizaram um comitê, liderado pelo conceituado educador de matemática Sir Wilfred Cockcroft, para exa-

* N. de R. T. Não exatas e perfeitas como nas abstrações matemáticas.

minar a matemática usada no ambiente de trabalho. Uma das áreas mais críticas destacada pelo comitê era a das estimativas, que foi assim descrita:

> A indústria e o comércio dependem amplamente da habilidade de fazer estimativas. Dois aspectos disso são importantes. O primeiro é a capacidade de julgar se o resultado de um cálculo realizado ou se uma medição que foi feita parece ser razoável. Isso permite que erros sejam detectados ou evitados; exemplos são a conta mensal que é acentuadamente diferente das anteriores ou a dose medida de uma medicação que parece inesperadamente grande ou pequena. O segundo aspecto é a capacidade de fazer julgamentos subjetivos sobre uma variedade de medidas.[17]

A capacidade de julgar se a resposta de um cálculo é razoável talvez seja a habilidade mais valiosa que qualquer aluno ou pessoa adulta pode desenvolver. No entanto, a maioria dos estudantes não a apresenta. Não fico surpresa com isso, pois a aprendizagem de matemática concentra-se na precisão e na acurácia, e estimativa e *ish-ness* são negligenciadas. O comitê no Reino Unido afirmou que as pessoas no ambiente de trabalho "dependem amplamente" da capacidade de fazer estimativas. Eu mesma já usei muitas vezes minha capacidade de estimar a resposta a cálculos numéricos e outros problemas matemáticos.

Suzane Downes, que leciona matemática em escolas internacionais, faz esta reflexão:

> Estou começando a me sentir triste pelos jovens e pelos alunos mais velhos que, quando solicitados a dividir 272 por 8 mentalmente, tentarão fazer uma longa divisão, sem uma noção real se a resposta faz sentido ou não, dentro de sua cabeça. Isso vale para a adição e a subtração de números mistos. Quando é pedido que somem $19\frac{3}{4} + 27\frac{1}{3}$, muitos estudantes transformam essa operação em frações impróprias com um denominador comum. Esses alunos perderão a maior parte do senso numérico pelo caminho. Será que não dedicamos tempo suficiente para ensinar a verdadeira compreensão? Será que não há tempo suficiente para incutir a alegria do sentido dos números e do raciocínio lógico?

Suzane não está sozinha em sua preocupação com os alunos que produzem respostas sem sentido, sem a importante capacidade enfatizada pelo

comitê do Reino Unido de considerar qual deveria ser a resposta — o número *ish*, ajudando-os a saber se sua resposta é razoável. Esse é um problema que afeta os estudantes em todos os níveis de ensino e da matemática. Suzane apresenta isso como um dilema e pergunta se é devido ao tempo insuficiente. Talvez isso seja parte do problema, mas tenho uma solução que ajuda até mesmo esse problema persistente, que qualquer um de nós, professores ou pais, pode usar a qualquer momento. Essa ideia é incrivelmente impactante e pode ser usada com qualquer estudante. Inclusive adultos no ambiente de trabalho serão ajudados por essa sugestão.

Inclua os números e as formas ish *no ensino de matemática e valorize-os!*

Minha proposta é que, antes que qualquer pessoa trabalhe em um cálculo ou em algum outro problema matemático, ela pense em qual será a resposta — ela dará uma resposta *ish*. Suzanne compartilha o exemplo de 272 dividido por 8. Se eu precisasse dessa resposta na minha vida cotidiana, meu raciocínio seria que 8 x 30 = 240, por isso eu estimaria um pouco mais de 30. Meu número *ish* seria 32. Só posso calcular esse número *ish* porque desenvolvi senso numérico — uma abordagem que muitos professores lamentarão que falta aos seus alunos. Se você pedir que os estudantes façam uma estimativa antes de calcular, provavelmente descobrirá que eles calculam a resposta exata e depois arredondam, para fazer com que pareça uma estimativa. Eles fazem esse esforço porque não lhes foram dadas oportunidades suficientes para estimar e criar números *ish*. Se as pessoas parassem para pensar sobre a resposta aproximada antes de calcular, elas seriam ajudadas em seu desenvolvimento do senso numérico, evitariam dar respostas sem sentido e aprenderiam a apreciar *ish-ness*, uma ferramenta fundamental para a vida.

Pedir que as pessoas considerem uma resposta *ish* antes de trabalharem em matemática pode ser usado com todos os tipos de problemas. Por exemplo, você poderia perguntar a um aluno que foi solicitado a traçar f(x+3) em um gráfico: "Como você espera que ele seja?". Quando pedimos que os estudantes reflitam sobre o que esperam, antes de trabalharem em qualquer operação matemática, estaremos fazendo algo extremamente valioso para eles. Quando eu estava escrevendo este livro, cometi um belo erro. Achei que havia enviado um *e-mail* para um amigo meu, um psicólogo cognitivo, para pedir sua opinião sobre os processos cognitivos envolvidos com números *ish*. Entretanto, acidentalmente enviei o *e-mail* para alguém com um nome muito parecido — um neurocientista em Stanford. Ele me respondeu dizendo que provavelmente não era o destinatário pretendido do meu *e-mail*, mas que também estava fascinado com a minha pergunta e que os dois processos — de estimar e ser preciso com os números — provavelmente envolvem áreas diferentes no cérebro: a rede de controle frontoparietal e a rede de modo padrão. Os neurocientistas são fascinados pela questão da conectividade e da comunicação cerebral — sabendo que o funcionamento melhorado provém de diferentes áreas do cérebro que trabalham em sincronia.[18]

Esse ato de prever o que você irá calcular ou ver mais parece uma pequena ação em sala de aula ou em casa, mas faz algo muito importante — faz com que o cérebro se afaste do foco detalhado em que ele está e entre em um modo diferente. Esse é um movimento de um pensamento focado na precisão para um modo "panorâmico", ou do pensamento micro para o macro.[19] A aprendizagem da matemática seria muito melhorada se os alunos aprendessem a usar esses dois modos de pensar. Quando estão fazendo estimativas, trabalhando com números *ish*, eles estão em um modo panorâmico, um lugar importante para se estar. Eles também podem trabalhar com precisão, mas é a interação desses dois modos — números precisos e números *ish* ou modo focado ou panorâmico — que é tão valiosa.

A precisão não deixa de ser importante, mas os números e as formas *ish* são igualmente importantes, apesar de serem quase completamente negligenciados quando a matemática é ensinada. Esses números e essas formas despretensiosos podem ajudar os alunos imensamente, proporcionando um caminho para o desenvolvimento do senso numérico e do senso da forma. Eles também podem ajudar a amenizar as arestas afiadas da matemática, que é tudo o que muitos estudantes precisam para se envolver. Os professores podem usar *ish* quando falam com estudantes que estão quase lá, mas ainda não chegaram. Quando trazemos *ish* para nossa vida, estamos mais protegidos dos perigos do perfeccionismo — uma mentalidade prejudicial e do pensamento binário. Algumas pessoas já me perguntaram em que aspectos pedir que os alunos apresentem números *ish* é diferente de pedir que eles façam uma estimativa. É uma mudança de linguagem, mas que é algo importante. Quando pedimos que os estudantes estimem, eles acham que estão sendo solicitados a aplicar outro método matemático. Entretanto, quando lhes pedimos para pensar de forma aproximada, eles se sentem livres — e mais dispostos a compartilhar suas ideias —, ao mesmo tempo que desenvolvem senso numérico. Acesse Mathish.org para ver como uma perspectiva *ish* melhora o engajamento e a compreensão dos alunos. Provavelmente todos nós precisamos de um pouco mais de *ish* em nossa vida.

A necessidade de os alunos estimarem os números também emerge de uma área fascinante da neurociência referente a uma parte do cérebro denominada "sistema numérico aproximado". O psicólogo Darko Odic e a neurocientista Ariel Starr defendem que, antes mesmo de as crianças ingressarem na escola, elas têm um senso de número "intuitivo, abstrato e flexível" que se origina dessa área do cérebro.[20] Esse é o primeiro meio pelo qual as pessoas entendem os números, e os pesquisadores apontam que existe sistema numérico aproximado em todas as culturas, as idades e mesmo as espécies de animais. Como o nome sugere, essa parte do cérebro foca especificamente as aproximações dos números e, notadamente, prevê o desempenho dos alunos em matemática durante muitos anos.[21] No entanto, fazemos pouco para cultivar essa área do cérebro e essa habilidade tão importante, especialmente se as escolas não valorizarem *ish-ness* e só focarem a precisão. No próximo capítulo, apresentarei uma atividade encantadora, fácil de conduzir com qualquer aluno, em qualquer lugar, que ajuda a desenvolver o sistema numérico aproximado.

Nossa jornada conjunta refletindo sobre a diversidade nos números e a necessidade de brincar com eles e adotar sua característica *ish* começa com a natureza dos próprios números. Se as pessoas dedicassem algum tempo olhando para os números, explorando padrões numéricos e números *ish* e brincando com a flexibilidade deles, elas desenvolveriam maior poder matemático, e as crianças pequenas teriam o melhor começo possível em matemática. Entretanto, isso não vale apenas para os jovens. Adultos de qualquer idade podem desenvolver uma relação diferente com a matemática quando começam a ver os números de forma lúdica.

Mais adiante veremos mais formas *ish*. Se quisermos que a matemática seja uma lente útil através da qual os estudantes veem o mundo, é muito importante valorizarmos a natureza *ish* dos números e das formas, os celebrarmos e nos basearmos neles em maior medida nas salas de aula. Quando compartilhei pela primeira vez essas ideias em uma conferência de matemática, um membro da audiência recomendou que eu lesse o livro infantil *Ish*, de Peter Reynolds. Nesse belo livro, que inspirou tantos professores e alunos, o autor conta a história de Ramon, um menino que renova sua crença em si e a motivação para continuar a desenhar quando pensa de modo *ish*. Reynolds captura a essência de algo que espero transmitir com *math-ish*. Quando permitimos que os estudantes pensem de modo *ish* sobre matemática, isso liberta seu pensamento e os convida a ingressar em um novo domínio da criatividade e da diversidade matemática.

A maioria dos alunos não experimenta a matemática de modo *ish*, lúdico, visual ou diversificado. Isso já é suficientemente ruim, mas as coisas realmente começam a dar errado quando eles aprendem as operações — adição, subtração, multiplicação e divisão — e depois as frações. Esses são tópicos importantes que serão necessários ao longo da vida, e em breve iremos explorá-los de formas criativas. Antes disso, examinaremos uma área da matemática que recentemente está em alta e desempenha um papel importante na preparação dos jovens para seu futuro, criando outra oportunidade de ver *ish-ness* e a beleza da diversidade matemática. Os professores universitários a indicaram como uma das três principais áreas de conteúdo em matemática: letramento de dados.

Letramento de dados

Aproximadamente dez anos atrás, o mundo mudou de forma significativa quando quantidades cada vez maiores de dados começaram a ser coletados e armazenados. Em 2020, havia dez vezes mais *bits* de dados no mundo do que estrelas no universo. Os dados agora são usados em todos os setores de atividades, grandes e pequenos; em análise desportiva, cuidados de saúde, educação e entretenimento; e em quase todos as outras áreas que você possa pensar. O US Bureau of Labor Statistics* considera a ciência e a análise de dados uma das 20 principais profissões de mais rápido crescimento e estima um aumento na demanda de mais de 30% nos próximos dez anos.[22] Não há dúvida de que as crianças de hoje estão ingressando em um mundo que estará repleto de dados quando saírem da escola, e quase todos os trabalhadores serão mais eficientes se forem capazes de ler e interpretar os dados.[23]

Entretanto, ajudar os alunos a interpretarem acuradamente os dados e as visualizações dos dados não só os ajudará com seu emprego. Assim que os jovens começam a acessar as mídias sociais e a internet, eles se tornam vulneráveis à circulação de desinformação. Precisamos ajudá-los a aprender como separar fato de ficção, a encontrar sentido nos diferentes dados visuais e nas informações que são enviados, incluindo aqueles que pretendem induzi-los ao erro. Considero que se trata de um importante imperativo de equidade. Se não ajudamos nossos jovens a encontrarem sentido nos dados e nas representações dos dados, os deixamos vulneráveis ao mundo pós-verdade que está esperando por eles. Mesmo os alunos mais jovens podem

---

* N. de R. T. Em português, Gabinete Estadunidense de Estatística sobre o Trabalho. É uma agência do governo dos Estados Unidos que coleta e dissemina dados sobre emprego e economia.

e devem ser apresentados aos dados, e no restante deste capítulo compartilharei algumas das grandes ideias em letramento de dados, importantes para todos no mundo, e algumas ideias para incentivá-lo nas famílias e nas salas de aula.

Quando Steven Levitt pediu que eu participasse do programa *Freakonomics*, ele me falou de um grupo de líderes que trabalham para ajudar a dar mais ênfase aos dados na educação básica. O grupo incluía o próprio Levitt; Arne Duncan, ex-secretário de educação; Nate Silver, estatístico e criador do FiveThirtyEight, que fornece análises eleitorais perspicazes e muito mais; e Eric Schmidt, ex-CEO do Google. Concordei em ajudar o grupo e comecei a trabalhar com minha equipe em Stanford para criar recursos de dados que apoiassem os professores. Ao destacar a compreensão dos dados que os estudantes necessitam, eu tinha noção de que os educadores não tinham espaço para acrescentar nenhum conteúdo aos seus cronogramas, então ajudei a criar algo mais útil do que conteúdo — uma conscientização dos dados que possibilitaria a eles incluir ideias sobre isso no conteúdo que já ensinavam.[24] Desde a educação infantil, as crianças podem começar a desenvolver letramento de dados, que as ajudará a ler o mundo. Quando os alunos ingressam no ensino fundamental, eles precisam dar sentido aos dados e à probabilidade como parte de seus padrões de ensino da matemática. No ensino médio, podem fazer cursos introdutórios à ciência de dados e seguir um caminho que esteja focado na ciência de dados e na estatística como uma alternativa à álgebra, à trigonometria e ao cálculo.[25] Felizmente, as universidades também estão mudando para valorizar esses caminhos diferentes tanto quanto o caminho mais estabelecido do cálculo.

Desigualdades sistêmicas: uma realidade da matemática

A Harvard University, que, assim como muitas outras instituições de ensino, apoia a ampliação dos cursos de matemática, expressa que as disciplinas no ensino médio devem focar o pensamento conceitual e encorajam os alunos a usarem o raciocínio para examinar criticamente o mundo.[26] Uma disciplina em ciência de dados é uma oportunidade ideal para os estudantes aprenderem essas habilidades importantes.

Pode parecer um passo pequeno permitir que os alunos sigam um caminho no ensino médio que esteja focado na ciência de dados e na estatística, mas essa é a primeira vez que o conteúdo de matemática nesse nível de ensino mudou desde 1800. Em 1892, um grupo de dez homens brancos (denominado O Comitê dos Dez) desenvolveu o currículo de matemática que os estudantes devem aprender nas escolas.[27] É desconcertante constatar que ainda ensinamos essa mesma matemática, mesmo que as necessidades do mundo tenham mudado drasticamente. Evidentemente, a mudança está sendo recebida com resistência significativa dos tradicionalistas, que acreditam que o único caminho que deve ser oferecido aos alunos é o da álgebra e do cálculo.

Gosto e valorizo cálculo: é um conjunto de ideias poderosas que, como indica Steven Strogatz, nos possibilitou ter telefones celulares, computadores, fornos de micro-ondas, rádio e televisão.[28] Cursei cálculo no ensino médio com uma professora de matemática maravilhosa que convidava seus alunos a discutirem ideias. Ela foi a primeira professora de matemática que me deu essa oportunidade, e isso mudou tudo para mim. No entanto, há um grande problema com o percurso do cálculo nos Estados Unidos: há mais cursos à frente de cálculo do que anos no ensino médio. Para os estudantes ingressarem no ensino médio em um caminho que leve ao cálculo, eles pre-

cisam cursar álgebra no ensino fundamental.* Esse fato levou os distritos escolares a criarem dois caminhos, um que leva à álgebra no 8º ano e outro não. As escolas de ensino fundamental geralmente começam esses caminhos diferentes no 6º ano, usando dados de testes do 4º ano. Isso significa que um teste limitado feito pelas crianças quando tinham menos de 10 anos decide o curso que seguirão na 3ª série do ensino médio e, a partir dali, que faculdade ou outro futuro está disponível para elas. Essa seleção deu origem a desigualdades raciais e sociais indefensáveis. Comparados com 9% dos estudantes latinos e 6% dos estudantes negros, 46% dos estudantes asiáticos cursam cálculo; no total, apenas 16% dos estudantes cursam cálculo nos Estados Unidos.[29] Isso ocorre porque a maioria dos alunos, particularmente os não brancos, é forçada a sair desse caminho de alto nível desde tenra idade. Apenas metade das escolas de ensino médio nos Estados Unidos (em geral, aquelas em zonas mais ricas) oferece cálculo AP,** o que se torna problemático quando as faculdades utilizam esse curso como pré-requisito.[30] Mesmo os 16% dos alunos que cursam cálculo no ensino médio não são bem atendidos. David M. Bressoud, professor de matemática no Macalester College e ex-presidente da Mathematical Association of America, examinou um grande conjunto de dados de mais de 800 mil alunos e descobriu que mais de dois terços daqueles que cursam cálculo na escola repetem ou fazem um curso em nível inferior na faculdade.[31]

A solução para esses problemas de racismo sistêmico e baixa participação não é, obviamente, eliminar o cálculo, mas repensar a sequência e o conteúdo dos cursos. Se as escolas de ensino médio não tivessem quatro disciplinas à frente de cálculo (álgebra, geometria, álgebra 2 e pré-cálculo), as escolas dos anos finais do ensino fundamental não precisariam estabelecer caminhos diferentes baseados no desempenho dos anos iniciais. Eu fui uma

---

* N. de R. T. Nos Estados Unidos, não há um currículo universal para todos os estudantes, eles podem escolher algumas disciplinas que irão cursar. Jo Boaler aponta como esse modelo afasta muitos estudantes (em especial pessoas não brancas e meninas) da matemática e de carreiras ligadas às áreas de STEM.

** N. de R. T. *Advanced Placement* (colocação avançada) é uma disciplina de nível superior que pode ser oferecida em algumas escolas de ensino médio e é considerada das mais difíceis em matemática.

dos cinco escritores da California Mathematics Framework para 2023, um conjunto de diretrizes políticas que foi aprovado por unanimidade pelo California State Board of Education. Uma das recomendações é repensar e racionalizar o conteúdo em disciplinas do ensino médio.[32] Se o conteúdo que não é mais necessário no mundo moderno fosse removido e o restante fosse ensinado, como Harvard recomenda, de modo que os alunos pudessem "usar o raciocínio matemático para examinar o mundo de forma crítica", teríamos muito mais estudantes matematicamente capacitados. A Mathematical Association of America recomenda que as escolas parem com o que chama de "a pressa para o cálculo" e deixem que ele seja ensinado na faculdade.[33]

Outra forma de interferir nessas desigualdades sistêmicas é oferecer ciência de dados como uma disciplina no ensino médio. Os alunos poderiam cursar ciência de dados como uma disciplina na 3ª série do ensino médio, sem que sejam adiantados nos anos finais do ensino fundamental. Enquanto a maioria dos alunos que foram colocados em um caminho de nível inferior estava anteriormente em um caminho matemático para lugar algum, eles podem agora estar em um caminho para um belo lugar matemático. Um curso ideal a ser seguido em ciência de dados é estatística. No ano seguinte a Steven Levitt ter me pedido ajuda para levar a ciência de dados para a educação básica, minha equipe em Stanford desenvolveu um curso em ciência de dados para o ensino médio, com a assessoria de um time de cientistas de dados e professores de dados e estatística. O curso utiliza somente ferramentas gratuitas.[34] No momento em que escrevo este livro, existem cinco cursos de ciência de dados disponíveis para os estudantes nos Estados Unidos. No segundo ano de curso, já tivemos mais de 160 mil alunos frequentando. Seus professores declararam que, entre os alunos:

- 46% eram meninas e pessoas não binárias;
- 57% eram alunos não brancos;
- 68% eram estudantes que não tinham sido matematicamente acelerados.

O curso gratuito oferece uma importante opção matemática para esse grupo diversificado de alunos, independentemente do seu passado matemático. As pesquisas sobre estudantes que cursam ciência de dados mostram que eles cursam mais matemática e são mais entusiasmados com as disciplinas STEM e o ensino superior no final do curso.[35]

Infelizmente, os tradicionalistas fazem campanha contra essa abertura dos caminhos e a ampliação das oportunidades para pessoas que não tiveram a chance de estudar STEM. A batalha para abrir a matemática a um maior número de pessoas tem sido travada ao longo da história.[36] A oposição vem daqueles que tiveram grande sucesso em matemática. Um cínico poderia dizer que a ideia de que qualquer um pode aprender matemática em altos níveis está ameaçando as identidades daquelas pessoas "especiais" que demonstraram que são superiores. Outro cínico poderia dizer que gosta de um sistema de ensino de matemática que segrega as crianças por raça, gênero e classe social. Essas ideias perturbadoras certamente não são compartilhadas por todos os matemáticos de nível superior; minha conjectura é de que aqueles que fazem campanha contra a abertura da matemática por questões de racismo e viés formam um grupo pequeno, mas ruidoso, assunto ao qual voltarei no Capítulo 8.

A ciência de dados nas salas de aula da educação básica é não só uma nova possibilidade para os alunos do ensino médio, mas também uma nova e excitante lente para ver a matemática, oferecendo a todos os professores a chance de diversificar o conteúdo para estudantes de todas as idades. Quando os educadores assumem uma perspectiva dos dados, eles podem ensinar os mesmos números que sempre ensinaram aos alunos, mas agora todos os números que os alunos encontram no mundo são números *ish*, e isso é algo que deve ser reconhecido e celebrado. Por exemplo, você pode querer ensinar números decimais. Em vez de dar aos estudantes uma folha de atividade, você poderia pedir que eles medissem objetos na sala ou pela escola e registrassem na tabela de dados as informações coletadas. Ou talvez eles pudessem medir o crescimento de uma planta. O mundo está repleto de números decimais e números *ish* que ocorrem naturalmente!

Seja curioso sobre os dados

Os dados não precisam ser um número; alguns dados são "categóricos" ou "qualitativos". Se você decidisse registrar as cores favoritas das pessoas, estaria coletando dados categóricos.

Outra forma importante de variação dos dados numéricos é se eles são contínuos ou discretos. Dados contínuos ocorrem quando os números fazem sentido entre os valores principais. Por exemplo, se você coletou dados sobre a altura das pessoas, poderá traçar uma linha entre 1,50 m e 1,80 m, pois existem números significativos entre essas alturas. Um exemplo de dados discretos é o número de pernas na sua família, incluindo seus animais de estimação, ou o número de irmãos que um grupo tem. Não é possível ter 2,5 irmãos ou pernas.

Essas formas de dados estão à nossa volta, e os alunos nas salas de aula podem se divertir muito explorando os dados em seu mundo. Isso não só dá significado aos números *ish* que encontrarão, mas também lhes atribui um significado matemático. À medida que se sentem mais à vontade com os dados, eles podem começar a conduzir investigações, as quais iniciam com uma pergunta feita por eles, conforme representado na Figura 4.12. Uma característica da investigação de dados que eu particularmente gosto é que eles convidam as pessoas a serem pesquisadoras de padrões, uma abordagem que ajuda em toda a matemática. Quando os alunos investigam e encontram padrões, eles são convidados a desenvolver significado a partir de seu trabalho e a comunicar seus resultados. Esse processo é lindamente transcurricu-

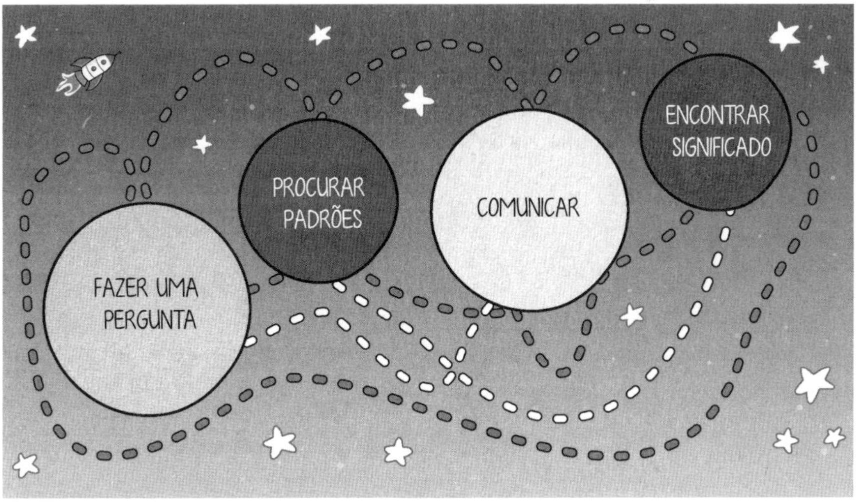

FIGURA 4.12 Processo investigativo da ciência de dados.

lar e pode satisfazer os padrões em matemática, ciências (ou qualquer que seja o tópico da investigação), inglês e muito mais.

Um ponto de partida ideal para uma aula ou uma conversa em família é o que chamamos de "conversa sobre dados". Os alunos são convidados a "notar e pensar a respeito" de uma representação de dados. Compartilhar essas representações visuais com os jovens e ajudá-los a encontrar sentido nelas é essencial para auxiliá-los a desenvolver o letramento de dados que os protegerá do mundo pós-verdade que está à sua espera, pronto para enganá-los.[37] As representações de dados podem ser encontradas em toda parte: revistas, jornais, mídias sociais e *websites*. Quando coordeno conversas sobre dados em sala de aula, incentivo os alunos a prestarem muita atenção aos dados e à fonte dos dados.

Além de ilustrar o poder de pensar sobre dados, as conversas sobre dados mostram a alunos de todas as idades a criatividade que é possível nas visualizações de dados atualmente. Um exemplo de como o currículo tradicional está em descompasso com as necessidades da sociedade é que as escolas pedem que os estudantes examinem gráficos de linha, todos os anos, por cinco anos. Hoje, as representações de dados são extremamente criativas, mostrando aspectos que os gráficos de linhas não conseguem mostrar. Uma das minhas conversas favoritas sobre dados compartilha informações sobre o posicionamento da lenda do basquete Stephen Curry quando ele faz lançamentos de diferentes pontos na quadra, mostrados na Figura 4.13. As mesmas informações podem ser inseridas em um gráfico de linhas, mas a representação em uma quadra de basquete mostra muito mais.[38]

Quando mostramos pela primeira vez essa representação visual de dados no YouCubed, percebi que também poderíamos compartilhar uma representação do meu esporte favorito — futebol. Os dados atualmente são de imenso valor nos programas esportivos, que os utilizam para escolher os jogadores e melhorar seu desempenho e dos times. Quando procurava representações visuais de dados destacando o futebol, descobri Michael Poma, que era analista de dados no programa de futebol feminino na James Madison University e atualmente é analista de dados do time de futebol feminino profissional Houston Dash.[39] Seu papel, para mim, chama atenção para a variedade de atividades profissionais disponíveis para pessoas com conhe-

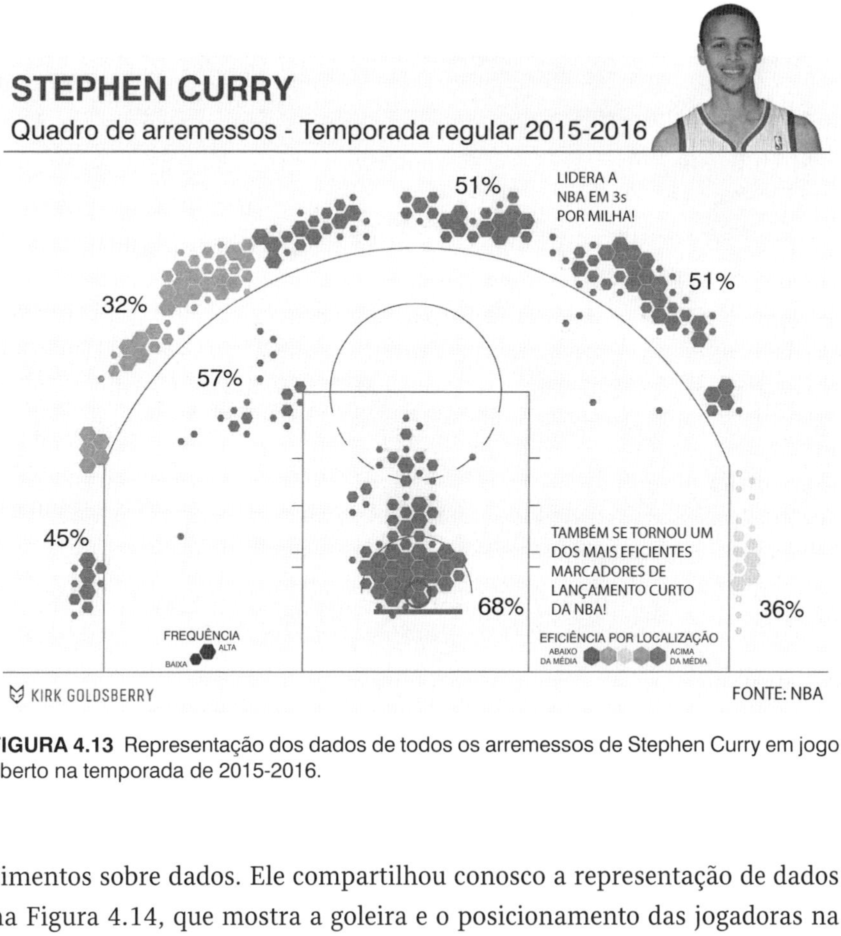

FIGURA 4.13 Representação dos dados de todos os arremessos de Stephen Curry em jogo aberto na temporada de 2015-2016.

cimentos sobre dados. Ele compartilhou conosco a representação de dados na Figura 4.14, que mostra a goleira e o posicionamento das jogadoras na marca do pênalti. (Para aqueles que não acompanham futebol, é concedido pênalti quando um jogador recebe falta dentro da grande área. Os jogadores chutam na direção do gol, com apenas um goleiro em seu caminho.) PSxG, ou gols esperados pós-chute (*postshot*), mede a probabilidade de gol depois que a bola parte da chuteira de um jogador. Na representação visual dos dados, a densidade das cores mostra o sucesso dos chutes que o jogador dá.

Compartilhei duas representações visuais de dados que focam o esporte — um tema repleto de dados e análise de dados que pode atrair os alunos —, mas você pode escolher qualquer assunto para uma conversa sobre dados, como desmatamento, custos da habitação, cães populares, proteção contra

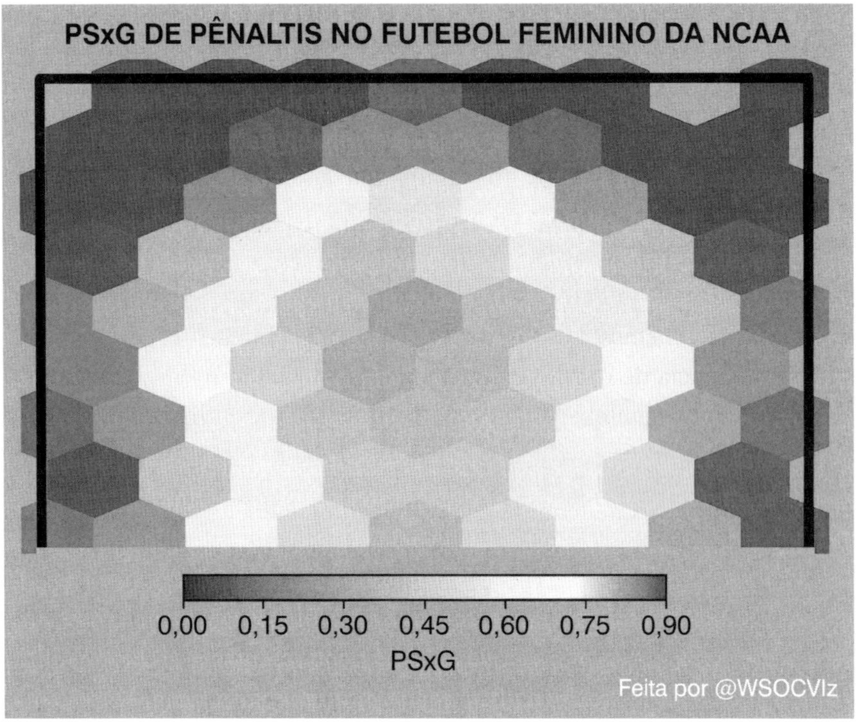

FIGURA 4.14 Apresentação de dados dos pênaltis realizados na 1ª divisão da National Collegiate Athletic Association (NCAA) de futebol feminino entre 2017 e 2019 (aprox. 6.500 jogos).

vírus e muito mais.[40] As conversas sobre dados compartilham as informações de formas visuais e criativas que estimulam conversas ricas e, o mais importante, o desenvolvimento do letramento de dados à medida que as pessoas aprendem a lê-los.

Por ser do Reino Unido, tenho um número considerável de viagens atravessando o Atlântico desde que me mudei para os Estados Unidos. Devido às minhas experiências transatlânticas, fiquei particularmente interessada em aprender sobre duas *designers* premiadas, Giorgia Lupi e Stefanie Posavec, que vivem em lados opostos do Atlântico. Stefanie mora em Londres, e Giorgia, em Nova Iorque. Para se manterem em contato, as duas trocaram cartões postais semanalmente durante um ano, compartilhando aspectos de suas vidas por meio de dados. Elas chamaram esse projeto de "queridos dados" e escolheram uma variedade de tópicos como sorrisos, risos ou indecisão.[41] Elas coletaram diferentes informações sobre seus tópicos, que são denominados variáveis. Mais de duas variáveis são conhecidas como dados multivariáveis, uma ideia central em letramento e ciência de dados. Por exemplo, em uma semana, elas focaram em despedidas (Figura 4.15), e as variáveis que coletaram eram sobre o tipo de despedida, com quem ocorreu e onde isso foi dito. Suas belas representações visuais dos dados estão atualmente em *websites* e livros.[42]

Inspirada pelo trabalho das duas *designers*, incorporei uma atividade parecida ao meu ensino em Stanford e nas aulas em nosso *website* e em nosso curso em ciência de dados no ensino médio. Convidei os alunos a coletarem dados sobre qualquer coisa em sua vida usando três ou mais variáveis. Na sala de aula, eles tinham um tempo para fazer as representações visuais dos dados. Essa atividade mudou as perspectivas dos alunos sobre dados e a matemática em muitos aspectos importantes.

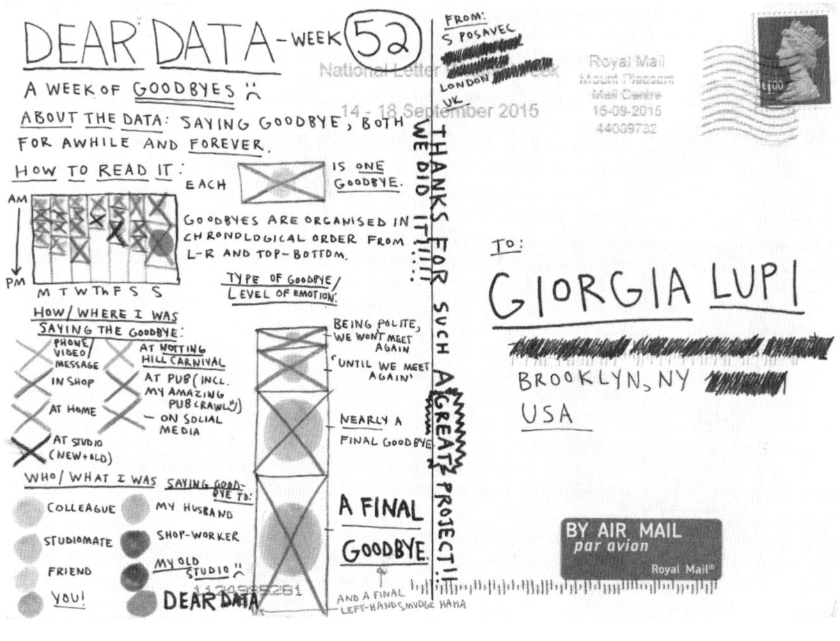

FIGURA 4.15 Semana de despedidas: cartão-postal de Stefanie Posavec para Giorgia Lupi*.[42]

* N. de R. T. Veja a imagem traduzida na página do livro em loja.grupoa.com.br.

Kira Conte era uma aluna da graduação que fez meu curso em Stanford; sua mãe é uma youcubiana que compartilhou com sua filha a importância da mentalidade. Kira inicialmente usou sua mentalidade de crescimento para ingressar em Stanford e, depois, começou a pesquisar mentalidade e contribuir para o campo. Quando dei aos meus alunos o desafio de coletar dados sobre sua vida — com pelo menos três variáveis —, Kira escolheu focar as formas como interagia com sua cachorra Daisy. Os dados que ela coletou incluíam o tipo de interação, a reação de Daisy e a hora do dia. A representação visual que ela criou ilustra a criatividade quando trabalhamos com dados (Figura 4.16).

Kira Conte
EDUC 115N: Como aprender matemática – e tudo mais
Professora Jo Boaler e Tanya Lamar

Queridos dados:
Por um dia, entre 6h e 22h, enquanto estava acordada, registrei minhas interações com a minha cachorra – Daisy, uma goldendoodle – e seus comportamentos (às vezes atrevidos). Geralmente, ela é minha parceira nos estudos durante o dia.

Este dado é do dia 11/4/20. Abaixo, você encontrará a legenda. Uma observação: para ordenação das ações, a contagem começa pela camada mais externa de uma pétala e prossegue até o interior.

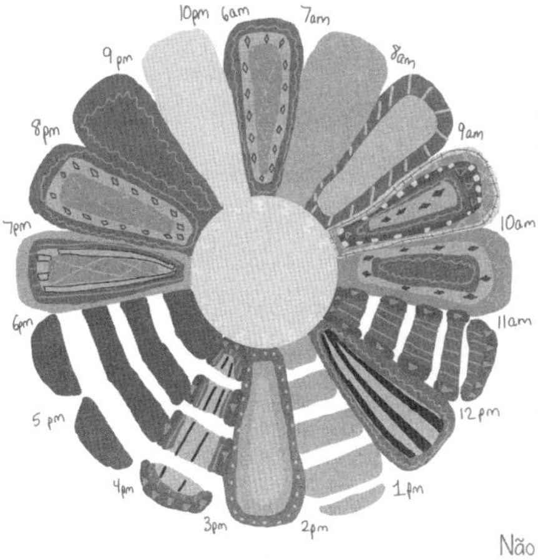

Minhas ações	Nº de ocorrências	Reações de Daisy	Nº de ocorrências
• Afago ∿∿ = Esfregar a barriga ▮ = Tapinha	7	• Rolar ◊ = Depois de sentada ♦ = Estando em pé	4
• Mostrar um petisco = Queijo = Biscoito	2	• Sai de perto ▮ = Eu a incomodei ▯ = Distração	4
• Chamar seu nome = Nome real (Daisy) ● = Apelido (Daisy Doodle, etc)	4	• Vem Preenchimento sólido = Atende quando chamada	2
• Falar com Daisy = Xingando = Positivo	6	• Dá a pata (pede) ▲ = Espontâneo △ = Estimulada	3
• Sem interação	2	• Dorme Z = Sua cama = Outro	16
• Dar um banho em Daisy □ = Patas ▦ = Completo	1	• Enlameada † = Cavando = = Chuva	1

Não em aula = linha contínua Em aula = linha pontilhada

FIGURA 4.16 Representação de dados mostrando as interações de Kira com sua cachorra Daisy.

Na primeira unidade do nosso curso gratuito de ciência de dados, os alunos são convidados a coletar dados sobre sua própria vida e criar representações visuais com seus colegas.[43] Os estudantes que experimentaram essa atividade nos contaram que essa foi a primeira vez que levaram suas vivências para uma aula de matemática. Um deles decidiu fazer um registro do que comia e bebia, o que fez com que percebesse que precisava comer mais alimentos saudáveis! Outro registrou as atividades do seu *hamster* usando um gravador no telefone por 24 horas. Outros codificaram a música que ouviam, as línguas que falavam em casa e seu uso de palavrões, o que ilustraram de formas divertidas! Os alunos relataram que, pela primeira vez, se sentiram conectados com a matemática que estavam aprendendo devido à sua relevância pessoal. Qualquer professor pode incluir essa unidade em seu ensino, dando aos estudantes uma chance de examinar os dados e aprender matemática com significado.

Os alunos no curso do YouCubed são apresentados aos dados por meio da coleta de dados em sua própria vida para abrirem sua mente e suas perspectivas sobre como as informações podem ser usadas. A partir dessa atividade, eles prosseguem aprendendo formas de interrogar grandes conjuntos de dados, construir e usar modelos matemáticos e se tornar analistas de dados eficientes. Um estudo de alunos que cursavam ciência de dados mostra que eles acharam o curso diferente de suas experiências anteriores com matemática — não no nível do rigor ou da dificuldade dos conceitos, mas nas formas como poderiam acessar os conceitos e a diversidade das ideias que encontraram.[44] Sua experiência prévia com matemática tinha sido de respostas exatas, o que contrastava com sua aprendizagem da ciência de dados, que em geral é mais sobre o uso, a aplicação e de um amplo conjunto de ideias e de números *ish*. Todos eles são componentes importantes da diversidade matemática.

A diversidade matemática dá aos alunos compreensões matemáticas mais profundas, mesmo de conceitos tradicionais como álgebra. Isso foi demonstrado em uma avaliação feita por estudantes que estavam fazendo um curso de álgebra 2 e/ou um curso em ciência de dados nas várias escolas de ensino médio em três distritos escolares. Em nosso estudo, foi pedido que examinassem a relação entre diferentes variáveis — calorias diárias, expectativa de vida e mortalidade infantil — e definissem um modelo linear examinando as relações. Esse conteúdo foi escolhido porque é fundamental para os cursos de álgebra e para os cursos de ciência de dados. Os alunos nos cursos de ciência de dados tiveram pontuações significativamente mais altas do que aqueles que cursavam álgebra 2 ($p < 0,001$). O valor p mostra que a diferença no desempenho entre os dois grupos devido ao acaso é inferior a 1 em 1.000. Embora os alunos nos cursos de álgebra 2 devessem ter sido ser capazes de investigar as variáveis e criar modelos lineares, eles pareciam incapazes de trabalhar com dados reais.

Lembre-se de que, no início do capítulo, pedimos que professores universitários identificassem áreas da matemática que são importantes para o ingresso dos alunos no ensino superior. Uma das três principais áreas que eles enfatizaram é a descrita na avaliação mencionada anteriormente: equações lineares. Esse importante conceito matemático — mostrando como as variáveis se relacionam — é ensinado nos cursos de ciência de dados e álgebra, com aplicações para a vida das pessoas além da sala de aula.

Relações lineares

Durante a pandemia de covid-19, nossas telas ficaram repletas de modelos lineares mostrando como o vírus estava se espalhando, o perigo que ele representava e as formas como poderíamos minimizar sua disseminação com vacinas. Algumas pessoas foram capazes de usar seu letramento de dados para entender as informações apresentadas; outras tiveram dificuldade para fazer isso e foram induzidas ao erro por informações incorretas que as deixaram mal equipadas para protegerem a si e a seus entes queridos. Muitas informações importantes são apresentadas como relações lineares, como você provavelmente já viu em dados sobre taxas de hipoteca, saúde e *fitness*, esporte, meteorologia e muito mais.

Quando examinamos as relações lineares no mundo real, vale a pena conhecer um conceito importante ensinado em cursos de ciência de dados: a diferença entre correlação e causalidade. O gráfico na Figura 4.17 mostra o número de ataques de tubarão em um eixo e as vendas de sorvete no outro.

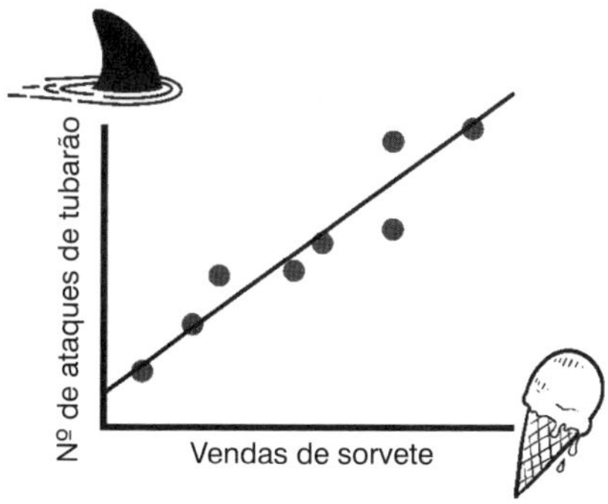

FIGURA 4.17 Vendas de sorvete e ataques de tubarão.

Muitas pessoas olhariam para esse gráfico e veriam que as duas variáveis são correlacionadas — pensando que uma mudança em uma delas *causa* uma mudança na outra, o que significaria que a relação é *causal*. Entretanto, de fato, a aparente relação é causada por uma terceira variável, conhecida como uma variável de confusão, e você pode descobrir qual é.

A variável de confusão é o número de horas de sol. As horas de sol causam aumento nos ataques de tubarão porque as pessoas deslocam-se para as praias e nadam no oceano; as mesmas horas de sol também fazem aumentar as vendas de sorvete. Isso faz as duas variáveis — ataques de tubarão e sorvete — correlacionarem-se, mas ambas são causadas por algo diferente, as horas de sol.

Muitos dados parecem ser causais, mas, na verdade, sua semelhança é causada por uma ou mais variáveis de confusão, o que levou Tyler Vigen a desenvolver um *website* hilário que compartilha o que ele chama de "correlações espúrias".[45] Uma das correlações que ele compartilha é entre o consumo de queijo muçarela e o número de doutoramentos em engenharia civil.

Quando compartilho o gráfico de dados na Figura 4.18 com as plateias e lhes pergunto o que veem, eles especulam que os engenheiros provavelmente comeram muita *pizza* enquanto estudavam para seus doutorados! O *website* não informa qual é a variável de confusão; provavelmente, eles querem que continuemos fazendo suposições!

Nos próximos capítulos, examinaremos mais exemplos de relações lineares, pois elas são importantes para nossa vida. Neste capítulo, todos os

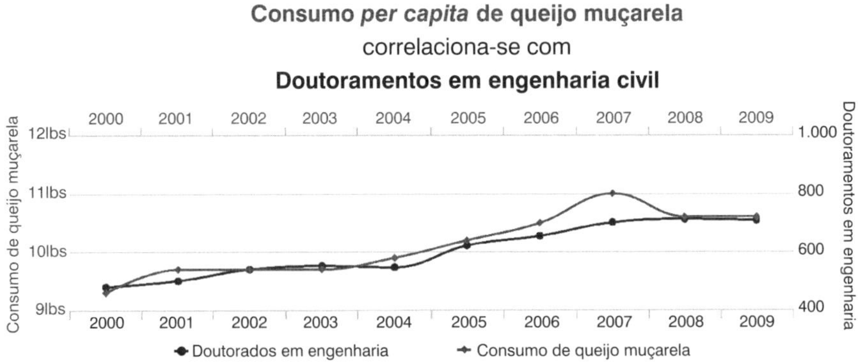

FIGURA 4.18 Consumo de queijo muçarela e doutoramentos em engenharia.
Fonte: US Department of Agriculture and National Science Foundation; tylervigen.com.

meus exemplos incluíram dados porque estou comprometida com a ideia de que todos os tópicos matemáticos, incluindo álgebra, podem ser melhorados com informações colhidas no mundo real. Nesses anos que tenho compartilhado dados com educadores, descobri que, quando as pessoas convidam os dados a entrarem em sua vida e em seu ensino, elas começam a ver os dados e a matemática como mais *ish* e, com isso, tornam-se mais interessantes, acessíveis e generalizados.

CONSCIÊNCIA DOS DADOS

Com a disseminação da investigação de dados no mundo, também se generalizou um fenômeno perturbador — o número de pessoas que trabalham para espalhar desinformação, com alguns exemplos tendo consequências graves.[46] Para proteger a si e aos outros da disseminação de desinformação, recomendo que você faça a si mesmo estas perguntas importantes sempre que se deparar com dados ou representações visuais:

- Quem produziu os dados? Qual é seu objetivo ao produzi-los?
- Todos os dados estão sendo apresentados? Se não, o que foi omitido?
- Os eixos/as legendas são sensíveis? Ou são construídos para enfatizar um ponto?
- Quais são as relações evidentes?
- As relações são causais ou apenas correlacionadas?

Se você considerar essas ideias ao longo da sua vida, estará protegido dos vilões que procuram enganá-lo (incluindo bancos e credores) e se tornará capacitado na utilização de dados!

Neste capítulo, examinamos a matemática no mundo, incluindo as três ideias matemáticas que os professores universitários dizem ser as mais importantes — senso numérico, senso de dados e relações lineares — e como é sua aparência quando são matematicamente diversificadas. No próximo capítulo, ampliaremos essas ideias olhando por uma lente diferente, o que é parte importante da diversidade matemática. Tenho paixão por compartilhar essa perspectiva — a importância de ver a matemática visualmente, o que conduz a uma beleza e uma criatividade incríveis.

5

A MATEMÁTICA COMO UMA EXPERIÊNCIA VISUAL

Era 2016, um ano depois que ministrei o primeiro curso de verão do YouCubed para um grupo de meninas e meninos dos anos finais do ensino fundamental no *campus* de Stanford. Nós sabíamos que os alunos tiveram notas significativamente mais altas no fim do nosso curso, mas queríamos saber se havia ocorrido impacto em longo prazo.[1] Entramos em contato com nossos antigos alunos, visitando-os em suas escolas, e os entrevistamos em duplas. Eles falaram de diferentes maneiras sobre o quanto tinham sido ajudados e como o fato de saber que a matemática era uma disciplina que poderia ser abordada de diversas formas havia mudado sua aprendizagem a partir de então. Uma reflexão se destacou para mim. Relacionava-se a uma atividade denominada cubo pintado.[2] Foi mostrada uma imagem de um cubo de

4 x 4 x 4 cm composta de cubos menores de 1 cm mergulhados em uma lata de tinta azul. Perguntamos quantos dos cubos menores teriam 0, 1, 2, 3, 4, 5 ou 6 lados azuis.

Essa é uma atividade que leva ao raciocínio algébrico de nível superior. Os alunos receberam cubos de açúcar de 1 cm e construíram os cubos de 4 x 4 x 4 em seus grupos. A construção física do cubo maior significava que estavam ativando caminhos cerebrais diferentes, desenvolvendo áreas do cérebro responsáveis pelos processamentos numérico, visual e físico.[3] Um ano mais tarde, conversei com um aluno, Jed, e perguntei sobre o impacto do curso de verão para ele, e sua resposta me surpreendeu. Jed me contou que agora estava cursando geometria e que tinha sido ajudado ao lembrar-se do cubo de açúcar de 1 cm que havia segurado nas mãos. Ele disse que conseguia se lembrar de como era o cubo, além da sensação física de segurá-lo, e isso tinha lhe dado uma imagem do que significava "1 cm cúbico". Disse que estava usando essa memória para resolver muitas das questões de geometria. Um exemplo que ele compartilhou foi uma questão de matemática pedindo que estimasse o volume de seus sapatos. Jed disse que imaginou seu sapato cheio de cubos de açúcar de 1 cm. Agora sei que Jed estava descrevendo o tipo de "representação mental" que Anders Ericsson e Robert Pool descrevem como essencial para o desenvolvimento de *expertise*.[4]

As representações mentais não têm que ser objetos físicos, mas exigem mais do que a maioria dos alunos recebe em suas aulas de matemática. Nos próximos capítulos, irei descrever e compartilhar várias representações mentais que podem ajudar imensamente os estudantes. Acredito que algumas delas o surpreenderão.

Anders Ericsson, um especialista mundial em *expertise*, analisou a natureza da aprendizagem e do desempenho naqueles que atingem os níveis mais altos, em muitas áreas diferentes, incluindo xadrez, esportes e escola. Ele e Robert Pool, seu coautor, são provavelmente mais famosos por descrever uma importante condição de aprendizagem como "prática deliberada".[5] A qualidade mais importante da prática deliberada é a oportunidade que ela oferece de desenvolver representações mentais. Uma segunda qualidade importante da prática deliberada é a oportunidade que ela proporciona aos alunos de se esforçarem, como Ericsson e Pool descrevem:

> Você não constrói representações mentais pensando sobre alguma coisa; você as constrói tentando fazer alguma coisa, falhando, revisando e tentando novamente, repetidamente.

REPRESENTAÇÕES MENTAIS

Ericsson e Pool descrevem as representações mentais com exemplos do futebol americano e do futebol. Nos dois esportes, um principiante pode olhar para o campo e ver caos em 22 jogadores espalhados por todo o gramado (Figura 5.1).

No entanto, um especialista em futebol verá padrões, e esses padrões o ajudarão a entender como o jogo funciona e a progressão dos movimentos importantes, como ilustra a Figura 5.2.

Ericsson e Pool salientam que, para os principiantes, o futebol parece ser um caos em turbilhão movendo-se na direção da bola, mas, para um especialista, "[...] esse caos não é caos nenhum. É um padrão maravilhosamente matizado e em constante mutação".[6] Os especialistas têm uma habilidade altamente desenvolvida de interpretar o padrão de ação no campo.

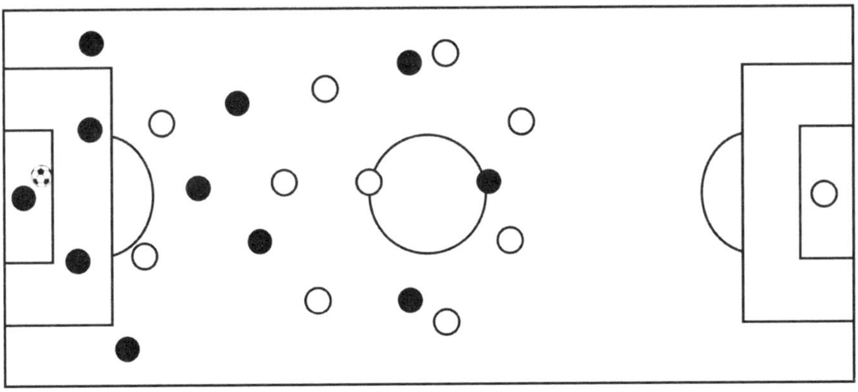

FIGURA 5.1 Campo de futebol com 22 jogadores.

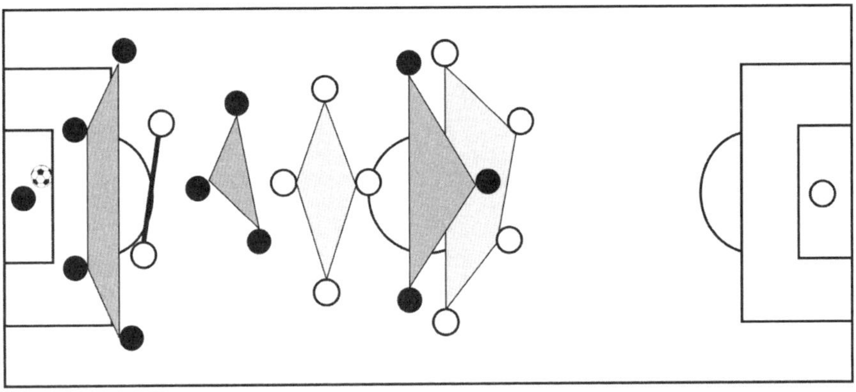

FIGURA 5.2 Campo de futebol com 22 jogadores, com representações mentais dos seus padrões de ação.

Percebi isso na minha própria compreensão de cada esporte. Cresci vendo futebol na Inglaterra e, desde os 4 anos, me sentava nas arquibancadas do campo do West Bromwich Albion — o Hawthorns. (Na década de 1970, fiquei extremamente orgulhosa porque meu time se tornou o primeiro na história a ter três jogadores negros. Meu clube continuou a liderar o processo de promoção do valor da diversidade racial e cultural no esporte.)

Quando me mudei para os Estados Unidos, passei muitos anos ignorando o futebol americano, achando meio engraçado que um esporte que envolve pegar, lançar e apanhar uma bola com as mãos seja chamado de futebol. Entretanto, mais recentemente me interessei pelo jogo, começando por assistir aos jogos em Stanford, depois expandindo para assistir ao San Francisco 49ers e eventualmente a outros times. Quando comecei a ver futebol americano, a posição dos jogadores não significava nada para mim, e parecia que havia muito a ser observado para entender o que estava acontecendo — aquilo realmente parecia uma confusão caótica de jogadores. Quando aprendi mais e comecei a gostar mais do jogo, não aprendi fatos e procedimentos sobre futebol americano, mas aprendi a ver padrões, e esses padrões agora são representações mentais na minha mente. Essas representações mentais me permitem ver e entender o que está acontecendo na partida.

A NEUROCIÊNCIA DAS REPRESENTAÇÕES MENTAIS

Ericsson e Pool não são os únicos pesquisadores que falam sobre a importância das representações ou dos modelos mentais. A ciência cognitiva tem uma longa história de estabelecimento do valor dos modelos mentais para a aprendizagem e o desempenho. É importante dizer que isso agora está emergindo como uma descoberta fundamental da neurociência: nosso cérebro funciona produzindo modelos do mundo. O neurocientista Jeff Hawkins dedicou sua carreira ao estudo do papel do córtex frontal do cérebro.[7] Essa parte importante do cérebro é responsável pelas habilidades cognitivas, pela resolução de problemas, pelo funcionamento de nível superior e pela interação social — um conjunto abrangente de habilidades fundamentais. Hawkins descobriu que nosso cérebro funciona criando modelos do mundo — que estão constantemente se adaptando à medida que passamos de uma experiência para a seguinte. Isso está conectado com a ciência cognitiva, mostrando o valor dos modelos mentais para nossa aprendizagem e nossa compreensão. Não surpreende que os alunos precisem de modelos mentais para basear seu pensamento e seu conhecimento, pois é assim que o cérebro funciona não só na aprendizagem, mas na vida.

Comecei este capítulo com o exemplo de meu aluno Jed compartilhando o valor de ver e segurar um cubo de açúcar de 1 cm. O modelo mental de Jed era físico, e há evidências consideráveis de que a interação dos alunos com representações físicas da matemática é extremamente generativa para sua aprendizagem.[8] No entanto, estudantes e professores também podem criar representações visuais, as quais são outra forma importante de um modelo mental. Como um experimento de pensamento, pense você mesmo sobre as representações físicas ou visuais que foi encorajado a desenvolver como modelos mentais para ideias matemáticas. Se você teve uma experiência matemática típica dos números e dos procedimentos, talvez não seja capaz de pensar em algum modelo. Isso porque, para a maioria das pessoas, a matemática é uma experiência numérica quase que inteiramente simbólica. Quando são usadas representações visuais, geralmente são imagens estéreis desenhadas pelos editores, mostrando ângulos biseccionados ou círculos divididos em fatias, o que não ajuda os alunos a desenvolverem seus próprios modelos visuais ou físicos dos conceitos matemáticos. Se você é um adulto que teve poucas ou nenhuma oportunidade de desenvolver modelos mentais de ideias matemáticas, espero que o restante deste capítulo seja particularmente útil para você.

Quando os pesquisadores comparam o cérebro de matemáticos com acadêmicos com desempenho igualmente superior que trabalham em áreas não matemáticas, encontram algo fascinante. Poderíamos presumir que, quando as pessoas estão pensando numericamente, estão pensando "com linguagem" e que esse raciocínio matemático de alto nível seria proveniente de áreas do cérebro de processamento da linguagem. O que os pesquisadores descobriram foi que a atividade cerebral que separa os matemáticos de outros acadêmicos provém de áreas visuais do cérebro — e isso valia para qualquer conteúdo matemático.[9] Não só geometria e topologia, mas também álgebra e outros cálculos causaram atividade nas áreas visuais do cérebro, com o uso mínimo de alguma área de linguagem. Isso levou os pesquisadores a oferecerem a explicação possível de que o desempenho dos matemáticos provinha de experiências com "números e formas" na infância — o que, eu acrescentaria, provavelmente os ajudou a desenvolver representações mentais de ideias matemáticas desde uma idade precoce.

O trabalho inovador do neurocientista Vinod Menon mostrou que, quando as pessoas trabalham em um problema matemático, mesmo um cálculo numérico abstrato, elas podem ser ajudadas por cinco diferentes caminhos neurais (Figura 5.3).[10]

Quando a revista *National Geographic* resumiu uma investigação sobre a natureza de um "gênio", acrescentaram algumas informações úteis sobre esses diferentes caminhos. Eles consideraram com alto desempenho as pessoas que descreveram como "desbravadoras", aquelas que se destacavam por suas "contribuições meteóricas" para seus campos e que incluíam cientistas como Albert Einstein e Marie Curie, a comediante Anne Libera e o matemático Terence Tao. Uma conclusão dessa discussão fascinante é que os resultados que as pessoas atribuem ao fato de ser um "gênio" na verdade resultam de uma combinação complexa de circunstâncias que incluem oportunidades de aprendizagem, além da cultura, da geografia, dos privilégios e, é claro, do desenvolvimento do cérebro. Notadamente, o que separa o cérebro dos desbravadores das pessoas comuns é a quantidade de conexões que elas têm entre os caminhos neurais e o maior desenvolvimento de áreas visuais.[11] Dois dos caminhos neurais, com foco nas representações visuais, estão na parte

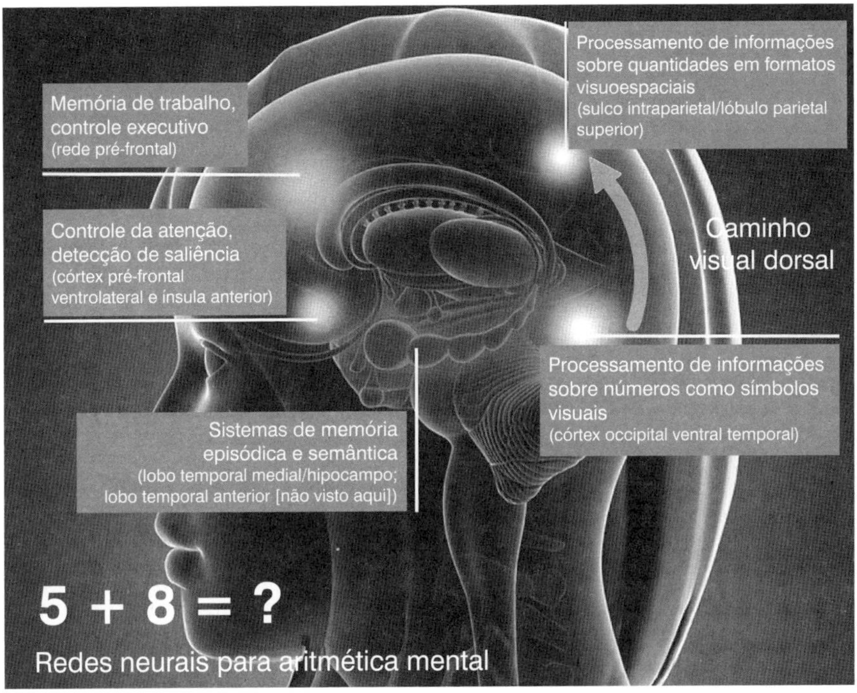

FIGURA 5.3 Áreas cerebrais disponíveis para pensamento matemático.

posterior da cabeça. Quando nos deparamos com um problema em números e vemos uma representação visual, ou uma descrição bem formulada, são feitas conexões entre regiões cerebrais. Os pesquisadores mostraram que os alunos têm melhor desempenho quando recebem um trabalho matemático que envolve tanto números quanto representações visuais.[12]

Felizmente, aqueles de nós que ensinam matemática têm muitas oportunidades de apresentar ideias para os estudantes de maneiras que estimulem diferentes caminhos e conexões cerebrais — por exemplo, quando os convidamos a verem os conceitos não só como números, mas também como palavras, representações visuais e físicas, tabelas, algoritmos, modelos e movimento. Devemos ter como objetivo proporcionar a nossos alunos, nossos filhos e nós mesmos uma experiência de matemática que permita que diferentes caminhos neurais se comuniquem e se conectem.

GRUPALIZAÇÃO

Há décadas, os campos de educação matemática, ciência cognitiva e neurociência têm contribuído com estudos mostrando que a aprendizagem é melhorada por representações visuais e físicas da matemática.[13] Apesar desses diferentes e extensos corpos de trabalho, as salas de aula por todo o mundo e os manuais de matemática publicados pelas empresas mais poderosas e dominantes estão repletos de páginas com números. A mudança na instrução tradicional de matemática será lenta, mas os educadores podem começar agora a ajudar seus alunos a desenvolverem modelos mentais poderosos; modelos que são visuais e físicos e fundamentais para uma compreensão rica e profunda da disciplina. Quando os estudantes aprendem a criar e usar modelos mentais visuais e físicos, eles são convidados a ingressar no domínio da diversidade matemática, a vê-la de diferentes maneiras e a experimentá-la como um conjunto de ideias diversificadas. Os exemplos que apresentarei provêm de áreas de multiplicação e divisão de números, frações e álgebra — abrangendo toda a educação básica. Esses exemplos têm por objetivo ajudar os professores, os pais e qualquer leitor a ver que eles podem — e devem — criar oportunidades para os alunos

(incluindo eles mesmos) desenvolverem seus próprios modelos mentais em qualquer área da matemática.

Vendo os números

O neurocientista Bruce McCandliss, um colega meu em Stanford, concentra seu trabalho na educação e na aprendizagem.[14] Ele e sua equipe produziram algumas evidências de pesquisa impressionantes mostrando que a forma como os jovens alunos veem e agrupam os números prediz seu desempenho em testes estaduais nos anos seguintes e até mesmo melhora o efeito da baixa renda familiar.[15] Antes do seu trabalho, os pesquisadores e os educadores haviam mencionado a importância do que é conhecido como subitização.* Os humanos têm uma habilidade natural de olhar para um grupo de até quatro pontos e outros objetos e dizer sua quantidade sem contá-los. Essa habilidade geralmente surge durante a educação infantil e se desenvolve até os últimos anos da escola. McCandliss e seus colegas introduziram o termo *grupalização* para descrever a habilidade de agrupar uma coleção maior de pontos usando a subitização. Por exemplo, se uma pessoa viu a representação visual na Figura 5.4 e lhe foi perguntado quantos pontos há, ela pode dizer que há 10 pontos, pois vê (subitiza) grupos de 4, 4 e 2.

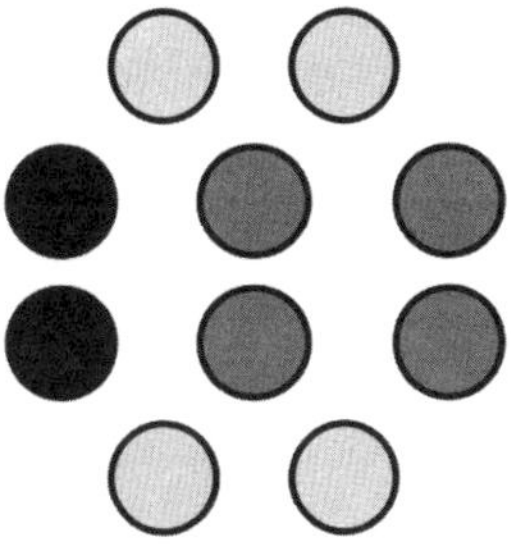

4 + 4 + 2 = 10

FIGURA 5.4 Grupalização.

Em seu estudo com 1.209 alunos do ensino fundamental, McCandliss e seus colegas mostraram que o grau em que os estudantes conseguiam grupalizar predizia seu desempenho em testes estaduais de matemática acima e além da sua "fluência" em números ou seu desempenho em aritmética. Os resultados foram consistentes durante todo o 8º ano. A Figura 5.5 mostra as importantes relações que os pesquisadores notaram.

* N. de R. T. Não há uma tradução exata para o termo *subtizing* em português, então, adotamos a palavra subitização, que é essa habilidade humana de reconhecer até cinco unidades sem contar uma a uma.

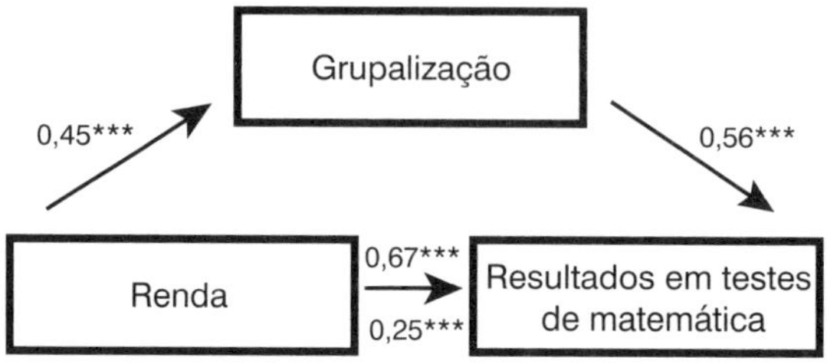

FIGURA 5.5 Representação visual de McCandliss *et al.* da relação entre grupalização, renda familiar e resultados em testes estaduais de matemática.

Eles descobriram que a renda familiar (dados que coletaram como uma medida de equidade) tem uma relação desfavorável com as notas em testes estaduais, mostrando um coeficiente de regressão padrão de 0,67 (a parte inferior do diagrama), mesmo depois de controlar o desempenho em matemática. Entretanto, o modelo também mostra que a grupalização é quase tão impactante, com um coeficiente de regressão padrão de 0,56. A linha inferior do diagrama mostra que, depois que os alunos aprenderam a grupalizar, o impacto da baixa renda familiar cai para 0,25. Esses dados são tão importantes porque mostram que a grupalização impulsiona significativamente o desempenho em matemática e reduz o impacto das desigualdades sistêmicas — dois motivos muito bons para que a prática possa e deva ser ensinada.

Uma maneira de ensinar grupalização é uma atividade denominada conversa de pontos. Nessa atividade, os professores ou os pais mostram uma coleção de pontos e perguntam aos estudantes quantos eles veem. É importante dizer que eles têm apenas alguns segundos para olhar para a imagem, por isso precisarão agrupar os pontos em vez de contá-los. Geralmente digo aos meus alunos que nosso cérebro naturalmente quer agrupar os pontos, portanto, isso é algo que todos podemos fazer.

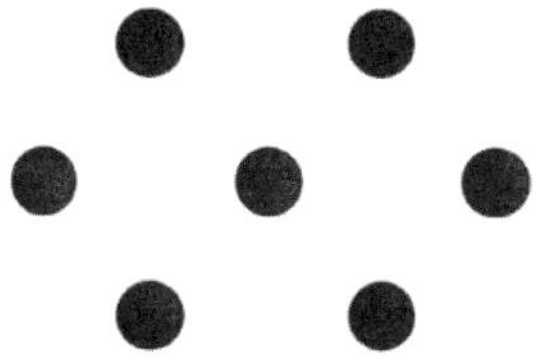

FIGURA 5.6 Sete pontos.

Quando desenvolvi uma dessas atividades recentemente, com uma sala repleta de meninas dos anos finais do ensino fundamental, as alunas encontraram 24 diferentes maneiras de agrupar sete pontos (Figuras 5.6 e 5.7).

Sempre represento os diferentes agrupamentos e dou a cada método o nome do aluno que o

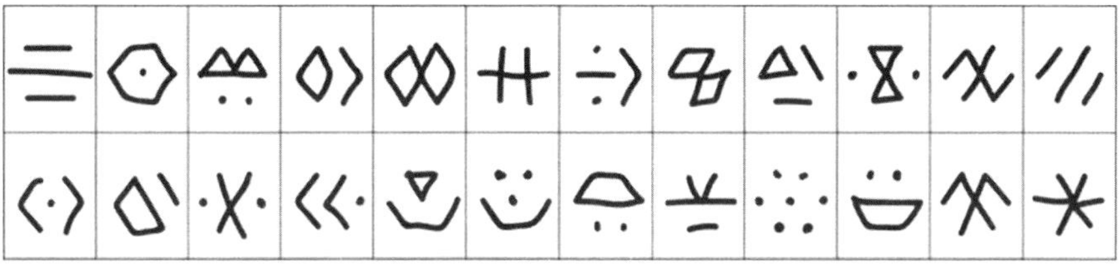

FIGURA 5.7 As 24 maneiras como as meninas dos anos finais do ensino fundamental agruparam sete pontos.

FIGURA 5.8 Nosso primeiro curso de verão do YouCubed, em que compartilhei uma conversa de pontos mostrando as representações visuais dos alunos com seus nomes e as sentenças numéricas.

apresentou, conforme mostra a Figura 5.8. Também peço que compartilhem a sentença numérica que acompanha sua representação visual, permitindo-nos ver as muitas e diferentes maneiras como os números podem ser formados.

A pesquisa de Bruce McCandliss e sua equipe é impressionante. Empregamos tanto tempo ensinando aos alunos no ensino fundamental números e operações quando, em vez disso, proporcionar-lhes a experiência de ver como os pontos podem ser agrupados em diferentes números melhora muito mais seu desempenho em matemática, mesmo em testes estaduais limitados. À medida que aprendem a grupalizar os pontos, os estudantes desenvolvem modelos mentais aos quais podem recorrer cada vez que pensarem sobre números. Esse estudo, na minha opinião, faz repensar as prioridades matemáticas nas escolas de educação básica no mundo todo. Em outra pesquisa, Bruce e colegas mostram que atividades matemáticas que são construídas em torno das barras Cuisenaire, que apresentei no Capítulo 4, provocam mudanças importantes na sua compreensão de números, frações e grandes ideias como equivalência. É importante salientar que as barras fornecem aos alunos representações mentais dessas ideias abstratas, que se prolongam até sua aprendizagem de álgebra.[16]

Outro modelo importante para os números são nossos dedos. Estudos recentes produziram evidências incríveis mostrando a importância da percepção dos dedos para nossa compreensão da matemática. *Percepção dos dedos* é um termo que os neurocientistas usam para descrever em que medida você conhece seus dedos. Um teste para a percepção dos dedos é colocar sua mão sob um livro ou uma mesa, sem poder vê-la, e outra pessoa tocar levemente em seus diferentes dedos. Se conseguir identificar todos eles, você desenvolveu percepção dos dedos. Os pesquisadores mostraram que a percepção dos dedos é um melhor previsor do desempenho em matemática no 2º ano do que as pontuações nos testes.[17] Eles também afirmaram que desencorajar os alunos a usar os dedos é o mesmo que interromper seu desenvolvimento matemático.[18] Estou convencida de que os dedos têm valor imenso porque oferecem um modelo físico de uma reta numérica. As evidências dessa alegação provêm de outros estudos que mostram que os alunos que aprendem com retas numéricas impulsionam seu desempenho significativamente. Em um estudo, os pesquisadores notaram que os estudantes chegavam ao 1º ano da escola com diferenças em seu senso numérico, que estavam relacionadas à renda familiar, com os alunos de lares menos privilegiados tendo senso numérico mais frágil. Essa diferença foi completamente eliminada quando eles jogaram jogos com retas numéricas durante quatro sessões de 15 minutos.[19]

Uma reta numérica mostra uma representação contínua dos números, mas pode ser complicada para os jovens porque seus dedos geralmente pousam entre os números, e eles não sabem o que isso significa. Um caminho numérico, como o apresentado na Figura 5.9, é uma ferramenta melhor para os alunos iniciantes desenvolverem uma representação mental dos números.

FIGURA 5.9 Caminho numérico.

Uma sala de aula que visitei recentemente tinha um caminho numérico gigante envolvendo as paredes de todo o ambiente — os alunos frequentemente o consultavam e o utilizavam quando trabalhavam com números.

Quando os estudantes estão prontos, eles podem usar seus dedos para desenvolver um modelo mental dos números. Aqueles que usam seus dedos para considerar os números estão desenvolvendo um modelo que podem levar consigo ao longo de sua vida.

Estamos apenas começando a perceber o quanto os modelos visuais e físicos são importantes para a compreensão que os alunos têm da matemática, e as pesquisas emergentes da neurociência e da educação devem receber a mais alta prioridade.

OPERAÇÕES MATEMATICAMENTE DIVERSIFICADAS

Quando os alunos estão aprendendo sobre números, é importante que os experimentem não só visual e fisicamente, mas também de maneira lúdica. O contrário disso é experimentar os números e as operações como um conjunto de regras distantes que devem ser cumpridas. Gostaria de ilustrar a diferença com duas atividades em sala de aula focadas na adição de números até 20 — uma área da matemática ensinada nos Estados Unidos no 1º ano. Uma das atividades exemplifica a matemática limitada; a outra exemplifica a diversidade matemática e o desenvolvimento de oportunidades que permitem que os alunos criem modelos mentais.

Adição de números

Muitos livros escolares usados nos Estados Unidos e por todo o mundo apresentam a matemática como uma série de questões, como apresentado na Figura 5.10.

1 + 17 = ☐	4 + 12 = ☐
7 + 12 = ☐	9 + 10 = ☐
8 + 7 = ☐	2 + 9 = ☐
12 + 5 = ☐	10 + 2 = ☐
1 + 12 = ☐	18 + 2 = ☐
6 + 4 = ☐	9 + 8 = ☐
14 + 4 = ☐	2 + 17 = ☐
9 + 3 = ☐	19 + 1 = ☐
1 + 19 = ☐	13 + 1 = ☐

FIGURA 5.10 Abordagem da adição de números nos livros didáticos.

A Figura 5.11 é uma apresentação diferente do mesmo conteúdo. Os alunos são apresentados a um grupo de animais, que têm diferentes números de pés, e convidados a fazer "desfiles de pés" com diferentes números. Por exemplo, que animais você incluiria se fosse fazer um desfile de pés de 20?

Um professor que estava usando a folha de atividade limitada em sua sala de aula me fez uma pergunta incisiva: *como posso ter alunos na mesma turma se alguns sabem somar até 20 e outros não?* Essa é uma pergunta razoável no mundo da matemática limitada. Imagine alunos do 1º ano diante de uma folha de atividade — alguns, que foram orientados, podem se apressar em resolver sem pensar; outros ficariam completamente perdidos, olhando fixo para ela, com o pânico e o medo crescendo. É compreensível que os professores não queiram dar esse conteúdo para estudantes com diferentes níveis de desempenho e capacidade.

No entanto, se saímos do mundo da matemática limitada e ingressamos no mundo da diversidade matemática, criando oportunidades para os alunos desenvolverem modelos mentais, tudo isso muda. A versão do desfile de pés de somar até 20 difere da folha de atividade em pelo menos três aspectos. Um deles é a natureza visual de um desfile de pés, que é significativa não só porque é mais atraente visualmente, mas também porque dá aos estudan-

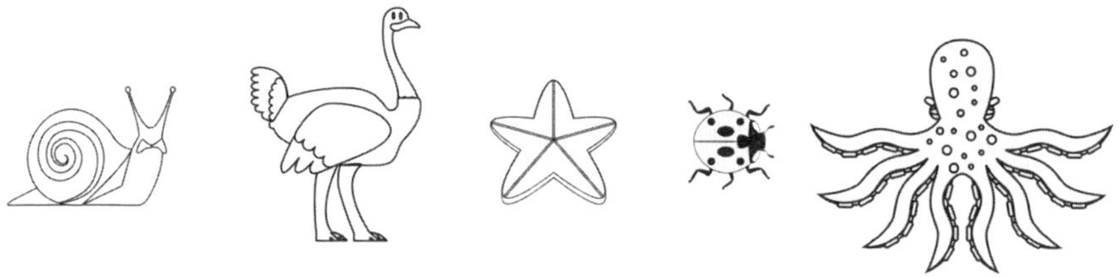

FIGURA 5.11 Animais para fazer um desfile de pés.[20]

tes algo para contar e um modelo que eles podem desenvolver mentalmente. Isso significa que aqueles que quiserem contar as pernas podem fazê-lo e aqueles que quiserem formar ligações numéricas também podem. Outra diferença é que os alunos estão interagindo com algo do mundo real que é interessante e atraente. Na minha experiência, as crianças pequenas adoram escolher os diferentes animais e exibi-los em cartazes (Figura 5.12).

A terceira diferença é que há várias maneiras de compor cada número, possibilitando que os alunos criem seu próprio desfile de pés, do qual podem sentir orgulho, em vez de competirem para obter a mesma resposta que os outros. Com atividades como essas, não importa se têm diferentes níveis de conhecimento — a abrangência da questão e os diferentes pontos de acesso significam que todos os estudantes podem se envolver e aprender. Além disso, a ansiedade e o tédio provocados pela folha de atividade são substituídos pelo envolvimento e pela diversão, embora esteja sendo ensinada exatamente a mesma matemática. Isso se deve ao fato de que saímos do mundo da matemática limitada e ingressamos no maravilhoso mundo da diversidade matemática.

Agora todos os alunos — de diferentes origens e desempenho anterior — conseguem se envolver com a tarefa. Talvez alguns deles somem as pernas dos animais; outros podem usar seu conhecimento anterior de ligações numéricas. Alguns podem levar a tarefa a níveis mais altos, investigando quantas versões diferentes de 18 pernas existem. Se as tarefas forem

FIGURA 5.12 Cartaz do desfile de pés.

diversificadas, não precisamos separá-los em diferentes grupos e turmas, o que lhes transmitiria ideias prejudiciais sobre seu próprio potencial. Fundamentalmente, a diversidade nas tarefas permite que os alunos desenvolvam representações mentais visuais a partir das quais outras aprendizagens podem fluir.

Multiplicação e divisão

À medida que os estudantes avançam ao longo dos anos, eles aprendem sobre multiplicação e divisão, tópicos que geralmente são apresentados numericamente. Na versão limitada de uma questão de multiplicação ou divisão, há um método valorizado e uma resposta valorizada. Entretanto, a versão diversificada da matemática possibilita que os alunos reflitam sobre as diferentes maneiras de multiplicar e dividir e como visualizá-las, o que cria oportunidades importantes para conexões cerebrais e modelos mentais.

Acredito que não preciso compartilhar outro exemplo de uma folha de atividade limitada, como fiz para adição. Provavelmente você já tem inúmeras folhas de atividade para multiplicação e divisão gravadas em sua mente. Em vez disso, vamos examinar a abertura da questão de multiplicação pedindo que você considere 38 x 5 em sua mente, sem anotar. Quando faço essa atividade pela primeira vez com os alunos, eles não sabem que visualizações desenhar; geralmente eles não têm nenhuma ideia visual. No entanto, com o tempo, eles aprendem a visualizar os números, e eu compartilho seus métodos e suas representações visuais (Figura 5.13), o que eles frequentemente me dizem que ajuda em sua compreensão.

Quando mostrei aos meus alunos de graduação em Stanford a representação de 38 x 5 na Figura 5.14, eles me disseram que aquela era a primeira vez que haviam entendido por que podemos usar o processo demonstrado — de duplicar um número e dividir o outro pela metade — ao multiplicar números.

Descrevi as diferenças entre as várias maneiras de calcular 38 x 5 e os convidei a considerar as diversas formas de ver e pensar sobre 38 x 5 como "abertura" da questão. Algumas pessoas têm feito críticas às teorias da mentalidade dizendo que os defensores do trabalho da mentalidade de crescimento estão colocando nos alunos a responsabilidade de mudar. Entendo essa crítica e acredito firmemente que é responsabilidade do pro-

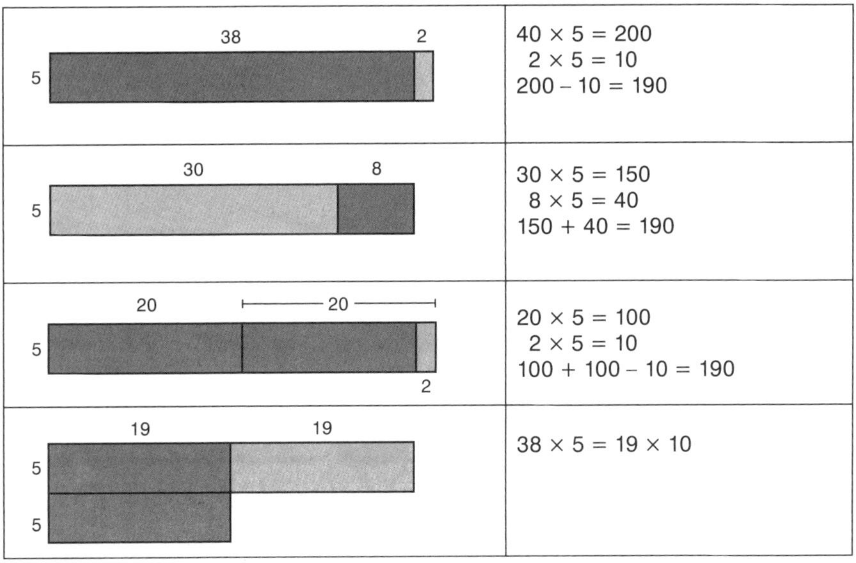

38
2
5
40 × 5 = 200
2 × 5 = 10
200 − 10 = 190
30
8
5
30 × 5 = 150
8 × 5 = 40
150 + 40 = 190
20
20
5
2
20 × 5 = 100
2 × 5 = 10
100 + 100 − 10 = 190
19
19
5
5
38 × 5 = 19 × 10

FIGURA 5.13 Soluções numéricas e visuais para 38 x 5.

$$38 \times 5 = 19 \times 10$$

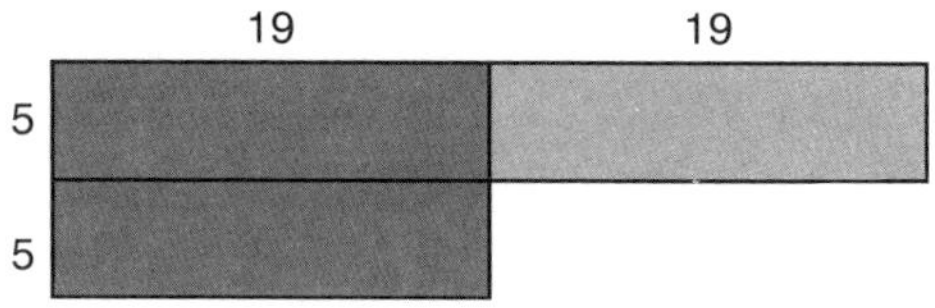

FIGURA 5.14 Uma solução para 38 x 5.

fessor abrir o conteúdo para que as mensagens de mentalidade possam ser transmitidas. Se você diz aos estudantes que eles podem aprender qualquer coisa, mas apresenta um conteúdo limitado, como calcular 38 x 5 com uma única resposta e um único método sendo valorizado, eles não entenderão como podem aprender e crescer. Entretanto, quando o conteúdo é aberto e os alunos são convidados a pensar e raciocinar, eles sentem que sua aprendizagem e as mensagens de mentalidade se enraízam e florescem. Embora alguns estudos tenham identificado que as mensagens de mentalidade — transmitidas fora das salas de aula, sem mudança no ensino — têm pouco ou nenhum impacto,[21] aquelas transmitidas com uma mudança na abordagem da matemática melhoram significativamente o desempenho e as crenças dos estudantes.[22]

Em nossa correspondente abordagem visual da divisão, os estudantes são convidados a construir modelos quando conhecem a área total e o comprimento de um dos lados.[23] Por exemplo, em vez de pedir que dividam 273 por 7, pedimos que eles construam um retângulo com uma área de 273 e um dos lados com o comprimento de 7, como mostra a Figura 5.15. Seu papel é encontrar o comprimento do outro lado de diferentes maneiras.

As representações visuais da multiplicação e da divisão são importantes não só porque encorajam modelos mentais das ideias, mas também porque mostram as diferentes maneiras como podemos pensar sobre cálculos e os motivos por que funcionam. Isso ajuda os alunos a desenvolverem o que é conhecido como senso numérico — a abordagem que conduz ao alto desempenho.[24] Quando têm senso numérico, os estudantes podem dar sentido aos números e usá-los com flexibilidade em diversas situações. O senso numé-

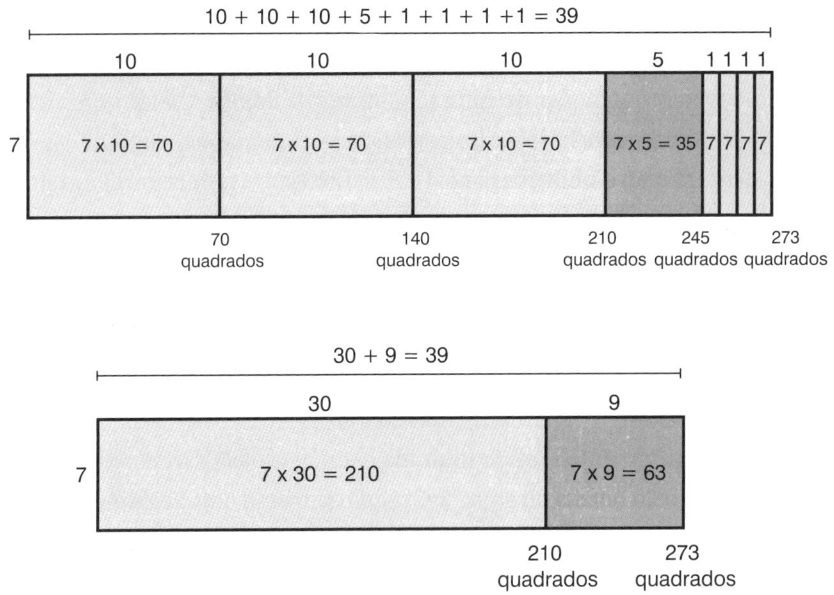

FIGURA 5.15 Diferentes soluções visuais para 273 dividido por 7.

rico não resulta da memorização cega de fatos matemáticos! Ele é ajudado, como já expresso no capítulo anterior, quando é pedido a eles que encontrem respostas *ish** antes de calcularem, como visto em Mathish.org.

Ao longo da minha carreira, tive a sorte de trabalhar com alguns professores incríveis do ensino fundamental que incentivam os alunos a desenvolverem representações mentais, convidando-os a pensar não apenas visualmente, mas também fisicamente. Um deles é Jean Maddox, uma professora do 5º ano no Vale Central da Califórnia. Antes de conhecê-la, ela ensinava

* N. de R. T. Uma prática comum é pedir que avaliem respostas possíveis, por exemplo, o resultado não poderia ser menor que 10, porque 70 x 10 é 70; daqui tiramos que também não pode ser menor que 20, porque 10 x 7 + 10 x 7 = 140. Estamos chegando mais perto do 273. Será que cabem mais 10 parcelas de 7? Assim, tenta-se 10 x 7 + 10 x 7 + 10 x 7= 70 + 70 + 70 = 210. Então, o resultado tem que ser maior do que 30. Será que o resultado é maior que 40? 4 x 7= 28, 28 x 10 = 280. Opa, já temos um intervalo delimitado de possíveis resposta. Essa não é a única maneira de pensar essa divisão, mas ela já nos mostra uma das infinitas possibilidade *ish*.

multiplicação usando o livro didático do distrito, com uma de suas páginas exibida na Figura 5.16.

Isso é típico dos livros de matemática utilizados nos Estados Unidos. Atualmente, Jean adota a noção de diversidade matemática, pedindo que os alunos pensem sobre multiplicação — física, visual e numericamente. Eles multiplicam construindo números com cubos, desenhando os números e trabalhando numericamente. A Figura 5.17 mostra alguns exemplos.

Os estudantes na turma de Jean são convidados a desenvolver modelos mentais de multiplicação que sejam ricos e diversificados, pois lhes são dadas oportunidades de sentir e movimentar representações físicas dos números e criar sentenças visuais, com palavras e números.

A diferença entre uma tarefa limitada e uma que seja diversificada e crie ambientes estimulantes na sala de aula pode ser pequena. Por exemplo, em vez de pedir que os alunos resolvam a área de um retângulo de 12 x 2, você pode perguntar quantos retângulos eles podem encontrar com uma área

Complete para encontrar o produto.

1.

			6	4
	X		4	3
+				

2.

			5	7	1
		X		3	8
+					

Faça uma estimativa e depois encontre o produto.

3. Estimativa: ____ 24 x 15

4. Estimativa: ____ 37 x 63

5. Estimativa: ____ 384 x 45

6. Estimativa: ____ 28 x 22

7. Estimativa: ____ 93 x 76

8. Estimativa: ____ 295 x 51

FIGURA 5.16 Abordagens da multiplicação nos livros didáticos.

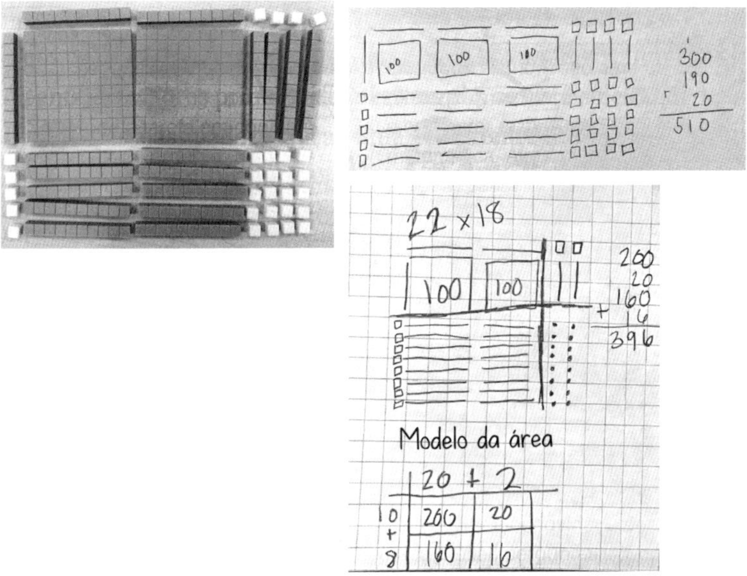

FIGURA 5.17 Exemplos de trabalhos dos alunos mostrando a multiplicação física, visual e numericamente.

de 24 (Figura 5.18). A primeira questão é um cálculo; a segunda se transforma em uma exploração divertida com representações visuais, e os alunos são convidados a considerar a relação entre comprimento e largura, dando acesso à compreensão conceitual de área.

Divisão de frações

Uma das áreas mais polêmicas da matemática ensinada nas escolas — que causam enormes dificuldades para os alunos, produzem baixas pontuações nos testes e têm pouco valor prático — é a divisão de frações. Quando adultos são solicitados a encontrar exemplos na vida real da divisão de frações, a maioria não consegue pensar em um único exemplo.[25] A divisão de frações, na minha opinião, é uma excelente candidata à reformulação do modo como é ensinada, incluindo passá-la para anos posteriores nos padrões curriculares. A divisão de frações é mais bem ensinada para crianças pequenas de forma conceitual para que desenvolvam uma compreensão

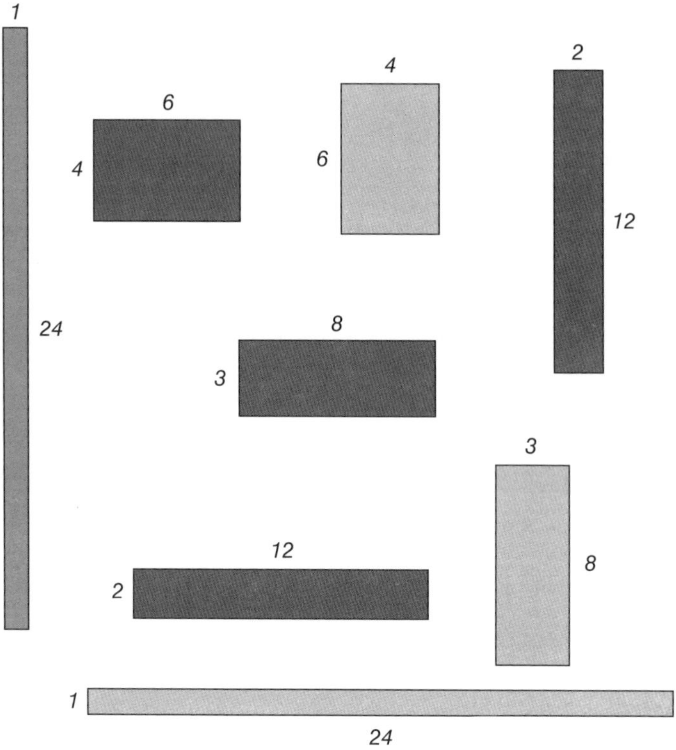

FIGURA 5.18 Quantos retângulos tem uma área de 24?

do processo em curso. Em vez de ser ensinada com significado, em geral ela é ensinada como uma regra: *divida frações invertendo e multiplicando. Em uma das frações, transforme o numerador no denominador e depois multiplique as duas frações.* Esse processo é tão sem sentido para os alunos que deu origem ao refrão comum: "Nosso objetivo não é raciocinar sobre o porquê, apenas inverter e multiplicar".

Isso é lamentável, pois "raciocinar sobre o porquê" é a essência da matemática. Raciocínio é a essência da disciplina e a base para todo trabalho matemático de alto nível e para a prova matemática. Quando os matemáticos escrevem artigos e se comunicam uns com os outros, eles usam o raciocínio, estabelecendo conexões lógicas entre as ideias. Quando os alunos aprendem a explicar aos outros os métodos que escolhem e as maneiras como os utili-

Na figura, lê-se: nosso objetivo não é raciocinar sobre o porquê, apenas inverter e multiplicar.

zam, indiscutivelmente se engajam na atividade matemática mais importante de todas — o raciocínio. Estou certa de que a frase "Nosso objetivo não é raciocinar sobre o porquê, apenas inverter e multiplicar" se desenvolveu porque é muito difícil entender ou raciocinar sobre a operação aos 10 anos, período em que o conteúdo é ensinado nos Estados Unidos.

Nos últimos anos, tive o prazer de orientar e aprender com uma pessoa que conheci como aluno de graduação em Stanford em minha turma de calouros de Como aprender matemática. Montse Cordero veio da Costa Rica com uma história de desempenho escolar muito alto em matemática na escola e na Olimpíada Internacional de Matemática. Nela, encontrei alguém com curiosidade matemática genuína, cujos olhos se iluminavam quando analisávamos por que

Montse Cordero

alguma coisa funcionava. Desde aquela época, Montse se transformou em um tipo de estrela entre os professores de matemática: ela aparece em meu curso *on-line* para estudantes[26] e como uma super-heroína do YouCubed em nossos vídeos para os alunos.[27] Entretanto, seu verdadeiro estrelato provém de sua persistência e sua autoconfiança, formando-se em matemática em uma escola cujo departamento nunca se relacionou com ela quando era estudante ou mesmo lhe ofereceu um conselheiro e, depois, fazendo um mestrado em matemática, felizmente em uma universidade diferente. Montse atualmente está estudando para um doutorado em matemática.

Uma de minhas recordações de Montse envolve uma aula em que apresentei a divisão de frações para minha turma de calouros e lhes pedi que pensassem sobre ela visualmente. Isso era para ser uma discussão breve, mas acabou tomando todo o período de aula, pois todos os alunos se deram conta de que nunca haviam entendido a divisão de frações; até então, eles só haviam "invertido e multiplicado". Quando lhes mostrei um vídeo de Kathy Humphreys ensinando para estudantes do 7º ano como eles poderiam visualizar o cálculo de 1 dividido por ⅔, eles ficaram chocados.[28]

No vídeo, você vê os alunos encontrando sentido na divisão de frações de três maneiras visuais (Figura 5.19).

Tenho um vídeo em que compartilho uma abordagem visual da divisão de frações trabalhando com uma ovelha![29] O fantoche de ovelha é inspirado

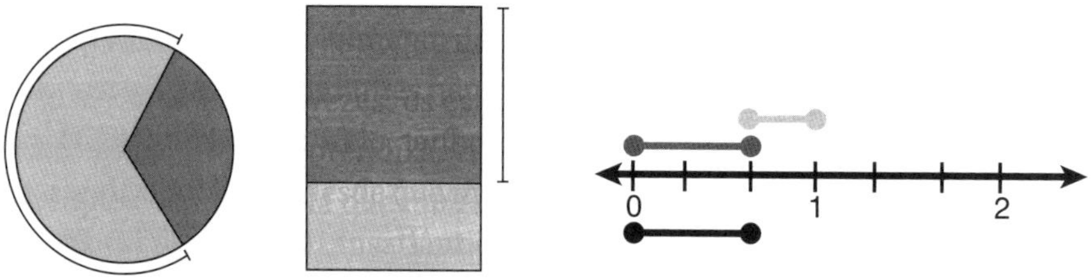

Esquerda. A seção mais clara representa ⅔ do círculo. Os alunos veem que a seção mais clara cabe dentro do círculo uma vez mais metade de uma vez.

Meio. A seção mais escura representa ⅔ do retângulo. Os alunos veem que a seção mais escura cabe dentro do retângulo uma vez mais metade de uma vez.

Direita. A linha abaixo da reta numérica representa ⅔. Os alunos veem que as linhas acima da reta numérica mostram ⅔ mais metade de ⅔.

FIGURA 5.19 Três abordagens visuais para 1 dividido por ⅔.

no matemático Tim Chartier, que gosta de ajudar os alunos usando marionetes.

Anos depois, no último ano de Montse em Stanford, ela decidiu estudar para um diploma de honra de licenciatura em educação — e escolheu focar a divisão de frações. Montse fala sobre a importância do momento em que percebeu, pela primeira vez, que havia uma forma de entender a divisão de frações naquela aula como caloura e como, desde aquele momento, aquilo ficou na sua mente e a fascinou. A tese de licenciatura de Montse começa com esta reflexão:

> Três anos atrás, eu estava assistindo a um vídeo de alunos do 7º ano trabalhando em um problema de divisão de frações sem usar o algoritmo que haviam memorizado anteriormente e percebi que eu não compreendia verdadeiramente o que eles estavam fazendo. Foi incrível ver alunos de 12 anos atuando como pequenos matemáticos. Eles estavam fazendo o verdadeiro trabalho matemático por trás da divisão de frações, o que eu nunca tinha visto antes. Eu sabia responder à questão usando a ideia de inverter e multiplicar que havia memorizado há muito tempo, mas nunca tinha percebido que não tinha ideia de por que aquilo funcionava.[30]

Montse adotou uma abordagem fascinante para seu estudo na licenciatura — uma perspectiva da ciência da computação —, investigando a eficiência e as demandas conceituais do algoritmo de inverter e multiplicar e um melhor algoritmo que começa por encontrar denominadores comuns.[31] Um dos achados interessantes é que, para entender o algoritmo de inverter e multiplicar, os estudantes devem receber um conteúdo que ainda não aprenderam no nível de escolaridade em que a divisão de frações aparece![32] Isso é importante porque sugere que *estamos esperando que os alunos* aprendam e usem o algoritmo, simplesmente o aceitem, sem entendê-lo, sem "raciocinar sobre o porquê".

Há um problema com a introdução de algoritmos que os alunos não compreendem. Os professores do ensino fundamental fazem um trabalho importante ajudando os estudantes a desenvolverem senso numérico e, mais em geral, darem sentido às ideias matemáticas que encontram, usando importantes representações visuais e físicas. No entanto, quando aprendem algoritmos, parece que sua produção de sentido para. Dolores Pesek e David

Kirshner estudaram esse fenômeno da aprendizagem de regras seguida da incapacidade de pensar de formas diferentes denominando-o "interferência cognitiva".[33] Quando os alunos inicialmente aprenderam algoritmos e depois aprenderam conceitualmente, envolvendo-se na matemática de maneiras diversificadas, eles não se saíram tão bem quanto aqueles que aprenderam apenas conceitualmente. A aprendizagem dos métodos e das regras parecia *interferir* no desenvolvimento de modelos mentais úteis. No Capítulo 6, voltarei a esse estudo e compartilharei mais detalhes.

Os estudantes têm problemas não só com a divisão, mas também com a adição de frações, como mostra uma questão da National Assessment of Education Progress (NAEP) apresentada a alunos de 13 anos nos Estados Unidos. Quando foi solicitado que fizessem uma estimativa para $^{12}/_{13} + {}^{7}/_{8}$, com as opções de resposta sendo 1, 2, 19 ou 21, a resposta mais comum foi 19, seguida por 21. Suas respostas resultavam da adição dos numeradores (19) ou da adição dos denominadores (21). Apenas 24% deles escolheram a resposta correta, 2.[34] Se tivessem recebido oportunidades de adotar uma abordagem *ish* para as questões numéricas, poderiam ter visto que a soma estimada das duas frações é 2. Como esse exemplo ilustra, a adoção de uma abordagem *ish* ajudaria os alunos em muitas questões de testes padronizados.

Por que não fico surpresa quando os estudantes dão respostas que não fazem sentido? Quando eles aprendem frações, não pensam conceitualmente ou de uma forma *ish* sobre elas. Mais comumente, eles aprendem um conjunto de regras, descritas a seguir.

- Para adicionar frações, encontre o denominador comum e some os numeradores.
- Para subtrair frações, encontre o denominador comum e depois subtraia os numeradores.
- Para multiplicar frações, multiplique os numeradores e os denominadores.
- Para dividir frações, mude o sinal de divisão para multiplicação e mude o numerador de uma das frações para ser o denominador e o denominador para ser o numerador (inverta e multiplique).

Todas essas regras passam por cima da parte mais importante da compreensão das frações: o fato de que os dois números — o numerador e o denominador — estão em uma relação. Ao pensar em frações, não importa qual é o tamanho do numerador ou do denominador; o que importa é o tamanho de um em relação ao outro. Quando pedimos que os alunos atuem sobre o numerador ou o denominador, eles esquecem o que a fração significa. Quando somam $\frac{12}{13} + \frac{7}{8}$ e respondem 19, eles não estão refletindo sobre a relação entre os números 12 e 13 ou 7 e 8. Isso ocorre porque não dedicaram tempo para refletir sobre as frações como um todo, dando sentido ao numerador e ao denominador na *relação* entre eles; eles não desenvolveram modelos mentais das frações e não deram respostas *ish*.

Ainda me recordo da noite que passei com minha filha mais velha, que, na época, estava no 5º ano. Ela estava com dificuldades com a abordagem das regras das frações da sua escola, e sua professora tinha me dito que ela simplesmente "não conseguia" entender frações. Talvez, em parte, isso se devesse às suas diferenças na aprendizagem, o que alguns educadores em sua vida decidiram que são déficits em vez de diferenças. (Felizmente, ela também teve professores maravilhosos que sabiam que pensar de modo diferente não significava pensar inadequadamente.) Ela e eu decidimos analisar as frações juntas naquela noite, pois ela teria uma prova no dia seguinte. Eu não tinha muito tempo com ela comparado às muitas horas que ela havia passado estudando frações na sala de aula, mas no espaço de uma hora fiz isto: ensinei que ela sempre deveria olhar para a relação. Juntas, visualizamos diferentes frações e consideramos seu significado, a relação entre o numerador e o denominador. Antes de trabalharmos em qualquer operação, analisamos o valor global da fração. Depois, tentamos somar, subtrair, multiplicar e dividir, adotando uma abordagem *ish* das frações, pensando sobre qual seria a resposta aproximada antes de calcular a resposta exata. Eu a incentivei a considerar o panorama geral e os modelos visuais focados que são tão importantes para a aprendizagem (o que discuti no capítulo anterior). Ela chegou da escola no dia seguinte com um sorriso de orelha a orelha, contando que recebeu a nota mais alta da turma em sua prova de frações. Parte do meu curso *on-line* gratuito para estudantes,* feito por mais de 1 milhão de pessoas, compartilha essa abordagem relacional *ish* das frações, estimulando os participantes a construírem modelos mentais.[35]

Estou defendendo que os alunos adotem uma abordagem diferente das frações, em casa e na escola, que esteja baseada na produção de sentido, nas relações numéricas e no pensamento visual e físico que conduz às representações mentais. Eu não estou defendendo que algoritmos são inúteis, mas que eles não devem ser ensinados aos estudantes até que eles compreendam as frações conceitualmente. Os estudantes precisam entender o que é uma fração e ter muitas experiências, refletindo sobre o valor dela como um todo conceitual.

É possível que a divisão de frações seja a parte mais odiada do currículo de matemática, a área que mais provavelmente leva os adultos dos grupos que participei a gemerem de dor — embora a álgebra seja outra concorrente ao título de "a mais odiada". Entretanto, essa aversão pode ser transformada quando damos aos alunos oportunidades de desenvolver modelos visuais e físicos que embasem sua compreensão. Por exemplo, se lhe fosse pedido para calcular 1 dividido por ¾, você poderia inverter e multiplicar, chegando à resposta correta, $\frac{1}{1} \text{ x } \frac{4}{3} = \frac{4}{3}$, mas teria pouca ou nenhuma ideia do que está acontecendo.

Ou você poderia esboçar a fração, fazendo uma pergunta diferente: quantas vezes ¾ cabem dentro de 1?

Observe na Figura 5.20 que ¾ cabe em um inteiro, uma vez, sobrando uma parte. Se você imaginar os ¾ nesse espaço vazio, verá que apenas ⅓ dessa parte se encaixa. Isso nos dá a resposta de 1 e ⅓. Três quartos cabem dentro de um inteiro, uma vez, e um terço. Pensar visualmente sobre o processo de divisão de frações, e com uma lente *ish*, pode demorar um pouco mais do que inverter e multiplicar, mas oferece uma

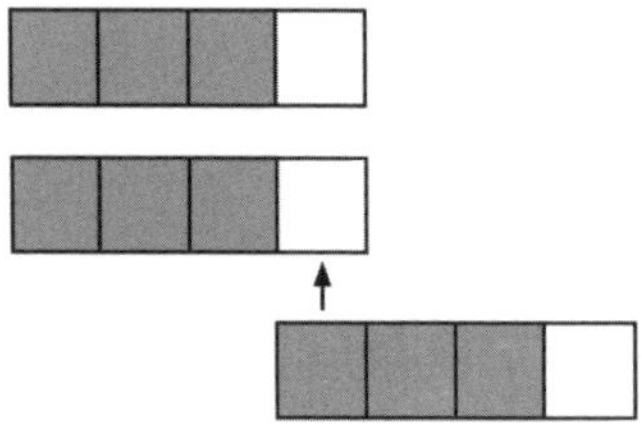

FIGURA 5.20 Abordagem visual de 1 dividido por ¾.

* N. de R. T. *Pensando Matematicamente* é uma adaptação desse curso e está disponível em https://mentalidadesmatematicas.org.br/na-pratica/cursos.

representação mental que pode ancorar qualquer trabalho futuro com cálculos e algoritmos.

Para a divisão de uma fração por uma fração (algo que a maioria das pessoas nunca usou na sua vida depois da escola), prefiro primeiro fazer com que as duas frações tenham o mesmo denominador. Modificar frações com denominadores diferentes para ter o mesmo denominador é um trabalho que foca a relação, o que é valioso para os alunos. Vamos considerar $3/4$ dividido por $2/3$. Podemos atribuir às duas frações um denominador de 12:

$3/4 \times 2 = 6/8$ $3/4 \times 3 = 9/12$	$2/3 \times 2 = 4/6$ $2/3 \times 3 = 6/9$ $2/3 \times 4 = 8/12$

Um processo de multiplicação do numerador e do denominador pelo mesmo número (que mantém a mesma fração) até que ambos tenham o mesmo valor, neste caso 12.

Agora modificamos a questão de $3/4$ dividido por $2/3$ para $9/12$ dividido por $8/12$. Refletindo sobre a primeira e a segunda questões com uma abordagem *ish*, você provavelmente achará difícil estimar $3/4$ dividido por $2/3$, mas poderá facilmente descobrir quantas vezes $8/12$ cabe em $9/12$; sua resposta *ish* deveria ser um pouco mais que 1. Ao ensinar isso para os alunos, eu começaria desenhando $9/12$ dividido por $8/12$.

A Figura 5.21 mostra que $8/12$ cabe no espaço de 1 e $1/8$ de vezes.

Essa abordagem visual da matemática pode se estender para qualquer série, qualquer nível, qualquer matemática e qualquer tarefa.

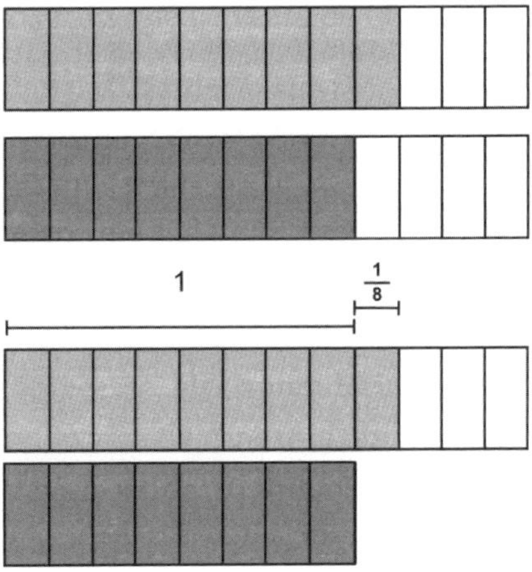

FIGURA 5.21 Abordagem visual de $9/12$ dividido por $8/12$.

Álgebra

Era a primeira vez que eu e minha equipe realizávamos um curso de verão para alunos desde que conhecemos as evidências sobre a plasticidade cerebral e a mentalidade. Os cinco anos anteriores haviam produzido dados exaustivos mostrando que não existe algo como um "cérebro matemático", que todos os cérebros estão crescendo, se fortalecendo e se conectando o tempo todo.[36] Pesquisas mostraram o quanto é importante que você acredite em seu potencial, que tenha uma "mentalidade de crescimento".[37] Reunimos 82 alunos de um distrito escolar local que não haviam tido boas experiências em matemática. Eles tinham desempenho prévio misto e eram cultural e racialmente diversificados. Alguns deles receberam zero na prova que lhes foi dada em seu distrito escolar antes de chegarem até nós; outros obtiveram resultados muito altos; e outros, ainda, estavam em níveis intermediários; naquele verão, eles estavam se preparando para ingressar no 7º ou no 8º ano.[38] Decidimos que o conteúdo mais útil para lhes ensinar seria álgebra. Ao ensinar esse tema fundamental, sabíamos que seria importante que compreendessem o conceito de variabilidade e o significado de uma variável. Escolhi um de meus problemas favoritos, que começa perguntando quantos quadrados há na borda externa de um quadrado de 10 x 10. Mostrei a eles uma representação visual como a da Figura 5.22, apenas por alguns segundos, para que não conseguissem contar, mas agrupar os números.

Os alunos apresentaram muitas respostas diferentes, incluindo 36, 37, 38, 40 e 44, o que levou a uma conversa animada. Eu lhes disse que adorava o fato de haver respostas diferentes, pois isso significava que aquele era um problema interessante e que teríamos muito sobre o que pensar e falar. Depois de conversarem por algum tempo, a turma decidiu em conjunto que o número total de quadrados na borda externa do quadrado era 36. À medida que cada aluno compartilhava sua forma de ver 36, eu desenhava no quadro para que tivéssemos uma variedade de representações visuais, como mostra a Figura 5.23.

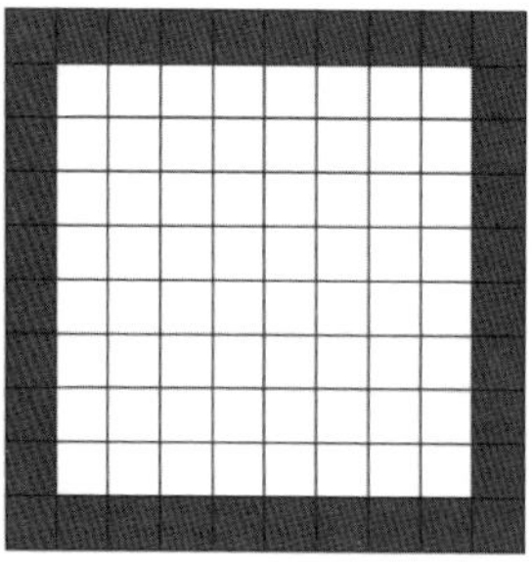

FIGURA 5.22 Quantos quadrados há na borda de um quadrado de 10 x 10?

Continuamos trabalhando em quadrados de diferentes tamanhos durante algumas aulas, compartilhando com os alunos que poderíamos

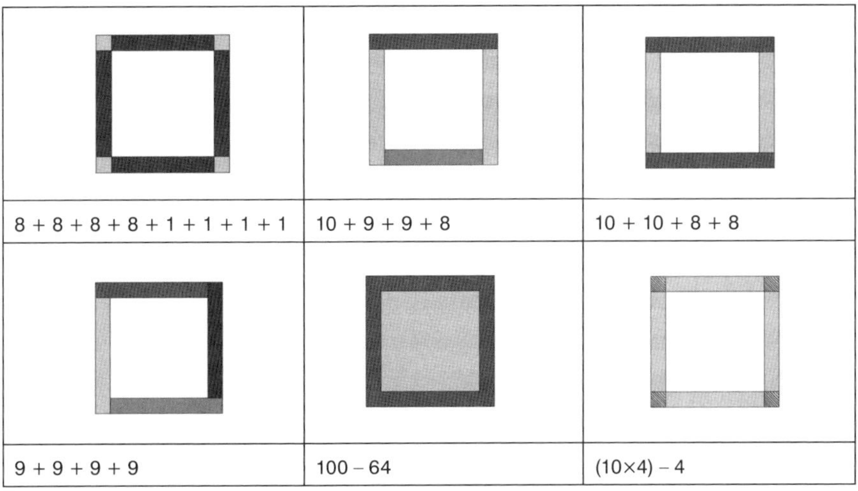

8 + 8 + 8 + 8 + 1 + 1 + 1 + 1
10 + 9 + 9 + 8
10 + 10 + 8 + 8
9 + 9 + 9 + 9
100 – 64
(10×4) – 4

FIGURA 5.23 Quantos quadrados há na borda de um quadrado de 10 x 10? Mostrado visualmente e com números.

usar uma variável para representar o crescimento do padrão, assim nosso pensamento sobre o número total poderia ser aplicado a quadrados de qualquer tamanho. Todas as diferentes formas como os estudantes viram o padrão podem ser expressas como expressões algébricas equivalentes, como mostra a Figura 5.24.

Essa foi a introdução dos alunos à álgebra, e eles estavam envolvidos pela atividade — vendo quais eram as variáveis e por que elas eram úteis na comunicação. Perguntamos aos estudantes como eles viam a borda da forma, e registrei suas ideias visuais no quadro, com os nomes dos alunos ao lado. No quadro, estava escrito "método de Josh", "método de Elisa", etc. Posteriormente, quando passamos para quadrados de tamanhos diferentes, os alunos deviam escolher um método — como o método de Elisa — e investigá-lo. Enquanto trabalhavam, discutiam diferentes maneiras de ver e pensar, colaborando com os colegas e baseando-se nas ideias uns dos outros. Cabe mencionar que as concepções dos estudantes sobre a generalização algébrica eram visuais — e bonitas. No final, tínhamos seis expressões diferentes da mesma função matemática (4n – 4), todas elas equivalentes e iluminadas pela representação visual.

10 + 8 + 10 + 8	n + (n – 2) + n + (n – 2)	10 + 9 + 9 + 8	n + 2(n – 1) + (n – 2)
4 × 8 + 4	4(n – 2) + 4	9 + 9 + 9 + 9 = 9 × 4	(n – 1) × 4
4 × 10 – 4	4n – 4	(10×10) – (8×8)	$n^2 - (n-2)^2$

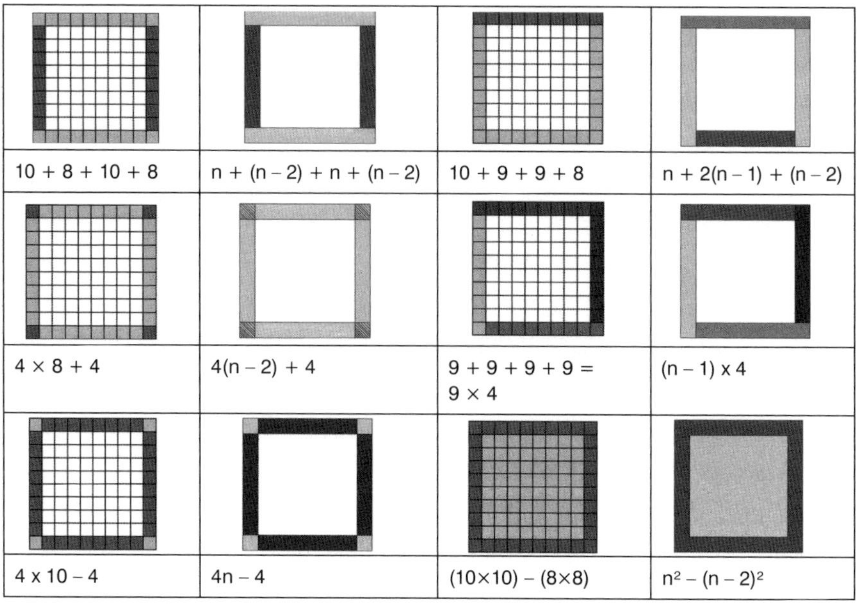

FIGURA 5.24 Quantos quadrados há na borda de um quadrado de 10 x 10? Mostrado visualmente, com números e com expressões algébricas.

Quando os estudantes usam álgebra para descrever padrões, estão usando variáveis como uma linguagem para descrever o mundo — que é um uso importante e útil de variáveis que tem mais significado do que os exemplos intermináveis de soluções para x.[39] Eles também estão desenvolvendo modelos mentais de álgebra e generalização, pois podem ver o crescimento do padrão. Os alunos precisam dessa introdução importante à álgebra, e a compartilhamos durante quatro semanas de aulas gratuitas no YouCubed.[40]

Um dos exemplos mais bonitos de representações visuais de álgebra refere-se a uma mulher que tive o prazer de ensinar no programa de formação de professores em Stanford. Na minha turma de preparação para educadores, quando compartilho a ideia de que matemática pode ser ensinada como uma disciplina diversificada, com representações visuais e outras representações mentais, algumas vezes uma faísca acende naqueles que ouvem, e eles ampliam essas ideias para muitas áreas da vida. Esse foi o caso com Diarra Buosso, que cresceu no Senegal e agora usa equações lineares e quadráticas para criar roupas lindas que são vendidas nas principais lojas do mundo inteiro (Nordstrom, Shopbop, Stitch Fix e muitas outras).[41] Ela consegue esse feito impressionante enquanto leciona matemática no ensino médio na Califórnia.

Diarra foi entrevistada por muitos jornalistas; sua história foi compartilhada na revista *Vogue*, na CNN e em outros meios de comunicação.[42] Em diferentes entrevistas, Diarra conta que é oriunda de uma longa linhagem de artesãos e artífices no Senegal, mas adorava matemática e viajou para os Estados Unidos para cursar o ensino superior antes de se tornar uma analista na Wall Street. Naquela época, ela se sentia profundamente insatisfeita porque adorava tanto arte quanto matemática e não conseguia escolher entre elas. Ela não queria ficar calculando o dia inteiro, sem qualquer expressão artística, nem queria trabalhar no campo artístico, sem qualquer matemática. Seu desejo de fazer algo diferente do seu trabalho bancário a conduziu até minha aula de formação para professores em Stanford.

Durante o ano que passamos juntas, Diarra aprendeu sobre as versões visuais, criativas e diversificadas da matemática e ficou encantada. Certo dia depois da aula, ela me puxou de lado e contou que estava interessada em usar fórmulas matemáticas para desenhar roupas. Disse que sua expectativa era de que eu rejeitaria a ideia como "*nerd* demais" para alguém que se interessasse. É claro que não rejeitei a ideia; falei para Diarra que aquilo parecia incrível. Ela passou a criar belas roupas desenhadas a partir de funções lineares e quadráticas; exemplos são apresentados na Figura 5.25.

Diarra diz que aquele ano em nossa classe a ajudou a entender que ela poderia seguir arte e matemática juntas, o que desbloqueou sua criatividade e levou à realização profissional profunda.[43] Ela é uma professora incrível que anima seus alunos no ensino médio, estimulando-os a transformar expressões algébricas em arte (Figura 5.26). Para se conectar com eles, ela pergunta como eles passam a maior parte do seu tempo; os estudantes relatam que passam uma média de 26 horas por semana nas mídias sociais, então ela os encontra ali. Depois de obter a aprovação do diretor da escola, ela abriu uma conta no Instagram e usa os *stories* para compartilhar sondagens e perguntas com os alunos — 92% deles relatam que isso é útil para sua aprendizagem. Eles gostam de poder votar nas respostas e receber cumprimentos

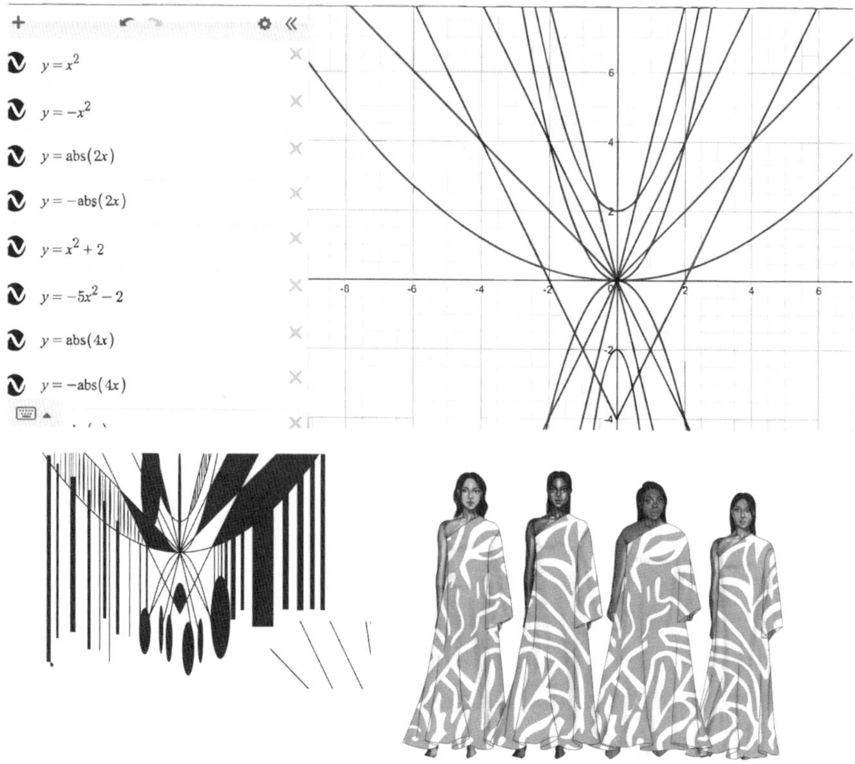

FIGURA 5.25 *Designs* das roupas de Diarra, inspirados por funções algébricas.

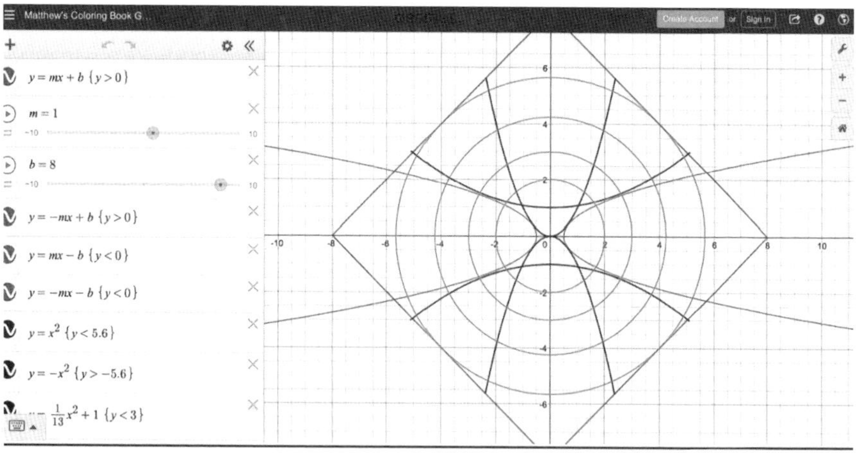

FIGURA 5.26 Exemplo de trabalho de aluno usando *software* da calculadora gráfica Desmos.

pelo seu trabalho. De acordo com Diarra, "Fazer da matemática um *game* por meio de uma plataforma que as crianças já associam com jogo e diversão torna a disciplina mais acessível".

Diarra percebeu que seus alunos não detestavam matemática, como inicialmente lhe disseram, eles só não gostavam das formas como ela havia sido ensinada no passado. Diarra atualmente é ativista na celebração global da cultura africana e apaixonada pela fusão dos mundos da matemática e da arte para oferecer uma abordagem diversificada da matemática aos estudantes. Tenho orgulho de ter desempenhado um pequeno papel na jornada de Diarra, quando sua criatividade foi desbloqueada por meio da aprendizagem sobre a diversidade matemática.[44]

Quando as questões matemáticas convidam os estudantes a pensarem apenas numericamente, oportunidades importantes são perdidas — para conexões cerebrais, para maior acesso à compreensão, para engajamento mais profundo e motivação e para o desenvolvimento de modelos mentais essenciais. Espero mostrar neste capítulo que não é difícil tornar uma questão visual; isso pode ser tão simples quanto perguntar "Como você vê isto?". Quando é feita essa pergunta e os alunos compartilham suas ideias, eles se sentem apropriados da matemática à medida que desenvolvem modelos mentais importantes.

Um desafio de reflexão interessante para qualquer professor ou pai que esteja lendo este livro é considerar quais representações mentais os alunos estão sendo convidados a desenvolver para os principais conceitos matemáticos que compõem seu domínio. Se nenhum vier à mente, você tem um desafio divertido pela frente: criar oportunidades para que eles visualizem a matemática e interajam com modelos físicos das ideias.

Uma professora do ensino médio tradicional com quem trabalhei mudou sua abordagem. Ela costumava iniciar com uma aula ministrada com perfeição e fazia com que os alunos trabalhassem em questões praticamente idênticas. Ela me contou que tudo isso mudou certo dia, quando se voltou para a turma e perguntou o que eles pensavam sobre suas questões matemáticas. Ela ficou impressionada porque os estudantes alegremente compartilharam diferentes ideias e se engajaram em conversas significativas sobre as questões, considerando como os diferentes métodos funcionavam e desenhando representações visuais no quadro. Depois disso ela nunca mais voltou às suas aulas perfeitamente ministradas.

Igualmente, em meu próprio ensino, reverencio o pensamento dos alunos e seu desejo de estarem engajados como criaturas sociais, perguntando como eles veem e entendem as ideias. Sei que meu maior recurso na sala de aula é seu pensamento.

Minha forma favorita de iniciar uma aula é compartilhar uma representação visual da matemática e perguntar aos estudantes: "O que vocês notam? O que vocês se perguntam?". Essas palavras convidativas, inicialmente sugeridas por Annie Fetter, podem ser usadas quando compartilhamos pontos em conversas de pontos; quando compartilhamos conversas sobre dados, convidando os alunos a dar sentido a dados no mundo real e encorajando seu desenvolvimento do letramento de dados; e quando compartilhamos desenhos geométricos.[45] Exemplos de todos os três são apresentados na Figura 5.27. (No Capítulo 6, mostrarei o que aconteceu quando fui convidada para uma escola das Primeiras Nações em uma reserva no Canadá, cujos estudantes e professores fazem parte da Nação Okanagan, e exploramos juntos uma representação visual de um apanhador de sonhos. As discussões dos alunos, que conduziram a representações visuais das funções algébricas, foram incríveis.)

FIGURA 5.27 Comece um dia com uma conversa de pontos, uma conversa sobre dados ou uma conversa sobre formas.

O grande benefício de iniciar as aulas, ou as conversas familiares, com um convite visual é que os alunos são estimulados a compartilhar suas ideias em desenvolvimento, em que não há respostas certas ou erradas ou em que o espaço familiar está aberto para perspectivas diversificadas. Em vez de iniciar a aula com a temida revisão da tarefa de casa, os professores podem começar com perguntas divertidas e interativas, e os estudantes podem compartilhar e desenvolver ideias, abrindo sua mente — e construindo confiança — para as aventuras matemáticas que virão a seguir!

6

A BELEZA DOS CONCEITOS E DAS CONEXÕES MATEMÁTICAS

A matemática é uma disciplina conceitual. Muitas pessoas acham que ela é uma lista de regras e métodos, mas na verdade é um pequeno conjunto de conceitos importantes que os alunos — e todas as pessoas — podem conhecer, entender e adorar. Dois pesquisadores da University of Warwick, na Inglaterra, Eddie Gray e David Tall, mostraram isso de forma poderosa em seu estudo de 1994 sobre as abordagens da aritmética e dos números feitas pelas crianças.[1] Utilizei seu estudo por muitos anos, mas recentemente consegui replicá-lo com jovens estudantes em San José, Califórnia. A razão pela qual considero seu trabalho tão importante é que eles descobriram a diferença no comportamento de alunos de alto e baixo desempenhos. O estudo que conduzimos nos Estados Unidos, 29 anos mais tarde, encontrou o mesmo resultado e uma nova percepção.

Gray e Tall deram a alunos entre 7 e 13 anos uma série de problemas de aritmética, como 6 + 19, e registraram suas estratégias para a solução. Os pesquisadores haviam pedido previamente que os professores indicassem aqueles com baixo e alto rendimentos. Eles encontraram algo fascinante — os estudantes com alto desempenho usaram senso numérico para responder às perguntas. Considera-se que o senso numérico está em vigor quando as pessoas conseguem abordar os números com flexibilidade: por exemplo, separando-os de diferentes maneiras, vendo-os visualmente e usando diversas estratégias para atuar sobre eles. No estudo, quando estavam abordando 6 + 19, um aluno com senso numérico, em vez disso, somou 5 e 20. Por sua vez, os com baixo desempenho não adotaram essa abordagem flexível dos números. Em vez disso, usaram métodos de contagem, somando laboriosamente os dígitos individuais. Por exemplo, quando receberam 19 – 16, eles "contaram para trás", começando no 19 e contando de forma decrescente 16 números, o que é muito difícil. Aqueles que usaram senso numérico fizeram algo muito mais fácil, subtraindo 10 de 10 e 6 de 9.

Os pesquisadores chegaram a uma conclusão importante a partir do seu estudo: os estudantes com baixo desempenho frequentemente o apresentam porque não estão abordando os números conceitual e flexivelmente, mas como métodos e regras; eles não aprenderam a se envolver com os números com flexibilidade. No entanto, quando os distritos e as escolas percebem que os estudantes estão com baixo desempenho, frequentemente os retiram da aula e lhes dão folhas de atividade repletas de "exercícios e prática", consolidando sua abordagem da aritmética como um conjunto de regras. Isso é o oposto do que a maioria das pessoas precisa.

SENSO NUMÉRICO É A CHAVE

Na Figura 6.1, Gray e Tall enfatizam a importante diferença entre considerar a matemática um conjunto de métodos ou regras e considerá-la um conjunto de conceitos ou ideias quando os alunos estão aprendendo números e aritmética.

Eles afirmam que, quando os estudantes aprendem a contar, eles estão aprendendo um método, mas isso deve levar a uma compreensão do conceito de número. Quando eles aprendem o método de contagem mental, isso deve

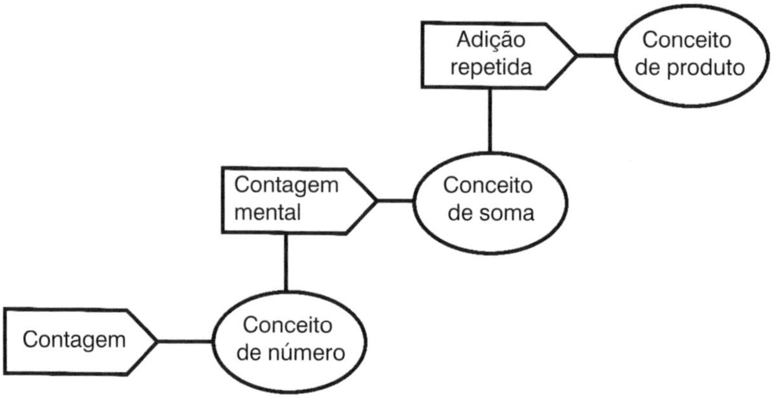

FIGURA 6.1 A matemática é uma disciplina conceitual.[2]

levar a um conceito de soma, e, quando aprendem o método de adição, isso deve levar ao conceito de produto. A aprendizagem dos conceitos envolve refletir profundamente, considerando, por exemplo: *o que é um número? Como ele pode ser dividido de diferentes maneiras para formar outros números? Como ele pode ser representado visualmente? Onde vemos os números no mundo?* Alguns estudantes nunca aprendem a pensar conceitualmente porque o ensino que experimentam trata apenas de regras e métodos.

Se você aprendeu matemática (ou qualquer coisa) como um conjunto de regras, não é tarde demais para adotar uma abordagem conceitual agora, o que pode lhe proporcionar uma percepção completamente diferente das ideias importantes que compõem nosso mundo. Conheci muitos adultos que não aprenderam a abordar os números com flexibilidade e queriam começar a fazer isso.

Um dos muitos problemas com uma abordagem baseada em regras está relacionado a um processo cerebral interessante denominado compressão. Quando aprendemos um novo conhecimento, ele ocupa um grande espaço em nosso cérebro — espaço físico real, pois o cérebro resolve como esse conhecimento se encaixa em outros conhecimentos que já temos. Quando crianças pequenas aprendem adição pela primeira vez, isso ocupa um grande espaço em seu cérebro. Ao longo dos anos, esse conhecimento da adição é comprimido, ocupando um espaço físico cada vez menor. Quando adultos, se nos fosse pedido para somar 3 + 4, por exemplo, podemos rápida e facilmente recuperar o conhecimento desse pequeno espaço comprimido em nosso cérebro. Essa compressão libera espaço para cada vez mais aprendizagem. Entretanto, Gray e Tall, em seu artigo seminal, defendem que só podemos comprimir conceitos. Quando as crianças aprendem apenas regras e métodos, a compressão nem sequer está acontecendo.[3]

William Thurston, que recebeu uma das mais altas honrarias matemáticas, a Medalha Fields, por seu trabalho, escreveu sobre compressão da seguinte maneira:

> A matemática é incrivelmente compressível: você pode até se esforçar por um longo tempo, passo a passo, para trabalhar o mesmo processo ou a mesma ideia a partir de várias abordagens. Todavia, depois que o compreende e tem a perspectiva mental para vê-lo como um todo, geralmente ocorre uma grande compressão mental. Você pode arquivá-lo, recordá-lo rápida e completamente quando precisar e usá-lo como simplesmente uma etapa em algum outro processo mental. A percepção que acompanha essa compressão é uma das verdadeiras alegrias da matemática.[4]

Thurston descreve a compressão como a razão para sua alegria em aprender matemática, e, no entanto, como Gray e Tall apontam, os alunos que aprendem matemática como fatos e regras nunca conseguem experimentar esse importante processo cerebral. O fato de nunca aprenderem matemática conceitualmente pode ser a razão para que raramente a descrevam como uma "verdadeira alegria".

Quando, em 2023, minha equipe em Stanford repetiu o estudo de Gray e Tall para ver se seus resultados ainda se mantinham (29 anos depois e em um país diferente), pedimos que professores do 1º ao 5º ano indicassem seus alunos com mais alto e baixo desempenho em cada turma. Estávamos particularmente interessados em descobrir se os dois grupos diferiam na sua abordagem das questões matemáticas, como Gray e Tall haviam descoberto. Em nosso estudo, colaboramos com o neurocientista Bruce McCandliss e sua equipe para acrescentar questões sobre grupalização (explicada no Capítulo 5), um conceito que não era conhecido na época do estudo de Gray e Tall. Fizemos uma avaliação da grupalização com os 30 alunos e, depois, lhes demos seis questões de aritmética. Os estudantes se sentaram com um entrevistador, um a um, em um espaço silencioso com uma mesa pequena e cadeiras. Uma coleção de fichas de contagem foi colocada sobre a mesa, e dissemos aos alunos que eles deveriam se sentir à vontade para usá-las a qualquer momento. As respostas às perguntas foram, então, duplamente codificadas por uma equipe de pesquisadores.

Nosso novo estudo teve dois resultados significativos, um dos quais replicava os de Gray e Tall: os alunos que tinham alto desempenho abordaram os problemas aritméticos com senso numérico; os com baixo desempenho usaram métodos de contagem menos efetivos. Nosso estudo também descobriu que os estudantes que estavam grupalizando tinham maior probabilidade de usar senso numérico e ter alto desempenho. Essa foi a primeira ligação já encontrada entre grupalização e senso numérico.[5]

Nosso estudo mostrou, assim como o de Gray e Tall, que os alunos tinham alto desempenho não porque sabiam mais, mas porque abordavam os números de modo diferente. Sua abordagem diferia daquela dos estudantes de baixo desempenho porque eles abordavam os números de forma conceitual e flexível — separando-os e formando números diferentes para resolver os problemas. Como grupalização é sobre dividir os números de diferentes maneiras, como explica o Capítulo 5, não causa surpresa que aqueles que

aprenderam a grupalizar também tenham aprendido a desenvolver flexibilidade numérica.

A abordagem conceitual dos números usada pelos alunos com alto desempenho, e que todos nós podemos usar, frequentemente envolve afastar-se dos métodos detalhados, como adição, e focar uma ideia ou um conceito maior. Uma forma de ajudarmos todos os estudantes a desenvolverem uma abordagem conceitual e flexível dos números é pedir que considerem os números conceitualmente e que adotem uma abordagem *ish* em seu trabalho.

O PROBLEMA COM OS PADRÕES

Estávamos em meio à pandemia de covid-19 quando recebi um telefonema de uma líder em educação que trabalhava para o estado da Califórnia. Ela perguntou se eu poderia ajudar os professores durante o *lockdown* destacando o conteúdo matemático mais importante que os alunos deveriam aprender. O State Board of Education tinha reconhecido que a pandemia estava tornando o ensino uma tarefa ainda mais difícil do que o habitual, e os educadores simplesmente não conseguiam cumprir todos os padrões individuais

e isolados que deveriam estar ensinando. Acredito que, independentemente das circunstâncias, é *sempre* impossível para os professores ensinarem a vasta quantidade de conteúdo que se espera que cubram, a não ser em nível superficial, e nunca encontrei um professor de matemática que não ache que é excessivo o que deve ser ensinado no seu nível de ensino ou disciplina.

Eu já era uma das escritoras da nova estrutura curricular estadual quando recebi aquela ligação e ainda estava realizando meu trabalho regular como professora e codiretora do YouCubed, então estava sob uma enorme pressão de tempo. Apesar disso, concordei em ajudar, pois parecia ser uma oportunidade ideal de auxiliar os professores da Califórnia a mudarem para uma abordagem conectada e conceitual.

No passado, organizações tentaram ajudar os educadores a abordarem a quantidade excessiva de conteúdo estabelecida nos padrões, organizando-os por importância. Entretanto, não adotei essa abordagem. Em vez disso, trabalhei com minha colega Cathy Williams, cofundadora do YouCubed, para organizar os padrões de matemática em um conjunto de grandes ideias conectadas e coerentes.[6] A Figura 6.2 mostra exemplos da educação infantil e do 6º ano.

Os comitês de matemática em todo o estado examinaram nossa reorganização do conteúdo em grandes ideias, a qual foi aprovada por unanimidade pelo California State Board of Education em maio de 2021. Essa abordagem de ensino de matemática por meio de grandes ideias também foi uma

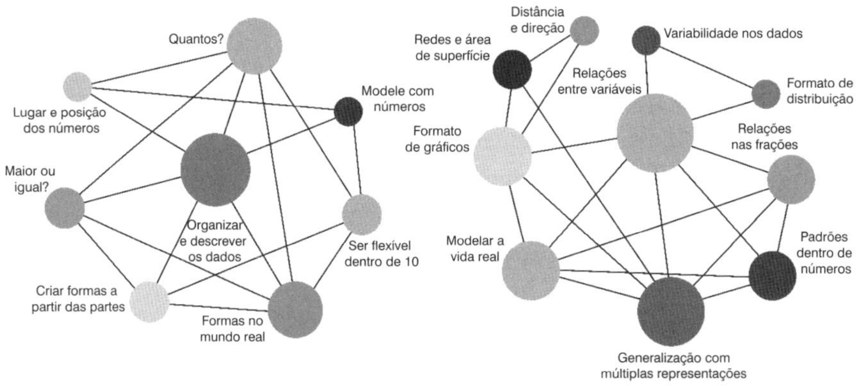

FIGURA 6.2 Matemática como grandes ideias conectadas na educação infantil e no 6º ano.

parte central da nova California Mathematics Framework, que foi aprovada por unanimidade em julho de 2023.

Quando os professores focam ideias maiores em vez de métodos pequenos, os alunos podem ter acesso a uma compreensão conceitual, e os métodos menores podem ser aprendidos dentro das grandes ideias. O National Research Council é um órgão importante dentro da Academy of Sciences que emite orientações para informar as políticas dentro e fora da educação. Quando um grupo de cientistas foi encarregado de comunicar as pesquisas sobre aprendizagem em um livro para educadores, eles deram o seguinte conselho:

> A cobertura superficial de todos os tópicos em uma disciplina deve ser substituída pela cobertura aprofundada de menos tópicos que permita que conceitos-chave na disciplina sejam compreendidos. O objetivo da cobertura não deve ser abandonado inteiramente, é claro. Todavia, deve haver um número suficiente de casos de estudo aprofundado que permita que os alunos entendam os conceitos definidores em áreas específicas dentro de uma disciplina.[7]

O chamado da National Academy of Sciences para substituir a cobertura superficial por um número pequeno de casos de estudo em profundidade foi parte da nossa motivação para transformar todos os padrões matemáticos desconectados em um conjunto de grandes ideias. A beleza do ensino e da aprendizagem em um conjunto menor de ideias maiores e conectadas é que professores e pais têm mais tempo para aprofundamento em cada ideia e permitem que os alunos pensem conceitualmente. Quando os estudantes mergulham profundamente nos conceitos matemáticos, eles aprendem a mesma matemática, mas, em vez de aprenderem métodos desconectados, parte por parte, aprendem um conjunto de ideias e métodos conectados por meio de tarefas enriquecedoras. Essa abordagem foi estabelecida na California Mathematics Framework,[8] em 2023, e em nossos livros de atividades.[9]

Se os alunos aprenderem em profundidade as oito ou mais grandes ideias em seu nível de ensino, essas ideias servirão como uma base para tudo o mais que aprenderem. Quando os professores focam as grandes ideias utilizando tarefas ricas e profundas por meio das quais os estudantes exploram

os conceitos matemáticos, os métodos menores geralmente são aprendidos dentro delas, mas agora com significado.

A proposta do neurocientista Jeff Hawkins sobre como o cérebro retém conhecimento e informação está em sintonia com os conselhos educacionais anteriores. Ele defende que o cérebro organiza todo o conhecimento usando estruturas de referência, as quais estão localizadas no próprio cérebro, assim como as cidades grandes podem estar localizadas em um mapa.[10] Como matemáticos, precisamos de quadros de referência para sabermos onde estamos e o que precisamos fazer para passar de uma área de conhecimento para outra. Muitas vezes, esses quadros de referência têm representações visuais que podemos ver ou imaginar em nossa mente. Hawkins dá o exemplo do DNA. Se você estudou genética, quando alguém fala sobre DNA, provavelmente seu cérebro evocará uma representação visual de uma hélice dupla que pode se abrir, o que ajuda na organização.

Se as pessoas estão aprendendo eficientemente, elas estão formando quadros de referência. Elas não estão simplesmente armazenando fatos, empilhando um em cima do outro, mas estão relacionando seu conhecimento com quadros de referência maiores e conceituais. Felizmente, esses quadros de referência têm representações mentais para fundamentá-los. Nossa recomendação é ajudar os alunos a aprenderem um conjunto de grandes ideias profundamente e bem, para que estas sirvam como quadros de referência que podem organizar todo o conhecimento.

Quando professores me pedem que os ajude a ensinar bem, mesmo com longas listas de conteúdo a ser ensinado, testes obrigatórios e perguntas desconexas nos livros didáticos, costumo dar um conselho: certifique-se de que as oito ou mais grandes ideias em seu nível de ensino sejam aprendidas por meio de atividades ricas e profundas, pois, se elas forem aprendidas profunda e conceitualmente, fornecerão uma estrutura para todo o resto da aprendizagem. Eu daria esse mesmo conselho a qualquer pessoa que esteja aprendendo um novo conteúdo. Em vez de focar pequenos detalhes, considere o panorama geral: o que os detalhes realmente significam? Como eles estão conectados entre si? Muitas vezes, conceitos importantes estão escondidos por trás dos detalhes que são apresentados.

Os alunos que são solicitados a aprender e lembrar termos em qualquer disciplina se sairiam bem ao adotar essa abordagem conceitual do seu conteúdo. Cathy Williams é cofundadora e codiretora do YouCubed, mas, antes disso e do seu trabalho como líder no distrito e no condado, ela era professora no ensino médio ensinando matemática e AVID (do inglês *advancement via individual determination*) — um programa que prepara os alunos, particularmente os mais vulneráveis, para um futuro universitário. Ela recorda que os estudantes chegavam até ela confusos e sobrecarregados pelos termos diferentes que eram dados para aprender. Quando diziam que tinham de memorizar palavras como *mitocôndrias*, *núcleo*, *ribossomos* e *citoplasma*, ela os convidada a escrever e visualizar uma história que fosse significativa para eles e que conectasse os termos de alguma maneira. Isso ajudou os alunos a se envolverem com as ideias e passarem de uma abordagem de memorização e foco detalhado para conceitualização e visão do panorama geral.[11]

CONEXÕES MATEMÁTICAS

Outro objetivo geral em nosso trabalho para o estado foi compartilhar a matemática como um conjunto de ideias conectadas. Se você pedir que um matemático ponderado descreva sua disciplina, ele falará sobre um pequeno conjunto de ideias importantes, com muitas conexões ricas, semelhante aos mapas em rede na Figura 6.2 e aos quadros de referência descritos pelo neurocientista Jeff Hawkins. Entretanto, quando os escritores de padrões definem o conteúdo, eles pegam o mapa de ideias interconectadas e o cortam em pedaços minúsculos, os quais são, então, compartilhados com os professores como centenas de padrões curriculares. Não é de admirar que os alunos considerem a matemática uma disciplina desconectada; é assim que ela é apresentada aos professores. Os mesmos padrões pequenos e desconectados são usados pelos autores de livros didáticos para criar as questões. Quando apresentamos as grandes ideias para o estado, compartilhamos as conexões entre elas — trazendo de volta as relações entre os diferentes conceitos, que mostram como as ideias podem se desenvolver, uma a partir da outra e uma com a outra.

Jim Stigler, um psicólogo da University of California, Los Angeles (UCLA), estuda as formas como os especialistas retêm conhecimento. Ele e sua equipe enfatizam a importância da compreensão conceitual, das representações mentais e das conexões entre estas para o desenvolvimento de *expertise*.[12] Eles apontam que, quando as pessoas desenvolvem compreensão relacionada, elas são mais eficientes na resolução de problemas. Quando as pessoas se recordam e tentam implementar um conhecimento que não está relacionado a outros conceitos, como a relação entre uma parte e o todo, a resolução do problema para, e elas desistem. Por sua vez, uma pessoa com conhecimentos relacionados a quem é feita uma pergunta sobre proporção e que recorda o que aprendeu sobre operações será capaz de relacionar seus conhecimentos e seguir um caminho para resolver a pergunta sobre proporção.

Sarah Nolan é uma professora de 4º e 5º anos na Califórnia que fez parte de um grupo de educadores que trabalhavam comigo e minha equipe em Stanford. Sarah foi inspirada pela ideia de ensinar matemática como uma disciplina conceitual e conectada. Ela começou a ensinar a partir de nossos livros sobre grandes ideias e explicou à sua turma que eles buscariam juntos conexões entre as ideias.[13] Ela lhes disse que a matemática é uma teia conceitual e que juntos eles veriam como os fios entre os conceitos os ajudavam a entender outros conceitos. Sarah expôs os tópicos matemáticos na parede da sala de aula como grandes ideias para aquele ano e demonstrou uma forma de indicar as conexões entre elas. Os alunos, então, assumiram o processo, acrescentando suas próprias conexões sempre que as viam. Isso aconteceu de modo orgânico — quando encontravam conexões, os estudantes as escreviam em folhas de papel, as quais a turma prendia a um cordão que conectava as ideias na parede. Uma fotografia da parede com as conexões, tirada na metade do ano, é apresentada na Figura 6.3, e um vídeo da sala de aula de Sarah incluindo os mapas das conexões pode ser encontrado em youcubed.org. No fim do ano, a parede parecia uma teia de aranha. Quando Sarah retirou as conexões dos alunos, aqueles que haviam contribuído perguntaram se poderiam levá-las para casa — eles estavam orgulhosos das suas descobertas das conexões!

Outro de meus métodos favoritos para ajudar as pessoas a desenvolverem conhecimento conceitual e conectado das ideias é fazer anotações visuais.[14] Uma equipe de pesquisadores da Espanha e da Austrália descreve as anotações visuais como "[...] uma forma de reflexão visual que integra anotações e esboços para explicar tópicos científicos".[15] Dois professores gentilmente compartilharam as anotações visuais que fizeram mostrando algumas das minhas ideias de ensino (Figura 6.4).

As pessoas estão cada vez mais usando anotações visuais para representar e lembrar-se de ideias compartilhadas em conferências, *workshops* e reuniões de negócios, mas os professores também podem mostrar aos alunos como usá-las para enfatizar as grandes ideias e suas conexões, um foco que todos devem desenvolver, independentemente do que estiverem aprendendo.[16] Gosto particularmente das anotações visuais porque sua forma, de modo muito parecido com o conceito de mapas, pode comunicar ideias de um modo que os métodos tradicionais não fizeram ou não conseguiram fazer. O capítulo anterior mostrou pesquisas sobre o valor de ver a matemática visualmente, e as anotações visuais são uma ótima maneira de os estudantes fazerem suas próprias representações visuais.

FIGURA 6.3 Conexões matemáticas na sala de aula de Sarah Nolan.

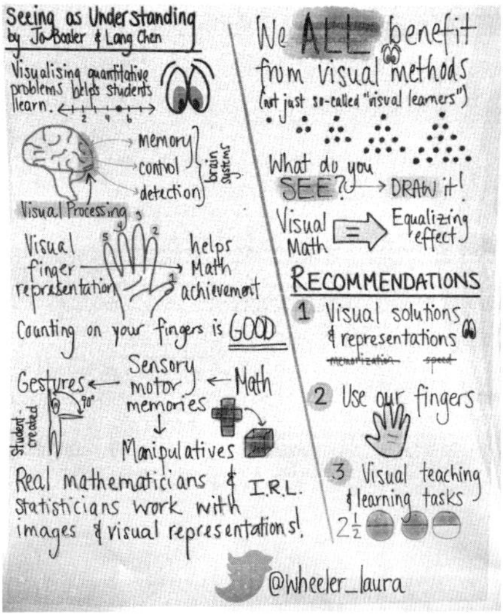

FIGURA 6.4 Duas anotações visuais compartilhando minhas ideias de ensino.*
Fonte: Laura Wheeler e Impact Wales.

* N. de R. T. Veja a imagem traduzida na página do livro em loja.grupoa.com.br.

Janet Nuzzie, uma líder no ensino de matemática, trabalha para ajudar os alunos a aprenderem matemática com profundidade, compreensão e ideias de mentalidade. Ela e eu esboçamos alguns dos conceitos mais importantes no ensino de frações, que são apresentados na Figura 6.5.

Pesquisas mostraram que quando os alunos fazem anotações em dispositivos eletrônicos eles retêm menos do que quando desenham ou anotam as ideias à mão.[17] A tomada de notas tradicional — escrevendo as ideias textualmente — envolve um processamento superficial, ao passo que criar anotações visuais requer processar a informação, considerar o panorama geral, o visualizar e o reestruturar — todos esses atos de aprendizagem valiosos.

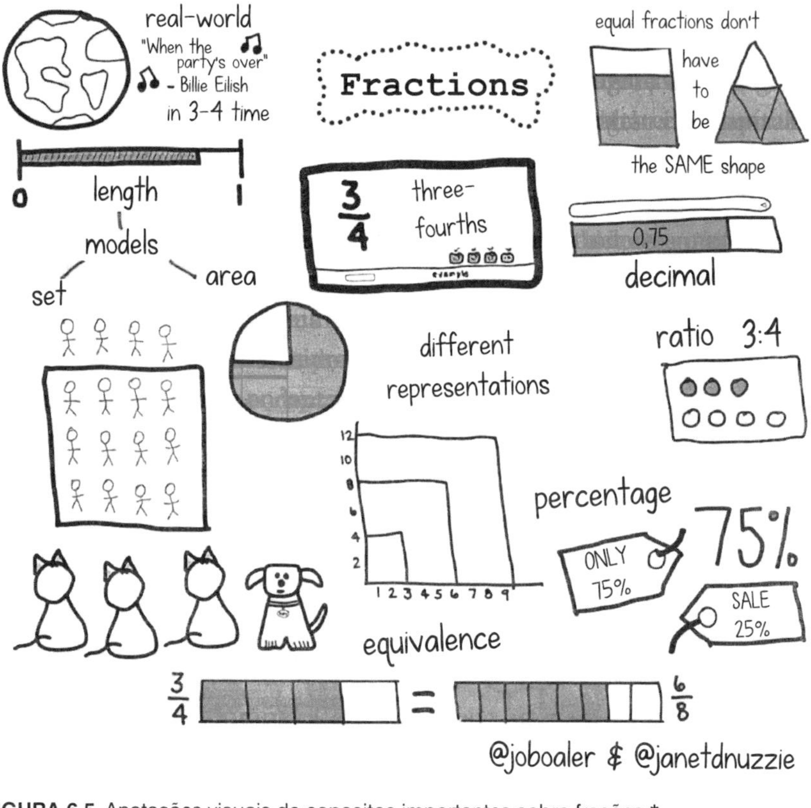

FIGURA 6.5 Anotações visuais de conceitos importantes sobre frações.*

* N. de R. T. Veja a imagem traduzida na página do livro em loja.grupoa.com.br.

As pesquisas ainda descobriram que os alunos que fazem anotações visuais das ideias aumentaram seu desempenho na resolução de problemas com enunciado em matemática e expandiram seu engajamento e sua motivação — isso foi particularmente impactante para estudantes com diferenças de aprendizagem.[18] Heidee Vincent, uma professora universitária de matemática, usa anotações visuais para ajudar seus alunos a compreenderem matemática; suas anotações mostrando ideias importantes sobre letramento de dados, estatística e ciência de dados são apresentadas na Figura 6.6.[19]

Encorajo você a tentar fazer uma anotação visual das ideias com as quais está trabalhando em sua vida. Caso se sinta hesitante por achar que não sabe desenhar, considere o uso de ícones que são fornecidos gratuitamente na internet.[20] Lembre-se (e a seus alunos) de que o objetivo principal de uma anotação visual não é produzir uma bela obra de arte, mas representar ideias, dar um significado pessoal a elas e pensar conceitualmente, fazendo conexões.

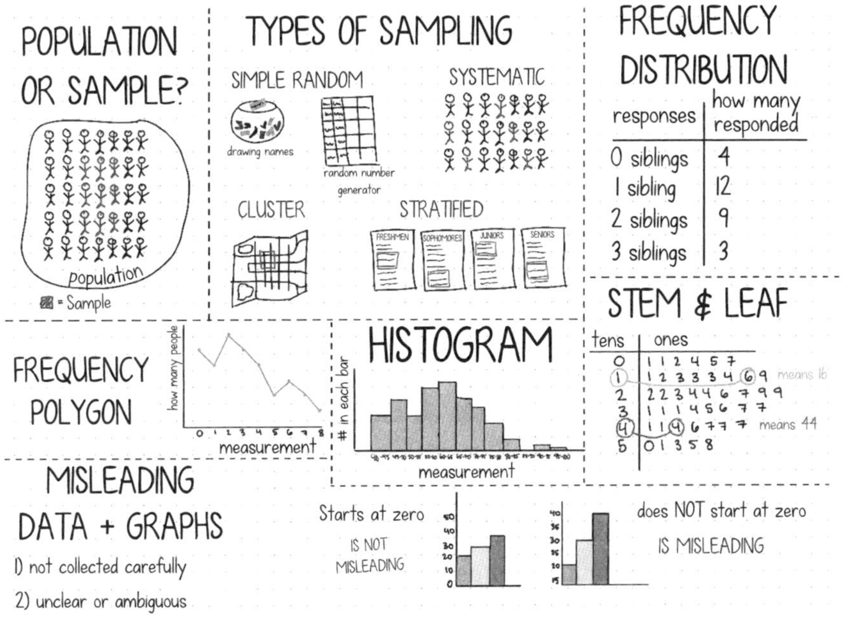

FIGURA 6.6 Anotação visual de Heidee Vincent.*

* N. de R. T. Veja a imagem traduzida na página do livro em loja.grupoa.com.br.

ENSINAR CONCEITOS E CONEXÕES

Lembro-me do dia em que Shelah Feldstein, diretora de matemática do gabinete do condado de Tulare, Califórnia, foi parar na minha sala em Stanford.

Ela me perguntou se eu ajudaria os líderes do condado a trazerem a abordagem que estávamos recomendando — de os estudantes trabalharem em grandes ideias e conexões — para educadores do 5º ano na região. Juntas, criamos um plano para os professores fazerem meu curso *on-line* de educação em matemática e depois se reunirem em grupos para planejar mudanças na sala de aula baseados nas novas ideias que estavam aprendendo.[21] Iniciamos no ano letivo seguinte, e, durante aquele período, os educadores começaram a fazer mudanças em suas salas de aula. Quando fizeram isso, eles começaram a ver a aprendizagem matemática de seus alunos florescer.[22]

Aquele ano foi apenas o começo; os professores na área continuaram a se engajar na aprendizagem profissional, enquanto os líderes no condado espalhavam as novas ideias para outros educadores. Professores em todos os níveis começaram a aprender essa abordagem de ensino diferente.

Alguns anos depois daquela reunião inicial, me encontrei com alguns dos professores do 4º ano, Annie Braun, Jeremy Kemp e Stephanie Gomes. Eles estavam animados para discutir a forma como haviam mudado como profissionais

— encorajando os estudantes a pensarem de maneiras novas e celebrarem os erros —, mas havia um aspecto da sua mudança que me interessou em particular.

Jeremy descreveu uma "descoberta surpreendente". Ele havia envolvido seus alunos em uma tarefa de frações rica, profunda e estendida, mas estava ficando nervoso sobre os outros conteúdos no currículo que tinha que ensinar — decimais, geometria, medidas e outros tópicos. Seu nervosismo se dissipou rapidamente quando ele passou para os decimais:

> As crianças haviam passado tanto tempo nas frações, aprendendo os pormenores, que foram capazes de transportar seu conhecimento desse conceito e aplicá-lo a outros aspectos da matemática. Quando trocamos para os decimais, fiquei impressionado com sua facilidade com os conceitos — eles foram capazes de transportar o que haviam aprendido nas frações e, mesmo sem praticar, conseguiram aplicar aos decimais. Foi fantástico.

Annie e Stephanie concordaram, acrescentando que era raro que os alunos vissem conexões matemáticas, o que todos acharam "muito legal e fantástico". Ao fim do primeiro ano do nosso trabalho com os líderes e os professores no Vale Central, Califórnia, os estudantes que tinham estado em sua jornada de aprendizagem apresentaram desempenho em níveis significativamente mais altos nos testes estaduais de matemática — especialmente as meninas, os alunos de línguas (às vezes referidos como estudantes de língua inglesa [ELL, do inglês *english language learners*] ou alunos de inglês como segunda língua [ESL, do inglês *english as a second language*]) e os alunos de lares de baixa renda — todos os quais normalmente têm desempenho insuficiente em matemática.[23] Depois de realizado o desenvolvimento profissional bem planejado com os professores, os alunos no condado de Tulare começaram a experimentar a matemática como uma disciplina conceitual, conectada e diversificada.

O SUCESSO ESTÁ LIGADO AO ENSINO CONCEITUAL

Nem todos os estudantes têm uma experiência de instrução matemática significativa como essa; testemunhei muitas vezes problemas que os alunos enfrentam quando não lhes foi ensinado a abordar a matemática como uma disciplina conceitual e conectada. Em uma dessas ocasiões, eu estava observando uma ótima professora — Cathy Humphreys — lecionar para um grupo de alunos dos anos finais do ensino fundamental na Califórnia, todos os quais eram designados como estudantes de línguas.[24] Cathy tinha sido contratada para ensinar uma unidade sobre frações; a professora do ensino regular havia dito que os estudantes estavam tendo dificuldades para aprender o assunto. Cathy planejou aulas que os convidassem a aprender as frações visual e conceitualmente. Durante uma das aulas, Cathy lhes mostrou a representação visual na Figura 6.7 e fez uma pergunta à turma que achou que seria fácil de responder: "Que fração desta forma está sombreada?".

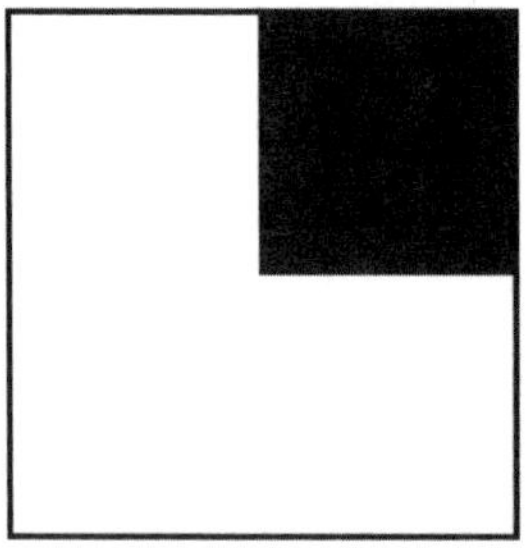

FIGURA 6.7 Um quarto.

Rapidamente, ela notou que poucos alunos estavam erguendo as mãos, e todos eles pareciam inseguros, por isso os convidou a discutir o problema em grupos. Foi quando ouvi uma das discussões matemáticas mais fascinantes e esclarecedoras que já presenciei. Aqui está uma parte dela:

HUGO: Acho que é um meio — há duas formas, e uma está sombreada.

LUCAS: Acho que é um terço.

SOFIA: Acho que é um inteiro.

HUGO: Não, é metade — uma de duas partes.

PABLO: Acho que é um quarto.

LUCAS: Por quê?

PABLO: Bem, se você imaginasse linhas bem aqui e aqui (*ele divide a forma, mostrando as linhas com um lápis no ar, dividindo-a horizontal e verticalmente*)...

LUCAS: Mas não há linhas aqui. Além disso, ela não falou "Vocês podem provar", apenas disse "Que fração está ali?".

Não fiquei surpresa ao ouvir os alunos dizerem que a resposta era um meio ou um terço, pois esses são equívocos comuns. O que foi tão interessante para mim foi o fato de que, quando Pablo deu uma explicação clara e correta de por que a forma era um quarto, mostrando as linhas que podiam ser traçadas para dividir a forma em quatro partes iguais, Lucas contestou, mencionando a ausência de linhas visíveis.

O que testemunhamos nessa interação foi um aluno seguindo o que ele achava que fossem as regras da aula de matemática — você responde à pergunta formulada; você não muda a questão, acrescentando linhas, por exemplo. Todavia, o que Pablo estava fazendo é um dos atos matemáticos mais importantes que um aluno pode aprender — é chamado flexibilidade da forma. Assim como a flexibilidade numérica é importante, permitindo mudarmos os números para números mais amigáveis de calcular, a flexibilidade da forma nos permite movimentar partes de uma forma ou acrescentar linhas para melhorar a compreensão. Michael Battista se refere a isso como estruturação espacial,[25] que está intricadamente associada ao senso numérico.[26] Lucas demonstrou estar muito atento à linguagem da professora, argumentando que talvez eles pudessem ter adotado a abordagem flexível de Pablo se lhes tivessem pedido para *provar* sua resposta em vez de apenas dizer a fração. As duas respostas indicaram para mim que Lucas tinha aprendido a seguir regras e que sua aprendizagem das regras estava interferindo na sua habilidade de considerar o raciocínio matemático preciso de Pablo.

A aula ficou ainda mais interessante quando Cathy pediu que a turma compartilhasse suas discussões. Jesús foi até o quadro e deu uma explicação lindamente clara, mostrando a forma dividida em quatro partes e dizendo:

> Acho que é um quarto porque, se você dividir bem aqui e aqui (*ele divide o quadrado em quatro*), terá quatro quadrados, e todos eles têm a mesma área, e, se você sombrear uma, ela seria um quarto.

Cathy perguntou à turma se Jesús os convenceu, dizendo que, em caso negativo, eles deveriam lhe fazer uma pergunta que os convencesse; ela convidou a classe a "responsabilizá-lo pelas suas provas". Foi quando, então, Jorge fez uma pergunta surpreendente a Jesús. Ele perguntou: "Quais são as regras?".

A turma aguardou em suspense. Jesús, no quadro, encolheu os ombros e parecia inseguro. Jorge prosseguiu, perguntando: “Como você sabe que está correto se não sabe as regras?”. Esses momentos são fascinantes para mim, pois ilustram, por meio de uma discussão em sala de aula, o que os pesquisadores denominaram “interferência cognitiva”.[27] Jorge e Lucas, e provavelmente muitos outros na turma, tinham aprendido regras para as frações. Essas regras tinham ocupado um lugar tão inflexível em sua mente que estavam bloqueando sua capacidade de pensar conceitualmente e considerar o raciocínio matemático que é a chave para sua compreensão. Era como se eles não achassem que raciocínio matemático e produção de sentido fossem atos legítimos; o que eles achavam que precisavam fazer era seguir as regras.

Ocorre um processo parecido quando jovens alunos aprendem algoritmos no começo da sua aprendizagem de aritmética e frações. Já vi professores realizando um trabalho importante, desenvolvendo senso numérico, mas, quando ensinam algoritmos, é como se toda a produção de sentido dos estudantes desaparecesse, e eles começam a seguir cegamente os algoritmos. (Discuti isso no Capítulo 5 em relação às frações.) Não estou me opondo ao ensino de algoritmos, mas acredito que os alunos frequentemente são apresentados a eles muito precocemente, antes que sejam capazes de compreendê-los de maneira razoável. Isso os empurra para o modo de cum-

primento de regras e parece afastá-los do pensamento conceitual que é tão importante.

Dolores Pesek e David Kirshner, pesquisadores do ensino da matemática, se interessaram pelo conceito de interferência cognitiva depois de observarem muitos casos em que os alunos eram prejudicados em seu pensamento matemático pelas regras que tinham aprendido.[28] Um dos casos envolvia a aprendizagem de álgebra,[29] um segundo caso envolvia a aprendizagem de números decimais,[30] e um terceiro caso envolvia a aprendizagem de frações.[31] Esses diferentes casos motivaram Pesek e Kirshner a investigar cuidadosamente a ideia de interferência cognitiva, a qual eles definem como um problema que ocorre quando "[...] conhecimentos prévios em um domínio são tão poderosos que espontaneamente interferem na aprendizagem posterior".[32]

Para investigar esse fenômeno, o qual especularam que poderia ser a raiz dos problemas matemáticos de muitos alunos, eles planejaram um estudo controlado.

Pesek e Kirshner consideraram as razões dos professores para não ensinarem conceitualmente. Ouviram de alguns educadores que eles não têm tempo para isso; outros afirmavam que o ensino conceitual só pode acontecer depois que os alunos aprenderem os métodos e as regras — se houver

tempo. Os pesquisadores conduziram um experimento com seis turmas do 6º ano, cujos estudantes foram divididos em dois grupos, mas não por desempenho. Ambos os grupos aprenderam a área e o perímetro de quadrados, retângulos, triângulos e paralelogramos. Um grupo recebeu cinco aulas de instrução tradicional, seguidas por três aulas de instrução conceitual; o outro grupo recebeu apenas três aulas de instrução conceitual. Os dois grupos foram submetidos a pré e pós-teste e a um pós-teste tardio. As aulas foram observadas e os estudantes foram entrevistados.

Na instrução tradicional, os alunos receberam as fórmulas para encontrar o perímetro e a área de quadrados, retângulos, triângulos e paralelogramos. O professor trabalhou com as questões; depois, os estudantes trabalharam em mais questões nos grupos. Ao final de cada aula, o professor revisava as fórmulas.

No ensino conceitual, que ambos os grupos receberam, os alunos eram convidados a inventar suas próprias maneiras de encontrar a área e o perímetro, considerando as relações entre os conceitos. Os estudantes foram convidados a desenhar ou medir com suas mãos, com ladrilhos quadrados ou com geoplanos (manipuladores matemáticos); eles estavam aprendendo as ideias com diversidade matemática.

O grupo com instrução tradicional recebeu oito dias de ensino, o que muitos professores acham o ideal: cinco dias de aprendizagem de métodos e regras e três dias de investigação conceitual. O outro grupo recebeu apenas o ensino conceitual durante três dias. Os resultados foram impressionantes: os alunos que só aprenderam por três dias tiveram níveis de desempenho significativamente mais altos em todas as diferentes avaliações do que aqueles que aprenderam por oito dias.[33]

Quando os pesquisadores investigaram os motivos para esse resultado fascinante, por meio de entrevistas e resultados dos testes, descobriram que os estudantes que aprenderam tradicionalmente haviam desenvolvido ideias fixas. Por exemplo, eles associavam a palavra *dentro* à área e *fora* ao perímetro. Quando foi perguntado de qual fórmula precisariam para medir a quantidade de tinta necessária para pintar uma sala, seis alunos disseram que não sabiam ou que precisariam saber o perímetro porque “paredes não têm área; elas dão a volta”. Os pesquisadores descobriram que a aprendizagem das regras havia interferido na sua aprendizagem dos conceitos, provavelmente porque o esforço mental de lembrar das fórmulas e das regras é grande, e os alunos pareciam focar elas em vez de o convite a pensar, raciocinar e resolver o problema.

Esse estudo parece particularmente significativo em relação à crença de muitos professores de que eles não têm tempo para envolver os estudantes profunda e conceitualmente. Os resultados dessa pesquisa demonstram que, ao contrário, pode levar muito menos tempo envolver os alunos desse modo (três oitavos do tempo), e o tempo despendido é mais eficiente.

Evidentemente, há outros problemas com o foco nas regras, como Jesús demonstrou anteriormente. Quando resistiu a uma explicação conceitual, em vez disso perguntando "Quais são as regras?" e "Como você sabe que está correto se não sabe as regras?", ele mostrou que, quando os alunos acham que seu papel em matemática é lembrar e seguir regras, eles desenvolvem uma relutância em se envolver em pensamento conceitual, alguns inclusive achando que isso "não é permitido".

Alguns professores que veem meus vídeos de alunos envolvidos em pensamento conceitual me dizem que, para eles, não é possível envolver os estudantes da mesma maneira, pois suas turmas são muito grandes. Considerando essa barreira relatada, fiquei entusiasmada quando membros do departamento de engenharia em Stanford me convidaram para ensinar cálculo para uma nova turma de calouros antes de iniciarem as aulas. Havia 99 alunos na turma. Levando em conta o grande número de pessoas, convidei os membros da minha equipe no YouCubed para ensinar comigo, um luxo que sei que muitos educadores não têm.[34] Nosso objetivo para aquele verão era ensinar os alunos com uma abordagem das grandes ideias e das conexões, criando várias oportunidades de aprenderem representações mentais de cálculo. Nossa tarefa se tornou ainda mais desafiadora e interessante pelo fato de que muitos deles haviam estudado cálculo em altos níveis na escola, enquanto outros não haviam tido nenhuma aula de cálculo. A diversidade de pensamento e compreensão é um desafio que todos os educadores enfrentam, independentemente do nível de instrução ou do conteúdo que ensinam ou de como as escolas agrupam os alunos de acordo com seu desempenho anterior. Todos os estudantes são diferentes, e considero essa diferença um recurso maravilhoso para criar ambientes de ensino e de aprendizagem estimulantes.

No Capítulo 3, falei sobre Steven Strogatz, um matemático aplicado da Cornell University que direcionou grande parte de sua vida e de seu trabalho para o compartilhamento da beleza da matemática com seus alunos e com o público geral.[35] Um dos objetivos de Steven, semelhante ao meu, é compartilhar a matemática como uma disciplina de conceitos e grandes ideias. Steven faz isso e muito mais em um livro que escreveu sobre cálculo, chamado *O poder do infinito*.[36] Se você conhece alguém que está aprendendo ou ensinando cálculo, recomendo que compartilhe esse livro, pois ele faz algo que muitos cursos de cálculo não fazem — fornece aos leitores um enquadramento conceitual das grandes ideias. Isto é o que Steven tem a dizer sobre as grandes ideias em contraste com a aprendizagem típica de cálculo:

> Uma grande ideia bonita atravessa toda a disciplina do início ao fim. Depois que tomamos conhecimento dessa ideia, a estrutura do cálculo se encaixa como variações de um tema unificador. Infelizmente, a maioria dos cursos de cálculo enterra o tema sob uma avalanche de fórmulas, procedimentos e truques. Pensando bem, nunca vi isso escrito em nenhum lugar, embora faça parte da cultura do cálculo e todos os especialistas saibam disso implicitamente. Vamos chamá-lo de Princípio do Infinito. Ele nos guiará em nossa jornada [...].[37]

É muito interessante que Steven nomeie a grande ideia como infinito, destacando que todos os especialistas sabem disso, mas também observando que ele *nunca* viu ser enfatizado na disciplina. Estou disposta a apostar que não só todos os especialistas conhecem essa ideia, como todos eles também têm representações mentais sobre as grandes ideias de cálculo.

Quando os novos alunos de Stanford chegaram à nossa classe de cálculo naquele verão, estava claro que eles não tinham sido apresentados a essa ideia ou ao cálculo de forma conceitual, mas a métodos, regras e procedimentos. Minha equipe e eu decidimos que ensinaríamos as grandes ideias de cálculo, acreditando que isso seria útil para aqueles que haviam cursado aulas de cálculo anteriormente, pois isso ofereceria uma estrutura conceitual em que eles poderiam incluir seu conhecimento dos métodos e das regras e lhes proporcionaria as tão necessárias oportunidades para desenvolver representações mentais e ver as conexões matemáticas. Para os que nunca haviam cursado cálculo, achamos que a abordagem forneceria uma introdução acessível e significativa às ideias. O livro de Steven foi um recurso auxiliar e seus capítulos nos ajudaram a planejar as aulas focadas nas grandes ideias. Steven descreve melhor a grande ideia do cálculo dessa maneira:

> O cálculo é processado em duas fases: corte e reconstrução. Em termos matemáticos, o processo de corte sempre envolve subtração infinitamente fina, que é usada para quantificar as diferenças entre as partes. Por conseguinte, essa metade da disciplina é denominada cálculo diferencial. O processo de remontagem sempre envolve adição infinita, que integra as partes de volta à totalidade original. Essa metade da disciplina é denominada cálculo integral.[38]

Para estimular os alunos a refletirem sobre a grande ideia do corte em pequenas partes e a reconstrução em um todo — e criar modelos mentais desse processo —, adaptamos uma aula que observei na Railside School. Convidei os estudantes a apresentarem ideias para encontrar o volume de um limão. Uma das principais aplicações do cálculo está em descobrir o volume de formas curvas complexas.[39] Em sua aprendizagem anterior, talvez eles tenham desenhado formas, mas essa tarefa lhes deu a oportunidade de ter a forma complexa em suas mãos e de infundir as ideias de cálculo na sua modelagem mental da forma. Agrupamos os alunos, demos um limão a cada grupo e os convidamos a investigar as maneiras de encontrar o volume do seu limão. Os estudantes receberam uma variedade de ferramentas investigativas — uma faca e uma tábua de cortar, uma jarra com água, cordão, paquímetros digitais, massa de modelar, transferidores e réguas.[40]

A Figura 6.8 mostra algumas das ideias dos estudantes para encontrar o volume de um limão.

Naquele verão, enquanto os alunos aprendiam as grandes ideias de cálculo, eles eram tocados pelas experiências de ter modelos físicos em suas mãos; de analisar objetos reais, como rodas e flocos de neve; e de aplicar os métodos que muitos deles haviam aprendido previamente na escola. Uma aluna, Sofia, fez essa reflexão em uma entrevista:

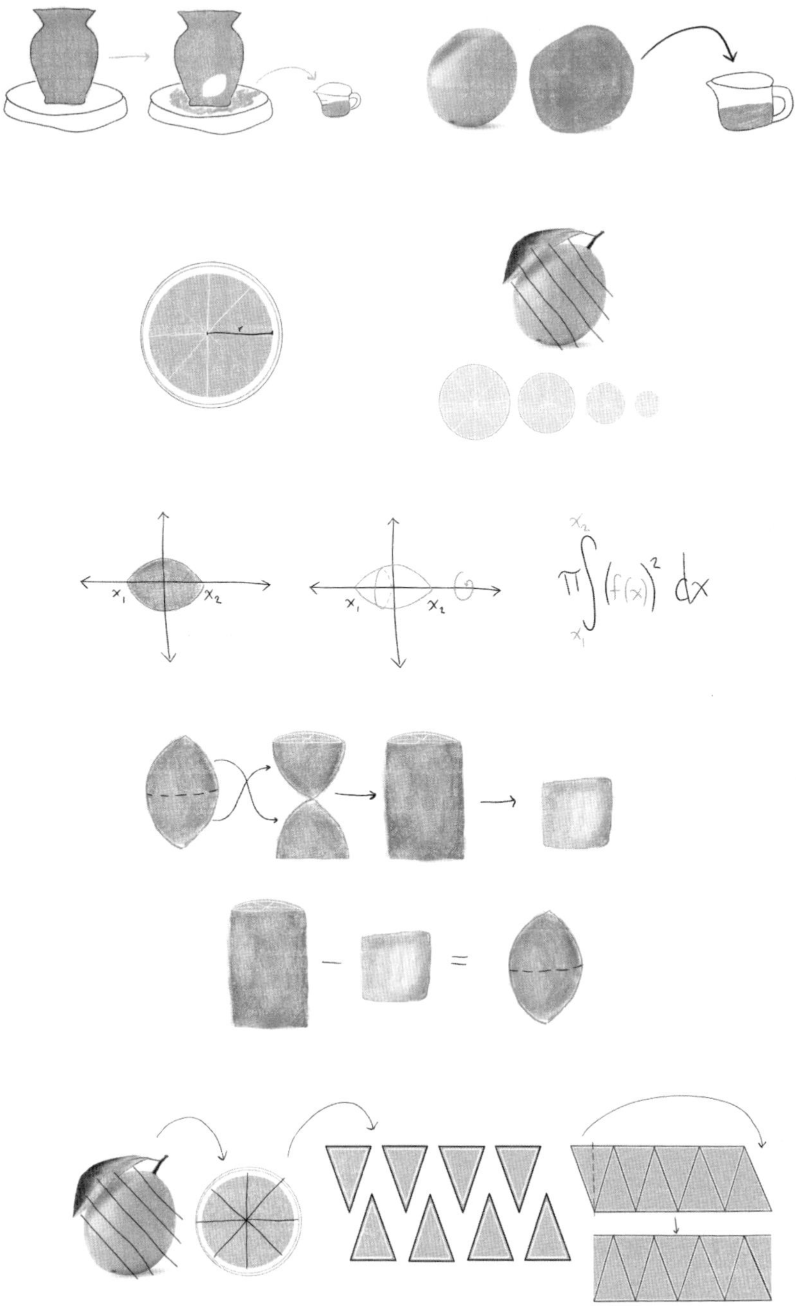

FIGURA 6.8 Diferentes maneiras de visualizar somatório e integração.

> O primeiro problema que realmente ajudou a abrir meus olhos foi o problema do limão. Meu grupo pensou de forma muito criativa sobre os três métodos que tentamos, e manipular o limão fisicamente me ajudou a ver por que os diferentes métodos funcionaram bem. Mas foi no final disso, quando discutimos o problema com a turma, que vi que todas as soluções do meu grupo eram basicamente diferentes maneiras de fazer o somatório e a integração. Aquela foi a primeira vez que vi a fórmula e o gráfico de integração, e isso realmente fez sentindo para mim. Desde aquele problema, tenho andado meio que em alta na classe. Agora sinto que se me esforçar o suficiente e se pensar de forma suficientemente criativa poderei descobrir qualquer coisa.[41]

Para ela, trabalhar com o limão e experimentar a diversidade matemática lhe deu a ideia importante de que ela poderia aprender qualquer coisa, o que lhe permitiu se sentir "em alta" durante o restante das aulas. A resposta de Sofia também resume a importante abordagem de ensino que discutirei no próximo capítulo — os alunos investigaram ideias, depois uma discussão de toda a turma foi o contexto para que os métodos fossem introduzidos, conectados e refletidos.

Alguns dos alunos consideraram "elementar" o uso dos manipulativos físicos que lhes demos para incorporar as ideias de cálculo,[42] como limões, bolas, flocos de neve e *minibikes*, mas ainda assim relataram que essas experiências lhes proporcionaram uma compreensão mais aprofundada dos conceitos que previamente só haviam encontrado como fórmulas a serem memorizadas.[43] Outro aluno, Alec, nos contou que sempre teve a expectativa de apenas "aceitar a verdade" das ideias matemáticas; agora sua experiência de "brincar com blocos, cordas e limões como alunos do ensino fundamental" lhe permitiu entender as ideias genuinamente. Isso o ajudou a desenvolver compreensão conceitual e domínio pessoal das grandes ideias de cálculo.

. . .

É sempre emocionante quando sou convidada a visitar uma escola, mas recentemente recebi um convite que foi muito especial. Ele partiu de Julie

Shaw, a dinâmica diretora de uma escola de ensino fundamental IB em uma reserva das Primeiras Nações no Canadá. A escola Senpaq'cin, que é aberta para qualquer aluno, atende principalmente o povo Nk'mip, que compõe uma das sete faixas das terras tradicionais da nação Okanagan, circundando a área de Kelowna, no Canadá.[44] Pela nossa troca de *e-mails*, eu já tinha uma noção de que Julie era alguém com uma mentalidade de crescimento, mas me convenci disso quando o voo que Cathy Williams e eu íamos pegar para a escola foi cancelado. Julie entrou em ação, procurando outras rotas, empresas aéreas e carros. Felizmente, conseguimos resolver o problema e chegar à escola na manhã seguinte, animadas e honradas por sermos incluídas nas atividades do dia.

A manhã começou com um rufar de tambores — uma cerimônia realizada diariamente pelos diferentes estudantes, professores e membros da comunidade e assistida por toda a escola. O chefe da banda, Clarence Louie, conversou comigo depois que chegamos e observava com orgulho enquanto os estudantes tocavam seus tambores. O dia estava frio em Kelowna, mas ninguém parecia se importar enquanto os alunos tocavam e cantavam juntos, em um claro senso de unidade.

Julie havia pedido que Cathy e eu déssemos duas aulas, uma para os alunos do 3º ao 5º ano e uma para os alunos do 6º ao 7º ano. Iniciei as aulas compartilhando as mensagens importantes que conhecemos da neurociência: contei aos estudantes que sua aprendizagem era ilimitada e que os caminhos neurais estavam crescendo, se fortalecendo e se conectando o tempo todo. Falei que as dificuldades e os desafios eram os momentos mais importantes para eles, que matemática não era sobre pensar rapidamente e que todos os problemas matemáticos podem ser vistos e resolvidos de diferentes maneiras. Também lhes disse que abordar a matemática com diferentes maneiras de ver e resolver problemas, com múltiplas representações, resulta em conexões cerebrais importantes. Depois disso, trabalhamos em uma conversa de pontos (apresentada no Capítulo 5) para ajudar a dar vida a essa mensagem. Os estudantes ouviram atentamente as mensagens sobre o cérebro e, então, prontamente compartilharam as diferentes maneiras como viam os sete pontos.

Depois dessa atividade, Cathy e eu contamos que estivemos apreciando a beleza matemática em várias peças de arte indígena, as quais lhes mostramos. Cathy, então, mostrou uma figura de um apanhador de sonhos (Figura 6.9) e perguntou aos alunos o que a imagem significava para eles. Os estudantes falaram sobre o papel do apanhador de sonhos em sua vida e na sua cultura. Cathy, então, pediu que eles pensassem matematicamente sobre a imagem, aplicando uma lente matemática ao mundo, o que é uma atividade importante.

FIGURA 6.9 O apanhador de sonhos.

Os alunos em todas as turmas ficaram entusiasmados por compartilhar o que viam na imagem, incluindo formas como triângulos, trapézios e círculos, bem como itens da vida real, como um *notebook*, um rio e uma sala. Quando Cathy perguntou "Quantos triângulos vocês veem?", eles decidiram que a resposta era "um número infinito", pois cada triângulo pode ser cortado ao meio e depois ao meio novamente. Algumas pessoas poderiam olhar para a forma e dizer que não há verdadeiramente triângulos, já que os lados das formas triangulares são curvados. No entanto, ficamos felizes ao abordar a forma com uma lente *ish* (discutido no Capítulo 4). Há formas semelhantes (*ish*) a triângulos no apanhador de sonhos. Para que uma lente matemática seja útil, precisamos adotar a qualidade *ish* dos números e das formas no mundo, tanto quanto as versões mais precisas. É provável que as versões *ish* sejam muito mais úteis para as pessoas. Sobretudo, devemos ajudar os alunos a aprenderem a usar tanto as versões imprecisas quanto as versões precisas das formas e dos números, dando-lhes a capacidade de transitarem entre a visão do todo e o pensamento focado.[45]

Nossa visita à escola foi mágica, e fiquei honrada por aprender mais sobre a cultura do povo Okanagan e trabalhar com os estudantes e os professores. Todavia, a colaboração se tornou ainda mais especial quando recebi o *e-mail* de Lisa van den Munckhof, a professora de 6º e 7º ano que havia assistido nossa aula com seus alunos naquele dia. Ela compartilhou o trabalho que tinha sido realizado após a nossa visita. Primeiramente, ela convidou os estudantes a projetarem seus próprios apanhadores de sonhos, dando-lhes espaço para acessar seu conhecimento prévio, usar seu próprio pensamento e ativar o que Zaretta Hammond* chama de seu próprio "capital cultural" (Figura 6.10).[46] Esse trabalho focou a grande ideia dos padrões matemáticos.

Depois que fizeram seus apanhadores de sonhos e estudaram os padrões que continham, Lisa engenhosamente os levou até o domínio das variáveis, ajudando-os a descrever seus padrões usando álgebra. Lisa contou que esse trabalho foi difícil e que eles estavam "no poço",** que é o melhor lugar para aprender e crescer. Ela disse que até mesmo cometeu um erro em um ponto da discussão, o que a turma celebrou com um "toca aqui", pois eles haviam aprendido a fazer isso sempre que cometiam um erro. O que é mais importante é que Lisa contou que a atividade possibilitou "grandes conexões" para os alunos. Não me causa surpresa que os professores e os estudantes ficaram inspirados pelas conexões que encontraram entre os padrões e a álgebra, já que é dentro das conexões matemáticas que é encontrada a verdadeira beleza. Os padrões que os alunos criaram eram deles, eram culturalmente significativos e faziam com que os conceitos abstratos de álgebra ganhassem vida.

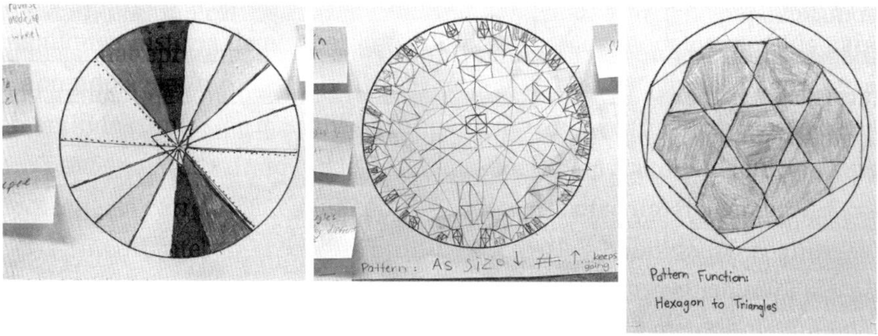

FIGURA 6.10 Projetos dos alunos dos seus próprios apanhadores de sonhos.

* N. de R. T. Grande expoente da educação para as relações étnico-raciais. Por meio da neurociência, mostra como as desigualdades de raça, classe e gênero têm impacto na aprendizagem.

** N. de R. T. Jo Boaler defende que o processo de aprendizagem por conceitos não é linear e que, quando nos deparamos com uma situação que nos leva ao limite do nosso conhecimento, vamos "ao fundo do poço". Esse momento de esforço de teste de conjecturas é essencial para irmos além na nossa aprendizagem.

Nossa experiência de trabalhar com a escola e aprender sobre o valor de preservar e honrar o povo e a cultura indígena* foi tão poderosa que motivou uma nova iniciativa para trabalhar com educadores indígenas em todo o mundo, a fim de compartilhar muitos exemplos diferentes da arte e da matemática indígena.[47]

A abordagem que apresentei neste capítulo — de ensinar e aprender de formas que permitam que as pessoas desenvolvam compreensões conceituais e conectadas — é uma parte importante da diversidade matemática. As tarefas ricas proporcionam aos alunos oportunidades de se esforçarem, permitem que desenvolvam representações mentais e os ajudam a acessar a compreensão conceitual que utilizarão pelo resto de sua vida.[48]

A abordagem de pensar conceitualmente e procurar conexões não é apenas para os estudantes; todos nós podemos adotá-la para adquirir conhecimento, o que provavelmente nos conduzirá a muita beleza e percepções. Um dos meus métodos favoritos para desenvolver percepções conceituais das grandes ideias é fazer registros diários ou anotações visuais. Anotar palavras ou representações visuais é um ótimo exercício para ouvir ideias, conectá-las e manter um registro delas.

No Capítulo 4, compartilhei que muitas vezes apresento um vídeo de uma das minhas antigas alunas de graduação em Stanford, Yasmeena, resolvendo um problema de matemática visualmente, de uma forma que enfatiza as conexões matemáticas. O que é interessante para mim é o impacto do vídeo — as pessoas ficam maravilhadas com a beleza dos conceitos e das conexões matemáticas que conseguem ver em representações visuais e em movimento. Sou apaixonada por mudar as experiências de matemática dos alunos e dos professores, pois sei que essa beleza está disponível para todos nós quando abordamos a matemática como um conjunto de conceitos, grandes ideias e conexões.

---

* N. de R. T. No Brasil, a Lei nº 10.369, de 2003, determina como obrigatório o ensino de história e cultura afro-brasileira em todas as escolas públicas e privadas. Em 2008, foi aprovada a Lei nº 11.645, que incluiu também a obrigatoriedade de história e cultura indígena. Infelizmente, essas leis ainda não são colocadas em prática na maioria das instituições de ensino no país.

7

DIVERSIDADE NA PRÁTICA E AVALIAÇÃO FORMATIVA

Espero que, a essa altura, você, seus alunos ou seus filhos tenham tentado abordar a matemática com uma lente da diversidade e *ish-ness*, pensando conceitualmente sobre as conexões entre as ideias e os pensamentos metacognitivos profundos e fazendo a importante pergunta *Por quê?* com a maior frequência possível. Espero que agora você esteja explorando a matemática na aprendizagem e na vida com essa abordagem conceitual flexível. Talvez você até tenha tido algumas boas conversas com outras pessoas, propondo conjecturas e assumindo o papel de um cético. Espero que, se for um professor ou pai/mãe iniciante na diversidade matemática, tente todas essas formas de interação com a disciplina e quem sabe comece a convidar os alunos a experimentá-la com essas maneiras diversificadas e atraentes.

Ao longo dos anos, muitas pessoas experimentaram algumas dessas ideias e voltaram para pedir mais orientações. Muitas vezes, me fazem perguntas como estas:

- Agora que já envolvi os alunos dessa maneira, com investigações e discussões, devo lhes dar uma folha de atividade para praticarem?
- Depois que os estudantes exploraram, devo lhes dar um teste para saber se eles aprenderam as ideias?
- Como os avalio bem?

Este capítulo responderá a essas perguntas importantes, enfatizando que, quando os alunos praticarem ou trabalharem em avaliações, eles devem continuar a se deparar com a diversidade matemática e se engajar de forma profunda, estratégica e conceitual.

PRÁTICA DIVERSIFICADA E DELIBERADA

Um dos especialistas que ajudou a moldar meu pensamento em formas produtivas de prática é Anders Ericsson,[1] um psicólogo suíço e professor na Florida State University. Ele e seu coautor, Robert Pool, descreveram de forma célebre uma parte importante do processo de tornar-se um *expert* em qualquer área como o engajamento em "prática deliberada".[2] Ericsson a define como uma prática que é intencional e conduz a representações mentais especializadas, com um claro ciclo de devolutivas sobre as formas de melhorar. Quando Ericsson lançou seu trabalho e defendeu que a prática era tão importante para o desenvolvimento de *expertise*, aqueles que promovem o ensino tradicional alegaram que suas abordagens eram idealmente adequadas para permitir essa prática. Entretanto, as oportunidades que são oferecidas nas salas de aula de matemática tradicionais ficam aquém em muitos aspectos. Prática deliberada é o envolvimento com ideias *significativas*, por meio das quais os alunos desenvolvem *modelos representacionais*, e isso inclui um claro *ciclo de devolutivas* para proporcionar oportunidades de melhoria.[3] Em uma sala de aula de matemática tradicional, os alunos praticam o conteúdo sem significado, diversidade ou desafios; eles não são incentivados a desenvolver modelos representacionais; e as devolutivas que recebem dos testes são uma pontuação bruta, sem informações sobre como melhorar. Felizmente, podemos fazer muito melhor, e, quando o fazemos, os estudantes florescem.[4]

UM CASO DE DIVERSIDADE MATEMÁTICA

Quando me inscrevi para fazer o doutorado no King's College London, sabia o que queria investigar. Eu havia passado os dois últimos anos no mestrado em ensino de matemática, fazendo aulas à noite depois de lecionar em uma escola pública em Londres durante o dia (anos finais do ensino fundamental ao ensino médio). Eu me sentia pronta para o desafio de um doutorado e escrevi uma proposta para um programa de financiamento altamente competitivo, o qual, se eu fosse bem-sucedida, concederia uma bolsa para financiar meu tempo de estudo sobre o ensino e a aprendizagem de matemática. Alguns meses depois, fiquei sabendo que a bolsa tinha sido concedida e decidi deixar meu trabalho como educadora e voltar a me tornar estudante em tempo integral durante os anos seguintes.

A proposta que eu havia delineado com sucesso foi meu plano para estudar duas abordagens diferentes do ensino e da aprendizagem de matemática e coletar evidências sobre a eficácia de cada uma delas. Eu tinha observado que havia muita discussão e controvérsia sobre as maneiras de ensinar matemática, mas poucos dados ou evidências científicas que as embasassem. Decidi tentar ajudar contribuindo para a área com dados e evidências. Acompanhei uma coorte de alunos durante os três anos seguintes, dos 13 aos 16 anos, época do final da escolarização obrigatória no Reino Unido. Os alunos estavam em duas escolas diferentes, as quais escolhi com base no fato de serem muito parecidas em relação a desempenho e dados demográficos, mas totalmente diferentes em termos de como ensinavam matemática. Passei centenas de horas nas salas de aula das duas instituições, coletando múltiplos dados. Estes incluíram observações em sala de aula, entrevistas com professores e alunos, avaliação da compreensão dos estudantes e análises de desempenho em exames.[5] Esse estudo detalhado de como as diferentes abordagens de ensino afetam a aprendizagem ganhou o prêmio de melhor tese de doutorado em educação no Reino Unido da British Educational Research Association (BERA).

Em uma das escolas (a qual chamei de Amber Hill), os educadores usavam uma abordagem típica para ensino de matemática, em que o professor explicava os métodos aos alunos, que, então, os praticavam trabalhando com as perguntas do livro didático. Os estudantes receberam centenas de horas de prática, e seus professores eram qualificados e apoiadores. Na outra escola (a qual chamei de Phoenix Park), os professores apresentavam aos alunos ideias e atividades, lhes davam a oportunidade de investigá-las, os convidavam a uma discussão com toda a turma, que desenvolvia e conectava as ideias, e, então, resumiam as ideias principais.[6]

Como um exemplo, os alunos na Phoenix Park estavam aprendendo sobre lócus. Em matemática, isso é definido como um ponto, uma posição ou um lugar particular e usualmente estendido para incluir todos os pontos em um plano que estão a uma certa distância de um lugar específico. Essa é uma ferramenta matemática que pode ajudar os alunos a explorarem as relações entre pontos, linhas e curvas. Isso se torna útil quando as pessoas precisam prever e analisar sistemas biológicos ou sociais no campo científico e em outras áreas. Os estudantes na Phoenix Park começaram a aprender esse tópico considerando o lócus de um único ponto, depois passando para uma compreensão de que todos os lugares possíveis em um lócus a partir de um ponto se tornam um círculo (Figura 7.1).

Em livros didáticos típicos estadunidenses, o conceito de lócus é introduzido com uma definição, e, depois, os alunos praticam com questões limitadas. Na Phoenix Park, os estudantes foram apresentados ao conceito de lócus indo para o pátio e sendo solicitados a ficar em pé em lugares diferentes. Inicialmente, eles deveriam ficar a cinco metros do professor, e o grupo viu que, juntos, formavam um círculo aproximado.

O conceito foi ampliado, e os alunos deveriam ficar a cinco metros de uma linha. Depois disso, deveriam ficar a distâncias iguais de dois pontos diferentes. Eles passaram uma aula inteira pensando sobre o conceito de lócus e vivenciando as ideias fisicamente por meio do movimento. A Phoenix Park não agrupava os estudantes por desempenho, e os problemas eram sempre abertos o suficiente para que seguissem em direções diferentes, dependendo

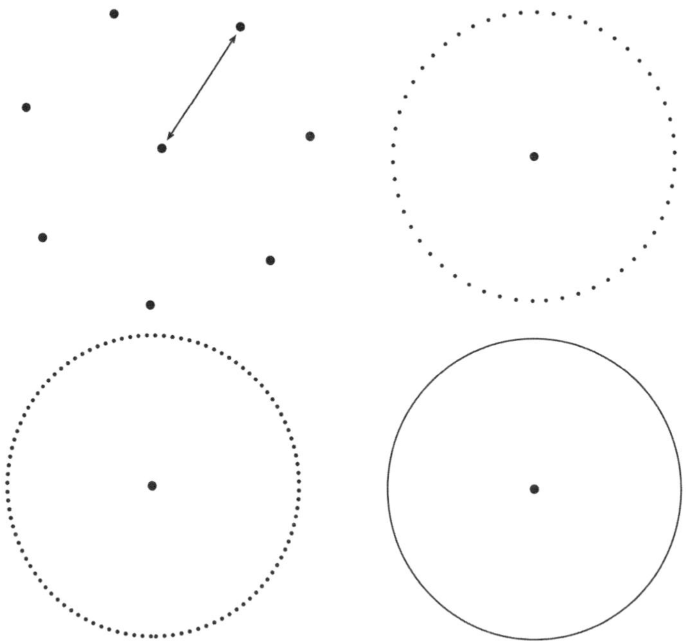

FIGURA 7.1 Exemplo de como os alunos da Phoenix Park aprendem sobre o tópico de um lócus.

do seu conhecimento e da sua compreensão. Para alguns, essa tarefa foi uma oportunidade de pensar sobre formas e simetria; para outros, foi uma oportunidade de aprender sobre Pitágoras; para outros, ainda, foi uma oportunidade de aprender sobre os eixos maior e menor de uma parábola.

Isso pode parecer muito tempo para gastar em um conceito que poderia ser ilustrado em diagramas no livro didático, mas as pesquisas apresentam evidências de que o valor de os alunos experimentarem as ideias matemáticas por meio do movimento físico é abrangente; foram publicados volumes inteiros de periódicos e livros sobre essas fortes representações mentais, as quais devemos querer incutir em todos os conceitos matemáticos.[7] Por exemplo, um estudo observou alunos aprendendo sobre números negativos dobrando papel (Figura 7.2).

Os pesquisadores identificaram que a experiência de manipular papel possibilitou que os alunos desenvolvessem representações mentais dos nú-

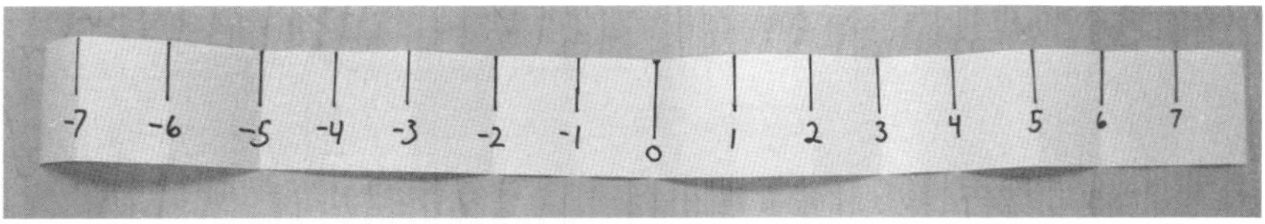

FIGURA 7.2 Dobrando papel para destacar os números negativos.

meros inteiros. Isso os levou a atingirem níveis mais altos nos testes não só sobre números negativos, mas também sobre frações e álgebra.[8]

Depois que os estudantes da Phoenix Park experimentaram o conceito de lócus ficando em pé em diferentes posições no pátio, foi solicitado que praticassem as ideias como tarefa de casa. Foi pedido que eles considerassem o caminho de um ponto (desenhado em um pedaço de cartão circular) se ele fosse rolado ao longo de uma superfície plana. Eles também deveriam pensar sobre um ponto viajando em um triângulo, um quadrado e uma forma da sua própria escolha. Foi solicitado que eles variassem a posição do ponto nas formas e considerassem os caminhos formados.

Essa atividade foi importante por muitas razões (p. ex., sua *ish-ness* e diversidade matemática), mas eu gostaria de focar a natureza diversificada da prática. A tarefa de casa que receberam não consistia em trabalhar repetidamente em questões parecidas; foi pedido que aplicassem sua compreensão a diferentes formas. Isso não só significava que a prática foi aplicada, mas também que o trabalho era desafiador, dando aos alunos oportunidades de se esforçar. A prática tinha outras qualidades: quando desenhavam os lócus em relação a um triângulo e um quadrado, eles estavam considerando o que os pesquisadores denominaram "casos contrastantes".

VENDO MAIS

Sarah Levine e Dan Schwartz, meus colegas na Stanford's Graduate School of Education, partilham a importância de casos contrastantes para o desenvolvimento de *expertise*. Por exemplo, você pode pedir que as pessoas descrevam o objeto na Figura 7.3. A maioria das pessoas dirá que é uma tesoura.

FIGURA 7.3 Uma tesoura.

No entanto, se você pedir que descrevam os dois objetos na Figura 7.4, provavelmente elas lhe dirão que a tesoura à esquerda é pequena, com um cabo plástico, não muito afiada, com pontas cegas e possivelmente para

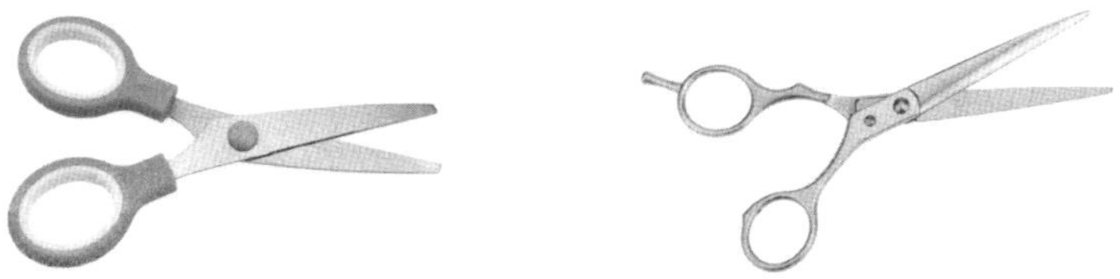

FIGURA 7.4 Duas tesouras diferentes.

crianças. É possível que descrevam a tesoura à direita como longa e afiada, com um gancho em um dos cabos de metal.[9] Os detalhes das observações só são mencionados porque são apresentados casos contrastantes.

Esse princípio pode ser aplicado a muitas situações na vida, incluindo, é claro, a matemática.

Se você pedir que os alunos descrevam a forma na Figura 7.5, eles provavelmente dirão que é um triângulo. Todavia, se você lhes pedir que descrevam as formas da Figura 7.6...

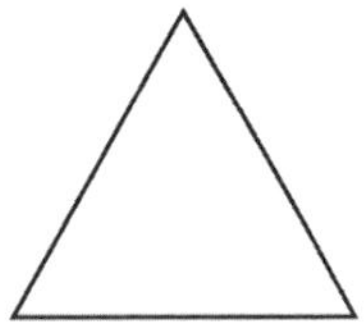

FIGURA 7.5 Um triângulo.

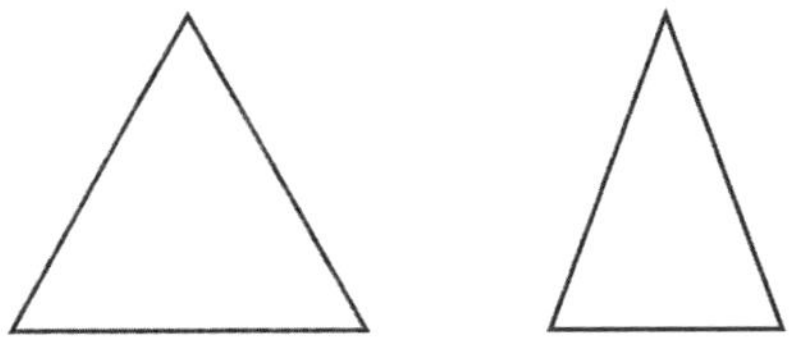

FIGURA 7.6 Dois triângulos diferentes.

...provavelmente dirão que a forma à esquerda é um triângulo equilátero ou um triângulo com os três lados aproximadamente iguais e ângulos iguais, e a forma à direita é um triângulo isósceles ou um triângulo com dois lados iguais e dois ângulos iguais, com uma orientação diferente do triângulo à esquerda. Evidentemente, a parte importante da consideração de casos contrastantes não é apenas a afirmação das palavras, mas também o pensamento que as acompanha. Pesquisadores descobriram que considerar casos contrastantes aumenta significativamente a compreensão dos alunos.[10]

Outro exemplo é ilustrado nos dois cenários a seguir, fornecendo casos contrastantes em duas áreas da matemática que os alunos geralmente acham difíceis: porcentagens e frações. É importante mencionar que as questões são sobre a ideia conceitual, e não sobre cálculos.

Mostre aos estudantes os dois cenários (Figuras 7.7 e 7.8) e peça que respondam apresentando a fundamentação para sua escolha. Se estiverem tra-

FIGURA 7.7 Qual das duas meninas recebe a mesada maior? Construa uma prova com as justificativas. Inclua imagens, palavras e números.

FIGURA 7.8 Qual das meninas quer a maior parte do biscoito? Construa uma prova com as justificativas. Inclua imagens, palavras e números.

balhando juntos, que é o ideal, eles podem argumentar uns com os outros e depois apresentar suas provas matemáticas, as quais, então, se transformam em oportunidades adicionais para discussão e aprendizagem.

Na aprendizagem de matemática, devemos apresentar casos contrastantes para os alunos avaliarem com a maior frequência possível. Eles podem refletir sobre por que são semelhantes e diferentes, destacar as características das diversas ideias matemáticas, aprender com as diferenças que encontram e apresentar justificativas para suas escolhas, todas as quais são experiências valiosas que ajudam a criar aprendizagem profunda e *expertise*.[11]

Recentemente, visitei um amigo em San Diego. Eu queria saber como era viver lá e lhe fiz uma pergunta que notei ter sido motivada pela minha crença em casos contrastantes. Perguntei se ele já havia morado em outro lugar. Quando ele me contou que havia morado em Boston e em Santa Bárbara, fiquei satisfeita e lhe perguntei como era morar em San Diego. Percebi mais tarde que eu estava perguntando sobre outros lugares porque, sem eles, como ele saberia quais características de San Diego são interessantes ou dignas de nota?

Na Phoenix Park, os alunos geralmente eram solicitados a considerar casos contrastantes. Eles praticavam a ideia de lócus traçando o caminho dos diferentes pontos em seus próprios triângulos, quadrados e formas móveis. Essa solicitação de considerar um lócus em relação a diferentes formas em movimento os tinha encorajado a ver e entender como um lócus interage com as propriedades de diferentes formas. Os estudantes aprenderam mais do que se tivessem considerado apenas um lócus em relação a um círculo, o que é mais típico da prática de matemática que costumam receber.

Os professores na Phoenix Park optaram por proporcionar uma experiência de prática que estivesse focada na grande ideia, a ideia de lócus, não em pequenos métodos, o que ajudou os alunos a desenvolverem representações mentais visuais, baseando-se nas representações físicas que experimentaram em aula. A prática incluía uma oportunidade de os estudantes criarem suas próprias formas, o que traz agência para o processo de aprendizagem da matemática. Quando os alunos têm a oportunidade de escolher direções em seu trabalho, eles estão usando sua agência humana, o que propicia um envolvimento mais profundo.[12] O simples ato de convidá-los a criarem suas próprias formas evoca essa importante qualidade de aprendizagem.

As diferentes qualidades da prática em que esses alunos se envolveram contribuíram para seu sucesso nos exames — e na vida.[13] Eles refletiram sobre as ideias por meio de investigações e projetos, os professores introduziram novos métodos quando eram relevantes para os alunos, e os estudantes praticaram suas novas compreensões aplicando as ideias a novas e diferentes situações. Independentemente de os alunos estarem aprendendo um conteúdo novo, investigando ideias ou praticando com elas, eles estavam ativamente engajados por meio da diversidade matemática.

QUESTÕES PROCEDIMENTAIS *VERSUS* CONCEITUAIS

Talvez você não se surpreenda ao saber que os alunos da Phoenix Park tiveram um desempenho em níveis significativamente mais altos nas avaliações aplicadas para resolução de problemas do que aqueles que aprenderam no estilo tradicional. O que pode surpreendê-lo é o fato de que eles também apresentaram desempenho em níveis consideravelmente mais altos nos exames nacionais tradicionais — uma série de questões curtas que devem responder em condições de tempo cronometrado.[14] Na Inglaterra, os exames nacionais são muito importantes, e são administrados por bancas examinadoras para alunos de 16 anos. Como parte da minha tese de doutorado, pude investigar o desempenho dos meus dois grupos de alunos, estudando suas respostas às questões do exame nacional. Fui ajudada por meu orientador no doutorado, Paul Black, uma pessoa muito importante no Reino Unido, que conseguiu que eu tivesse permissão de me sentar em uma pequena sala sem janelas nos escritórios do exame e ler todos os trabalhos apresentados pelos alunos. (Eles já haviam recebido seus resultados.) Enquanto analisava quais questões eles haviam respondido corretamente ou não, encontrei algo fascinante.

Antes de passar meu dia naquela sala minúscula, eu havia dividido todas as questões em duas categorias. Se uma questão pudesse ser respondida por meio da simples reprodução de um método, eu a rotulei como procedimental. Se a questão exigisse algo além da reprodução de um método, como adaptar um método, raciocinar sobre a situação ou resolver problemas, eu a rotulei como conceitual. Por exemplo, "Calcule a média deste conjunto de números" foi classificada como uma questão procedimental, já que os alunos não tinham que escolher ou adaptar um método; eles tinham apenas que se lembrar de como calcular uma média. Por sua vez, uma questão conceitual no exame era da seguinte maneira: "Uma forma é composta de 4 retângulos [e] tem uma área de 220 cm^2. Escreva em termos de x a área de um dos retângulos".

A Figura 7.9 mostra os resultados dos alunos para esses dois tipos de questões.

Os alunos da Amber Hill tiveram bom desempenho nas questões procedimentais, mas se saíram mal nas questões conceituais, que geralmente são mais difíceis. O desempenho dos estudantes da Phoenix Park foi no mesmo nível nos dois conjuntos de questões — e um desempenho em níveis significativamente mais altos nas questões conceituais do que os alunos da Amber

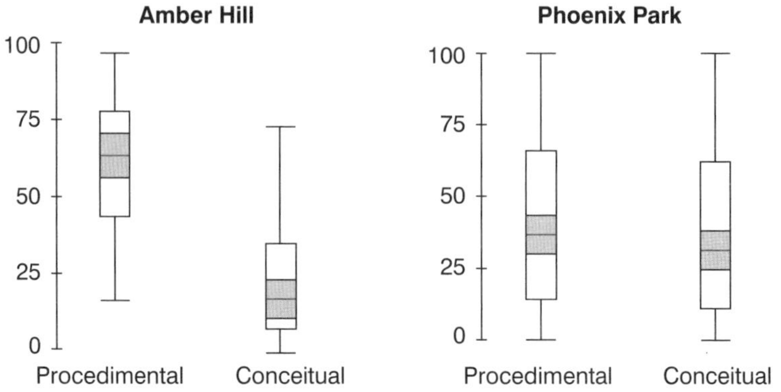

FIGURA 7.9 Resultados dos alunos nas perguntas procedimentais ou conceituais do exame.

Hill. Esse nível mais alto do trabalho não só lhes proporcionou resultados mais altos no exame em geral, mas também teve um impacto significativo em seu futuro profissional, em estudos posteriores e em sua vida. Também é notável que as desigualdades que estavam presentes para os alunos da Phoenix Park foram eliminadas pela abordagem dessa escola, mas as desigualdades presentes para os alunos da Amber Hill, a escola tradicional, foram reproduzidas nos exames nacionais.

Entrevistar os estudantes da Phoenix Park deixou claro que eles atingiram níveis superiores no exame porque haviam aprendido a usar e aplicar os métodos e a refletir sobre seu significado. Isso foi destacado para mim em uma questão do exame que requeria equações simultâneas (que são chamadas de sistemas de equações nos Estados Unidos). Na Amber Hill, os alunos praticaram repetidamente um método para equações simultâneas. Quando se depararam com a questão do exame, tentaram usar o método, mas a maioria deles confundiu o procedimento e errou a resposta. Os estudantes da Phoenix Park tiveram êxito nessa questão, apesar de não terem aprendido um método formal, pois abordaram o problema com o que agora descrevo como uma mentalidade de crescimento: eles encontraram as soluções usando e aplicando outros métodos que haviam aprendido.

Perguntei a Angus, um aluno da 2ª série do ensino médio da Phoenix Park, se ele achava que havia tópicos e questões no exame que ele não tinha visto em aula:

> Bem, algumas vezes acho que eles colocam de uma maneira que surpreende você, mas, se houver alguma coisa que eu realmente não havia feito antes, tentarei entender da melhor maneira possível. Tentarei entendê-la e respondê-la da melhor forma possível, e, se estiver errado, estará errado.[15]

Anos mais tarde, realizei um estudo de acompanhamento com os alunos, os quais agora eram jovens adultos de aproximadamente 24 anos. Esse estudo demonstrou o efeito continuado que teve a abordagem de matemática na Phoenix Park: possibilitou que fossem mais bem-sucedidos quando aplicavam seu conhecimento e suas mentalidades positivas em seus respectivos trabalhos.[16] Uma categorização dos seus empregos revelou que os alunos da Phoenix Park ascenderam a níveis expressivamente mais altos na escala socioeconômica (SES, do inglês *socioeconomic scale*). O gráfico na Figura 7.10 mostra os empregos que os jovens adultos tinham quando os entrevistei, em comparação aos empregos que seus pais tinham na época do estudo inicial. A diferença na mobilidade ascendente é significativa.

Em suas entrevistas, os ex-alunos da Phoenix Park relacionaram seus sucessos na vida (especificamente busca de emprego e trabalho) às abordagens flexíveis que haviam aprendido em suas aulas de matemática e à responsabilidade que lhes foi dada de resolver os problemas. Enquanto conversavam sobre as demandas de trabalho, eles compartilharam que haviam sido chamados para assumir responsabilidades em diferentes empregos,

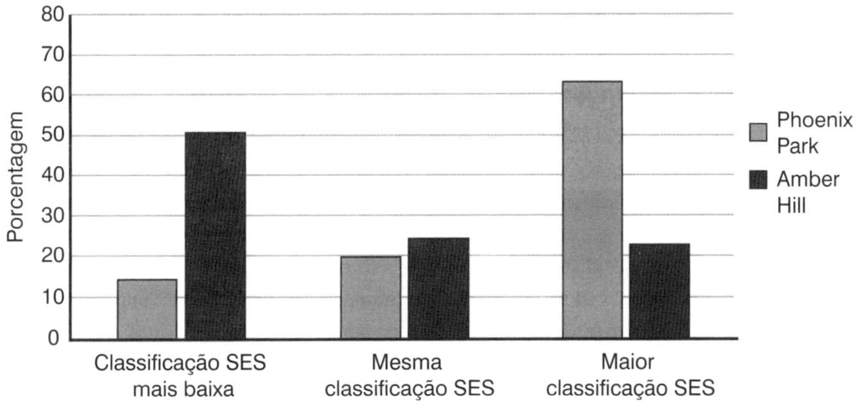

FIGURA 7.10 Análise dos empregos dos alunos, em comparação aos dos seus pais.

o que foram capazes de fazer porque haviam aprendido a assumir responsabilidades em suas aulas de matemática. Eles me disseram que a abordagem flexível da matemática também os ajudou a saber que, se não estivessem se sentindo satisfeitos em um emprego, deveriam procurar um diferente. Muitas vezes, nós, professores, achamos que estamos ensinando matemática aos alunos para que eles construam um bom conhecimento matemático, mas sempre estamos fazendo mais do que isso: estamos ensinando uma abordagem para a vida. A pesquisa que conduzi com esses jovens adultos mostrou que as abordagens e as mensagens que eles haviam experienciado nas salas de aula da Phoenix Park os ajudaram nos anos seguintes.

Esses alunos aprenderam algo que é importante para todos nós lembrarmos: se encaramos novos desafios achando que podemos tentar, se aplicamos algo que aprendemos e, como disse Angus, se "tentamos entender da melhor maneira possível", então teremos mais sucesso em nossa aprendizagem e em nossa vida.

Giyoo Hatano e Yoko Oura são professores no Japão que contribuíram muito para o conhecimento do mundo sobre *expertise*. Eles descrevem dois tipos: pessoas que desenvolveram "*expertise* rotineira" são capazes de resolver problemas familiares rápida e cuidadosamente, mas não conseguem ir além do que eles chamam de eficiência procedimental. Por sua vez, aqueles que desenvolvem "*expertise* adaptativa" podem ser caracterizados por suas competências flexíveis, inovadoras e criativas dentro da área, e não em termos de velocidade, precisão e automaticidade na resolução de problemas familiares.[17]

Ficou claro para mim, e para Hatano e Oura, que os alunos da Phoenix Park haviam desenvolvido *expertise* adaptativa, o que, por sua vez, possibilitou que fossem bem-sucedidos tanto em seus exames nacionais quanto em sua vida.

Quando os alunos se envolvem em representações visuais e físicas, como fizeram aqueles que aprenderam sobre lócus por meio do movimento, eles praticam deliberadamente; e, quando aprendem a adaptar e a aplicar os métodos em situações diferentes, desenvolvem *expertise* adaptativa. Essa *expertise* se revelou importante para os jovens que frequentaram a Phoenix Park, muitos dos quais cresceram na pobreza, mas avançaram para situações mais estáveis financeiramente, tendo aprendido na escola a abordagem flexível do conhecimento da matemática, o que, por sua vez, lhes ensinou como lidar com responsabilidades.[18]

APLIQUE DIVERSIDADE A EXEMPLOS MATEMÁTICOS

A diversidade matemática pode ser colocada em prática de outra maneira. Nos livros didáticos tradicionais, frequentemente são mostrados aos alunos imagens e exemplos quase idênticos, mas geralmente é mais útil mostrar-lhes por que um exemplo não funciona do que dar mais exemplos que funcionam. Por exemplo, quando ensinamos sobre pássaros, frequentemente mostramos tipos de pássaros parecidos, como um pardal, um colibri e uma pomba. No entanto, é mais útil fazê-los olhar para alguns animais voadores que não são pássaros, como morcegos, quando aprendem sobre pássaros. O mesmo princípio se aplica à matemática.

Em meus *workshops* para professores, sempre que trabalhamos em matemática juntos, não há nada que eu goste mais do que experienciar seu entusiasmo quando se deparam com versões diversificadas do conteúdo que eles ensinam. Durante as muitas discussões que tivemos ao longo dos anos, eles frequentemente descrevem a forma na Figura 7.11 como um triângulo de cabeça para baixo. Algumas vezes respondi de forma atrevida: "Você está se referindo à forma que também é conhecida como um triângulo?". Não me surpreende que os professores chamem isso de triângulo de cabeça para baixo, já que os triângulos são quase sempre conhecidos com o ponto mais estreito no alto, especialmente quando são apresentados aos alunos. Os exemplos nos livros geralmente não têm essa diversidade, o que causa muitos problemas.

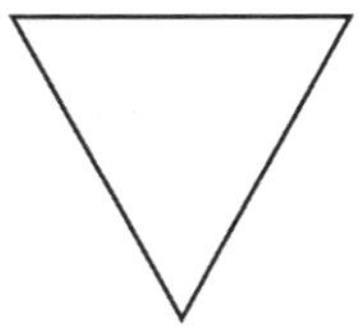

FIGURA 7.11 Um triângulo de "cabeça para baixo".

Por exemplo, quando foi mostrada a uma turma de crianças de 8 anos a imagem na Figura 7.12, elas não acharam que fosse uma figura de linhas paralelas.

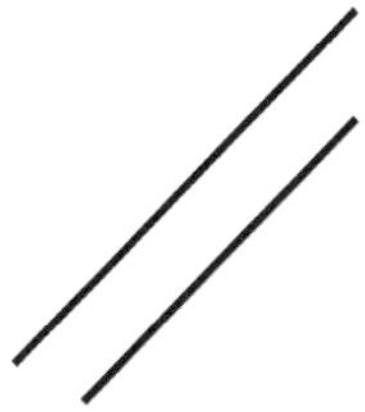

FIGURA 7.12 Linhas paralelas.

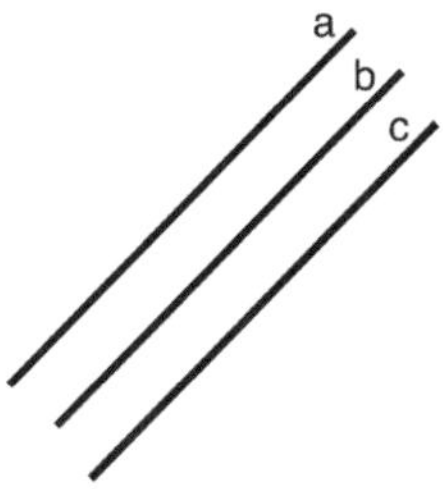

FIGURA 7.13 Linhas paralelas.

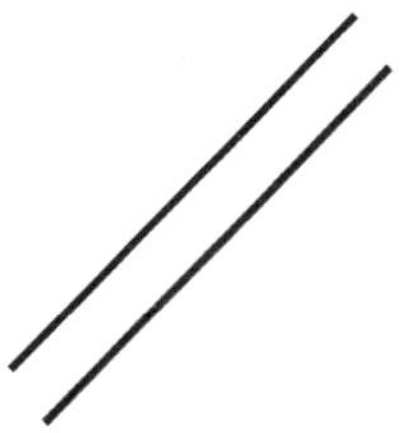

FIGURA 7.14 Linhas paralelas.

E, quando foi perguntado se *a* é paralelo a *c* na Figura 7.13, a maioria dos alunos de 11 anos disse: "Não, porque *b* está no caminho".

Em geral, as linhas paralelas são apresentadas como mostra a Figura 7.14, o que explica o raciocínio dos alunos.

Assim como devemos oferecer questões práticas que aplicam métodos e oferecem casos contrastantes, também devemos trabalhar para fornecer mais exemplos de ideias e representações que não sejam típicas.

Esses tipos de prática parecem atingir a "prática deliberada" que Anders Ericsson descreve como significativa, conduzindo a modelos representativos. Para ajudar outras pessoas a praticarem deliberada e efetivamente, a prática deve envolver o máximo possível de qualidades:

Características da prática efetiva

1. Aplicação dos métodos: os problemas devem pedir que as pessoas usem métodos em novas e diferentes situações.
2. Consideração de casos contrastantes.
3. Foco em conceitos e grandes ideias, não em pequenos métodos.
4. Desenvolvimento de modelos representativos que incluem referentes visuais ou físicos.
5. Exemplos e representações fora do padrão.
6. Conexões que as pessoas possam ver e aprender; conexões entre ideias matemáticas e entre a matemática e o mundo.

AVALIE COM CICLOS DE DEVOLUTIVAS

Ericsson descreve a prática deliberada em termos de três qualidades: a prática de ideias *significativas*, o desenvolvimento de modelos *representativos* e um *ciclo de devolutivas* claro para fornecer oportunidades de melhorar. O restante deste capítulo examinará as formas como os alunos — e todas as pessoas — podem dar e receber devolutivas de maneira produtiva, pois raramente vejo isso em minhas visitas a salas de aula e empresas. Inúmeras vezes é dito aos estudantes e às pessoas no seu local de trabalho que eles estão certos ou errados, mas não é isso que significa um ciclo de devolutivas.

Muitos professores e pais lamentam o fato de que seus alunos ou seus filhos não se engajam metacognitivamente, usando as diferentes estratégias que apresentei no Capítulo 2. Em vez disso, os estudantes querem encontrar uma resposta imediatamente, ou então desistem. Essa resposta ocorre quando as avaliações focam apenas as respostas. Se quisermos encorajar uma variedade de comportamentos matemáticos positivos, nossas avaliações devem honrar e recompensar esses comportamentos. Isso significa que devemos estabelecer comportamentos matemáticos produtivos e dar devolutivas aos alunos (e uma pontuação somatória, se necessário) sobre seu uso de diferentes comportamentos. Os objetivos matemáticos servem como placas de sinalização de aprendizagem que guiam os alunos ao longo da sua jornada e encorajam pensamentos e compreensão metacognitivos.

Nancy Qushair é diretora de matemática no ensino médio em uma escola de IB na Califórnia. Nancy não só valoriza a diversidade matemática em seu ensino, mas também oferece oportunidades para os alunos aprenderem com seus próprios comportamentos matemáticos, fornecendo-lhes devolutivas significativas sobre sua aprendizagem.

Nancy, assim como muitos educadores, observou que os estudantes emergiram da pandemia de covid-19 com menos confiança na matemática e habilidades mais fracas para resolução de problemas.[19] Sua resposta não foi dobrar o número de regras e procedimentos matemáticos ou dar mais aulas expositivas — como alguns professores menos experientes fizeram —, mas envolver os alunos no ciclo de modelagem matemática apresentado na Figura 7.15, que fornece placas de sinalização que transformam suas avaliações

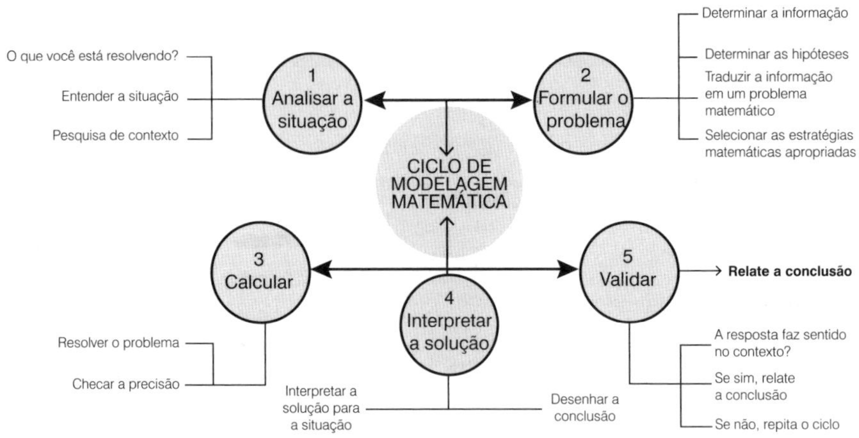

FIGURA 7.15 Ciclo de modelagem matemática.

em um processo iterativo de aprendizagem e adaptação. Fiquei tão curiosa com o modelo de ensino e avaliação de Nancy que aceitei seu convite para visitar sua escola.

A unidade de trabalho que Nancy desenvolveu estava centrada em uma questão sobre a conservação da água, um tópico importante para os adolescentes na Califórnia, sobre o qual Nancy aprendeu em um artigo de ensino.[20] Ela já havia estabelecido uma cultura amigável para erro e desafio em sua sala de aula, mostrando aos seus alunos muitos de nossos vídeos que compartilham o valor do esforço.[21] Com essa fundamentação importante, ela fez a pergunta: "O que gasta mais água, um chuveiro ou uma banheira?" (Figura 7.16).

Ela disse aos alunos que as pessoas discordam sobre essa questão e que era seu trabalho investigar e coletar dados para defender seus argumentos. Os estudantes foram incentivados a saber mais sobre as taxas de vazão dos chuveiros e os diferentes tamanhos das banheiras em diferentes casas e escolher as taxas que quisessem — proporcionando flexibilidade e opções, além de muitas oportunidades para que os números *ish* fossem considerados e valorizados. As novas ideias que Nancy ensinou aos alunos incluíam conceitos algébricos centrais de linearidade e generalização; o importante é que ela ensinou esses conceitos quando os alunos estavam lidando com os dados e investigando as taxas que eles haviam escolhido — evocando o importante

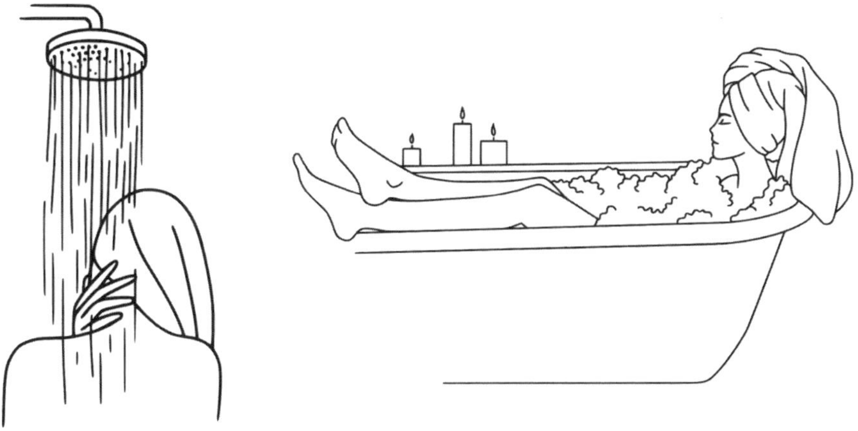

FIGURA 7.16 Um chuveiro ou uma banheira?

princípio didático de ensinar as ideias *durante* o tempo trabalhado nas tarefas. Isso permite que os estudantes desenvolvam representações mentais das taxas e das ideias algébricas encontrando-as em um contexto significativo na vida real. Eles aprenderam as conexões entre ideias como constantes e variáveis e se concentraram na grande ideia de generalização. Todavia, o que aconteceu na parte final do modelo foi o mais interessante para mim.

Visitei a escola em um dia em que os alunos estavam compartilhando com os pais um de seus projetos mais significativos do ano letivo. Muitos haviam escolhido seu projeto de matemática — sua tarefa de conservação da água. Quando me sentei com os estudantes depois das suas apresentações, fiquei emocionada ao ouvi-los falar sobre as várias partes do projeto que eram importantes para eles. Muitos falaram sobre o valor de considerar algo do mundo real. Eles falaram sobre como haviam aprendido que matemática era sobre encontrar padrões, o que é uma perspectiva importante para desenvolverem. Eles também expressaram o quanto valorizavam trabalhar juntos em grupos. Entretanto, o que realmente me impressionou foram seus relatos entusiasmados sobre as formas como eles haviam sido convidados a entrar em suas próprias jornadas de aprendizagem — para serem metacognitivos (veja o Capítulo 2). Nancy atingiu esse feito importante com vários movimentos de ensino.

Em primeiro lugar, ela deu aos alunos a representação do processo de aprendizagem — o ciclo de modelagem apresentado na Figura 7.15 — para guiar seu trabalho. Muitos estudantes disseram que ver esse modelo os ajudou no processo de aprendizagem. Como Ben descreveu:

> Acho que ele é muito útil porque [o modelo] se decompõe. Em geral, é apenas "resolver o problema", mas ele se decompõe em cinco categorias principais. É "analisar a situação, usar informação do contexto, calcular de fato e depois analisar sua resposta e, então, relatar sua conclusão". E, dentro disso, ele o divide em partes menores para que seja mais fácil de acompanhar.

Vários alunos relataram que o modelo não só lhes tinha fornecido um guia para seu processo de resolução do problema, como também os tinha encorajado a aprender em maior profundidade. Nota descreveu isso dizendo:

> Examinamos o problema e nos certificamos de que estávamos tentando resolver não só o que ele estava solicitando, mas o que estava solicitando profundamente.

Taylor, outro dos adolescentes reflexivos com quem me sentei naquele dia, mencionou que o ciclo de modelagem matemática não era algo que se aplicasse apenas à matemática e que poderia ser usado "para basicamente qualquer coisa", destacando sua natureza generativa.

Em segundo lugar, Nancy forneceu uma rubrica para avaliar o trabalho dos alunos, com a qual conseguiu algo inestimável. Os estudantes usaram essas descrições como placas de sinalização, ajudando-os a verem a aprendizagem como um processo iterativo de trabalho, revisão e melhoria. Taylor descreveu isso muito bem:

> Quero dizer, acho que com o ciclo também, não é realmente algo passo a passo. Por exemplo, se você confundir as coisas ou cometer um erro, você pode voltar e, então, acrescentar essa parte ou usá-la para ajudá-lo. Realmente não acho que seja apenas passo a passo. Quero dizer, você poderia usá-lo assim se quisesse, mas também pode ser usado para voltar e reavaliar seu trabalho, eu acho.

Em terceiro lugar, os alunos na sala de aula de Nancy receberam devolutivas sobre seu trabalho regularmente, mas todas tinham a qualidade de ser orientadas para sua aprendizagem continuada. Nancy escreveu comentários no trabalho dos estudantes, algo que sempre considero um grande presente — as percepções de um professor sobre como os alunos podem melhorar. Braden falou sobre o quanto lhe agrada esse tipo de devolutiva:

> Também adoro os comentários da professora porque sempre cometo alguns erros. Sei que todos aqui já cometeram erros antes e acho que olhar para trás, vendo os erros e os comentários, me ajuda a melhorar e me sair melhor da próxima vez.

Braden captura a natureza do processo iterativo de aprendizagem que conheceu. Para ele e para todos os adolescentes que conheci naquele dia, a aprendizagem foi uma jornada que foi ajudada pelas placas de sinalização e pelos mapas que Nancy lhes deu para guiá-los em seu percurso. Eles estavam cientes da sua própria jornada de aprendizagem e do que precisavam fazer para melhorar. Ben comparou essa jornada de aprendizagem iterativa informada com a educação matemática que havia conhecido na escola anterior:

> Antes de eu vir para cá, nós fazíamos o projeto, e você só recebia uma nota. Era como se você só recebesse um 8 ou alguma outra nota. Geralmente não havia comentários do professor, não havia nenhuma devolutiva se aquilo era bom ou ruim. Era sempre uma nota do professor.

Os alunos da aula de Nancy gostaram da sua tarefa de descobrir as melhores formas de conservar água, aprenderam conceitos de álgebra por meio de tarefas com dados do mundo real e se beneficiaram trabalhando em grupos e procurando padrões. No entanto, o que pode ter sido mais significativo foi o fato de que passaram a encarar sua aprendizagem como um processo iterativo de trabalho, revisão e melhoria. Eles haviam recebido ferramentas para ajudá-los a saber onde se encontravam em sua jornada de aprendizagem e aprenderam a ser metacognitivos.

As qualidades que Nancy incorporou ao seu ensino e à sua avalição — oferecendo devolutivas aos alunos sobre seu trabalho e oportunidades de revisá-lo e melhorá-lo — revelaram-se como algumas das práticas mais importantes para encorajar mentalidades de crescimento nos estudantes.[22]

Conrad Wolfram, um amigo e colega do Reino Unido, e seu irmão Stephen Wolfram, e suas respectivas equipes, contribuíram muito para o mundo da matemática aplicada. Por exemplo, eles criaram o *software* Mathematica[23] e a ferramenta WolframAlpha,[24] que não só ajudam qualquer pessoa que esteja aprendendo ou trabalhando em matemática, mas também alimentam Siri, Alexa e ChatGPT. Além desse trabalho incrível, Conrad contribuiu muito para o ensino da matemática — ele apresentou um interessante TED Talk em que compartilhou um ciclo de modelagem como um guia para aprendizagem de toda a matemática, que é semelhante ao que os alunos de Nancy usaram (Figura 7.17).[25]

Conrad ressalta que, no trabalho matemático no mundo, as pessoas precisam aprender como interpretar as situações e definir uma questão; depois disso, precisam transformar a questão de uma forma que seja computável, realizar o cálculo e interpretar os resultados. Ele assinala que, nas salas de aula, os alunos focam apenas a terceira parte do ciclo — o cálculo. Todavia, com o advento de tecnologias amplamente disponíveis, essa parte do processo é, sem dúvida, a menos importante de ser focada. Conrad não só apresenta esses argumentos; ele e sua equipe criaram uma abordagem completa da matemática para o ensino médio que espera que os alunos calculem com a

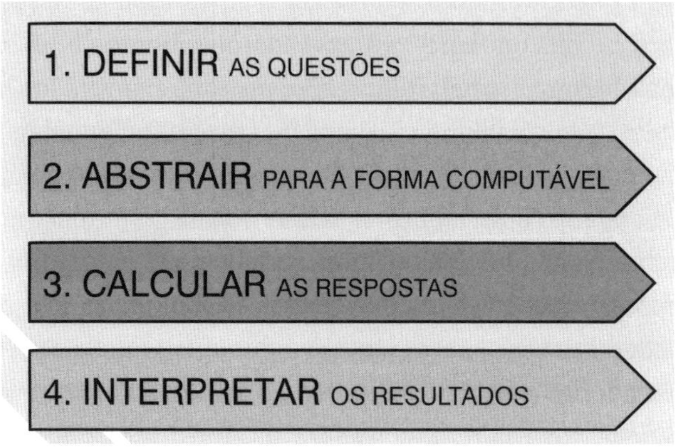

FIGURA 7.17 Modelagem matemática.[26]

tecnologia, em vez de à mão, e usa o tempo que fica disponível para envolvê-los em problemas matemáticos diversificados, ensinando-lhes como configurar os problemas e usar as ferramentas para calcular, depois interpretar e analisar os resultados.[27] Exemplos de problemas envolventes são projetar *drones* e investigar comportamentos enviesados e fraudulentos.

O processo de modelagem ao qual Conrad e sua equipe convidam a se engajar é algo que qualquer jovem pode usar em seu trabalho escolar ou emprego futuro. Nancy ensinou seus alunos do ensino médio de forma similar, proporcionando oportunidades para não só aprenderem o processo de modelagem, mas também monitorarem o próprio trabalho e receberem devolutivas durante o processo. Embora a aprendizagem desse processo seja incrivelmente valiosa para os alunos, ela está ausente na maioria dos conteúdos de matemática no ensino médio.

ENSINE COM CICLOS DE DEVOLUTIVAS

Uma das qualidades mais importantes de um ciclo de devolutivas é que ele não está focado no desempenho pessoal, ou seja, não comunica se uma pessoa está certa ou errada. Em vez disso, ele está focado no trabalho que está sendo aprendido ou apresentado — e se a ideia precisa de revisão. Essa mudança na abordagem é sublinhada por Elizabeth Bjork e Robert Bjork, dois cientistas cognitivos que destacam a importância do autoteste frequente.[28] Eles apontam que o ato de recuperar as informações do nosso cérebro é o que torna a informação mais prontamente disponível em situações futuras. Entretanto, enfatizam que a forma produtiva de testar que cria "dificuldades desejáveis" é não avaliativa, por isso sugerem autoteste ou teste dos pares. Cabe ressaltar que os testes e os ciclos de devolutivas que são bem-sucedidos são aqueles que retiram o foco das pessoas e do desempenho, voltando-o para as ideias.

Ouvi de um colega da Stanford's Graduate School of Education um dos casos mais interessantes de alunos que receberam um ciclo de devolutiva que alcançou essa qualidade. Carl Wieman, um físico ganhador do Prêmio

Nobel, estava trabalhando na University of Colorado, em Boulder, quando se interessou pela educação.[29] Ele havia observado que os "alunos de pós-graduação brilhantes e bem-sucedidos" muitas vezes não tinham noção de física até que passavam algum tempo trabalhando em laboratórios, desenvolvendo experiências práticas; depois disso, começavam a se tornar *experts*. Querendo entender isso, ele se voltou para a ciência e descobriu que as pesquisas da neurociência, da ciência cognitiva e da educação apontam para uma maneira de ensinar e aprender que é melhor do que a abordagem da aula expositiva que seus alunos haviam experienciado. Isso deu início ao trabalho de Wieman em educação, com a missão de proporcionar uma aprendizagem mais ativa para as experiências de ciências dos universitários.[30] Atualmente, ele ocupa um cargo conjunto em física e educação em Stanford.[31]

Alguns anos antes, quando Wieman estava na University of British Columbia, ele e sua equipe conduziram um experimento fascinante. Eles compararam uma abordagem típica de aula expositiva com uma abordagem de ensino planejada em torno dos princípios da prática deliberada. O ensino foi realizado em um curso de física do primeiro ano, no segundo semestre. A abordagem de aula expositiva foi realizada por um palestrante experiente. A abordagem de prática deliberada foi ensinada por um aluno de pós-doutorado inexperiente. Na abordagem de prática deliberada, os alunos receberam controles para clicar, os quais usavam para responder às questões. Os alunos liam artigos curtos antes da aula. Em aula, eles eram organizados em pequenos grupos, em que discutiam as ideias e respondiam às questões sobre o material com os comandos. As perguntas focavam conceitos que os estudantes achavam difíceis. Então, o professor apresentava os resultados e conversava sobre eles. Algumas vezes, o professor pedia que os alunos discutissem o conceito uma segunda vez, compartilhando algumas ideias novas.

As duas seções do curso eram quase idênticas em termos de rendimento e da experiência prévia dos alunos. No final dessas unidades, o desempenho médio daqueles que receberam uma aula expositiva foi de 41%; o desempenho médio dos que experimentaram prática deliberada foi de 74%. Os pesquisadores perguntaram aos alunos o que eles pensavam sobre a abordagem que haviam experimentado, sabendo que os universitários geralmente resistem a abordagens de ensino que não são baseadas em aulas expositivas. As respostas mostraram que 90% deles gostaram da nova abordagem, e 77% desse grupo disseram que teriam aprendido mais se todo o curso de física tivesse usado essa abordagem.[32]

É útil em todo aprendizado receber devolutiva sobre as ideias, mas a qualidade dela tem importância crítica. No caso citado, os alunos foram convidados a votar nas ideias como grupo, depois eram mostradas as respostas corretas e incorretas, as quais se tornavam o foco de uma discussão.[33] Esse tipo de ciclo de devolutiva é perfeito, pois não está avaliando os estudantes; o foco é o conceito que está sendo ensinado. As ideias dos alunos podem ser reunidas com tecnologia, como Google Forms ou Quizlet, ou sem tecnologia, como votos em papel. O importante é que os estudantes avaliaram diferentes opções trabalhando juntos e votando nas ideias como um grupo.

O ciclo de devolutiva descrito nesse exemplo não é típico — é muito diferente do que um professor dizer aos alunos se eles estão certos ou errados. Outra característica importante do exemplo de ensino de Wieman é que os pesquisadores focaram ensinar os conceitos que os estudantes normalmente acham difíceis. Os professores e os pais que querem elaborar questões para os alunos — para acompanhar projetos maiores, para fins de discussão ou para avaliação — podem aprender muito com essa pesquisa, bem como com a pesquisa sobre casos contrastantes e estudantes aplicando seu conhecimento. Todos os estudos sugerem que mesmo a prática matemática e a devolutiva precisam empregar o conceito de diversidade matemática.

Este capítulo se concentrou na importância da prática deliberada significativa e das devolutivas. Compartilhei alguns exemplos de ensino diferentes que ilustram essas qualidades, incluindo as turmas dos anos finais do ensino fundamental na Phoenix Park, Califórnia, e as turmas de universitários que Wieman e seus colegas estudaram. Esses casos são diferentes, mas cada um ilustra algo importante: que mesmo a prática e a avaliação, partes importantes da experiência de aprendizagem, podem e devem ser experienciadas com diversidade matemática. Quando ocorrem dessa forma, elas proporcionam oportunidades importantes para que os alunos aprendam os conceitos, por meio de problemas aplicados com representações mentais, e recebam devolutivas enquanto aprendem, o que fornece orientações e oportunidades de melhorar. No capítulo final, reunirei as diferentes ideias que comuniquei até aqui e compartilharei um modelo de ensino que alcança todas elas, juntamente a algumas histórias inspiradoras daqueles que estão ensinando diversidade matemática de formas eficazes.

8

UM NOVO FUTURO MATEMÁTICO

Os exemplos que apresentei até aqui compartilham diferentes e importantes qualidades de ensino, aprendizagem e avaliação efetivos. Comecei abordando a importância de os alunos aprenderem a aprender com estratégias matemáticas poderosas e a importância de ficar confortável com momentos desafiadores. Falei sobre o valor de os estudantes aprenderem números e formas precisos e *ish* e de encontrarem múltiplas oportunidades para desenvolver modelos representacionais. Compartilhei a importância de aprender matemática como um conjunto de grandes ideias e conexões, abordando os números e as formas com flexibilidade, e, finalmente, compartilhei que, quando os alunos praticam ideias e recebem devolutivas, as ideias e a devolutiva devem ser diversificadas e envolver aplicações da matemática. Essas ideias diferentes são provenientes de muitas fontes, e um dos objetivos que tive ao escrever este livro é combinar os conselhos sobre educação que vêm de diversas áreas — a própria educação, mas também psicologia, ciência cognitiva e neurociência. Essas ideias se combinam em um modelo de ensino e avaliação, representado na Figura 8.1.

UM NOVO MODELO PARA EQUIDADE E *EXPERTISE*

Esse modelo é intencionalmente abstrato para que possa ser aplicado a diferentes situações de ensino; espero que os vários exemplos que compartilhei acrescentem alguns dos detalhes e algumas das cores que ajudam as ideias

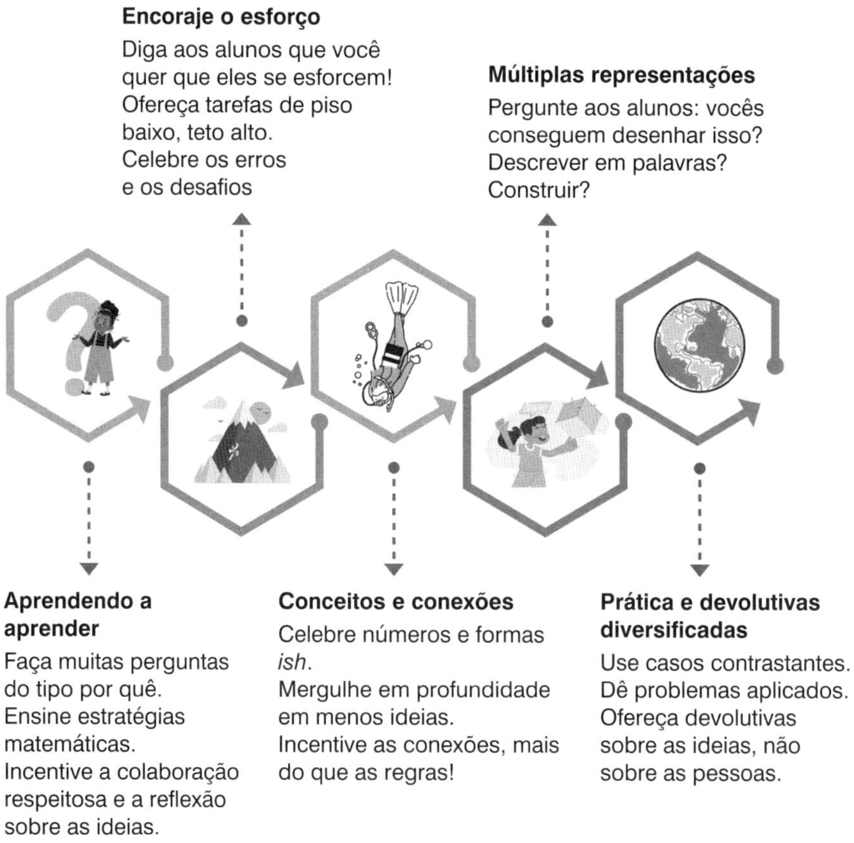

Encoraje o esforço
Diga aos alunos que você quer que eles se esforcem! Ofereça tarefas de piso baixo, teto alto. Celebre os erros e os desafios
Múltiplas representações
Pergunte aos alunos: vocês conseguem desenhar isso? Descrever em palavras? Construir?
Aprendendo a aprender
Faça muitas perguntas do tipo por quê. Ensine estratégias matemáticas. Incentive a colaboração respeitosa e a reflexão sobre as ideias.
Conceitos e conexões
Celebre números e formas *ish*. Mergulhe em profundidade em menos ideias. Incentive as conexões, mais do que as regras!
Prática e devolutivas diversificadas
Use casos contrastantes. Dê problemas aplicados. Ofereça devolutivas sobre as ideias, não sobre as pessoas.

FIGURA 8.1 Ensino para equidade e *expertise*.

a ganharem vida em diferentes níveis de escolaridade e circunstâncias. Uma boa maneira de praticar o modelo, como os capítulos anteriores mostraram, é mudar a ordem típica da instrução para que os alunos possam explorar as tarefas antes de serem ensinadas as ideias novas. A forma como você combina esses diferentes elementos depende da sua situação de ensino. O modelo é um lembrete de que, seja qual for a abordagem de ensino seguida, ela deve incluir o máximo possível desses diversos componentes.

Como diz o título, esse modelo encoraja *expertise* e equidade. O ensino de matemática é um sistema altamente desigual; é impossível ignorar o fato de que poucos alunos avançam por caminhos para o ensino superior, e aqueles que vão adiante não refletem a natureza diversificada da nossa sociedade.[1] Estudantes negros e pardos são "retidos" mesmo quando têm o mesmo desempenho que suas contrapartidas brancas e asiáticas, algo que foi claramente demonstrado por um grupo jurídico de São Francisco.[2] Isso não é aceitável, por esse motivo, um objetivo geral da 2023 California Mathematics Framework, da qual fui uma das redatoras, foi destacar essas desigualdades e sugerir formas de abordá-las.[3] A estrutura curricular recebeu resistência significativa de uma minoria de pessoas que disseminou desinformação a respeito. No entanto, quando foi apresentada diante do California State Board of Education em Sacramento, recebeu amplo apoio dos educadores que estavam presentes, bem como de todos os gabinetes do condado e das organizações pela equidade em todo o estado. Em julho de 2023, o conselho aprovou a política por unanimidade.

Em minha carreira, tive a sorte de estudar professores que trabalham para abordar as desigualdades por meio do seu ensino de matemática e que foram incrivelmente exitosos em reduzir ou eliminar completamente as desigualdades de raça, gênero e classe social em suas salas de aula.[4] Todos esses educadores usam a abordagem apresentada na Figura 8.1 porque o que ocorre é que, quando abrimos a matemática para incentivar diversas formas de se engajar e ver o assunto, muito mais alunos têm sucesso. A matemática limitada fez um trabalho espetacularmente prejudicial, afastando os estudantes da matemática e de todos os cursos STEM (do inglês *science, technology, engineering and maths*) que exigem matemática, conforme detalhei no Capítulo 1.[5] Felizmente, podemos fazer melhor. Diversificar a matemática encoraja a inclusão de grupos de alunos mais diversificados, o que desafia mesmo as mais persistentes das desigualdades graves.

Esse modelo de ensino também é usado em países de alto desempenho, como o Japão. O pesquisador suíço Stéphane Clivaz e o pesquisador japonês Takeshi Miyakawa estudaram os detalhes de dois casos fascinantes no Japão e na Suíça.[6] Eles relataram que as aulas no Japão em geral seguem uma estrutura similar, que descrevem assim:

- Introdução: um problema é apresentado.
- Pesquisa: os alunos estudam e trabalham para resolver o problema em grupos.
- Compartilhamento: as ideias são compartilhadas e desenvolvidas com toda a classe.
- Síntese: o conhecimento matemático a ser ensinado é resumido.

Essa estrutura inclui o princípio que se mostrou tão poderoso — ensinar os métodos *depois* que os alunos exploraram as ideias por meio das tarefas.[7] O passo a que os japoneses se referem como "pesquisa" é um momento de investigação, quando os alunos podem usar sua intuição e seu pensamento. Só mais tarde, depois que compartilharam suas ideias durante uma discussão em classe, é que os professores introduzem os novos métodos. No estudo, Clivaz e Miyakawa descobriram que os professores no Japão passavam mais tempo engajando os alunos na discussão com a classe do que os professores suíços. No Japão, eles chamam a discussão em sala de aula de *neriage* — e a consideram a parte mais importante da aula.

Essa estrutura japonesa compartilha qualidades com o modelo de Wieman que apresentei no capítulo anterior, particularmente a oportunidade para os alunos considerarem e discutirem ideias e, depois, aprenderem novos métodos por meio de discussão posterior.[8] Esse era o fluxo instrucional na Phoenix Park, e essa é a estrutura que empregamos nos cursos de verão do YouCubed, que agora são ministrados por professores nos Estados Unidos e em outros países, com os alunos alcançando resultados impressionantes: iniciamos compartilhando tarefas ricas com os estudantes e, depois que eles trabalham e se deparam com a necessidade do novo conhecimento, introduzimos o conhecimento enquanto trabalham em pequenos grupos ou em uma discussão com toda a turma.[9]

Alguns anos atrás, recebi um *e-mail* de Alexei Vernitski, um professor de matemática na University of Essex, no Reino Unido, que havia lido um de meus livros.[10] Ele descreveu como havia se inspirado para inovar seu ensino e mudou de uma matemática limitada para tarefas que convidam à diversidade:

> Li *Mentalidades matemáticas*... e, desde então, nunca mais dei uma aula expositiva tradicional. Gosto da nova forma de ensinar e gosto de ver como os rostos dos alunos se iluminam quando eles trabalham em tarefas "boalerizadas" em vez de em problemas de matemática tradicionais.

Alexei passou a colaborar com um neurocientista e um psicólogo para investigar a diferença entre tarefas matemáticas limitadas e diversificadas, estudando o cérebro dos alunos com o uso de eletroencefalogramas (EEGs), buscando a estimulação das áreas cerebrais associadas à motivação. Essa colaboração interdisciplinar produziu resultados fascinantes. Por um lado, encontrou que os alunos que recebiam problemas matemáticos padrão nos testes relatavam menos interesse em continuar o teste à medida que respondiam a mais questões. Por outro lado, aqueles que respondiam a problemas matemáticos mais diversificados ficavam mais motivados à medida que trabalhavam.[11]

Além disso, o EEG encontrou padrões de ativação mais fortes associados à motivação e ao engajamento no cérebro dos estudantes que estavam resolvendo os problemas matemáticos diversificados — mudando a atividade para o lado esquerdo do córtex pré-frontal. Em estudos anteriores, esse padrão de atividade cerebral "relacionada à motivação" demonstrou declinar quando os alunos resolviam problemas desafiadores, mas aumentava quando eles trabalhavam em problemas matemáticos diversificados. Devido a essa forte evidência, os pesquisadores concluíram que os problemas que incentivam múltiplas maneiras de resolvê-los, incluindo recursos visuais, criam experiências de aprendizagem positivas.[12]

Alexei planeja as tarefas com muito cuidado, considerando-as oportunidades para os alunos verem e aprenderem princípios matemáticos importantes. Ele dá aos estudantes problemas interessantes e desafiadores e os convida a discuti-los em duplas e grupos. Sua expectativa é de que eles achem os problemas desafiadores, e, em vez de pré-ensinar o que os alunos precisam, usa o importante princípio de esperar que os estudantes precisem de novos conhecimentos antes de lhes apresentar as ideias. Alexei observou as mudanças no envolvimento de seus alunos, desfrutando momentos em que seus rostos se iluminam enquanto trabalham em matemática desse modo.

Da mesma forma, um grupo de engenheiros na África do Sul testou as ideias que compartilho para uma matemática aberta e diversificada com problemas usados em programas de engenharia em nível universitário. Eles descobriram que todas as ideias são aplicáveis à matemática na universidade e compartilham exemplos de como transformaram os problemas de engenharia para torná-los mais diversificados.[13]

ENGAJAMENTO DIVERSIFICADO POR MEIO DE INVESTIGAÇÕES DE DADOS

Era um dia frio de inverno no norte da Califórnia quando recebi um *e-mail* do matemático Sol Garfunkel.[14] A mensagem dele iluminou meu humor, pois Sol é uma pessoa vibrante e interessante. Um matemático universitário que dedicou sua vida e seu trabalho ao ensino da disciplina, Sol apresentou uma série na rede de televisão PBS e atuou durante as últimas décadas como diretor de uma organização premiada, o Consortium for Mathematics and Its Applications.[15] Sol e eu começamos a nos comunicar por videoconferências, e ele frequentemente compartilhava comigo seu ambiente de inverno e neve enquanto conversávamos. Eu adoro neve, então isso tornava as conversas ainda mais agradáveis. Uma das coisas que fiquei sabendo sobre Sol é que ele criou, com muitos recursos de matemática envolventes, uma competição internacional de matemática em modelagem de dados para alunos do ensino médio e universitários.[16] Você pode estar pensando que uma competição de matemática não é muito interessante ou importante para sua vida, mas deixe-me ver se consigo deixá-lo interessado apresentando alguns dados impressionantes.

Uma competição de matemática muito conhecida usada em escolas nos Estados Unidos e em muitos outros países é a Olimpíada de Matemática.[17] Gosto muito das questões desse tipo de evento porque elas geralmente são criativas e interessantes, mas não gosto que elas sejam dadas sob condições cronometradas de alta pressão, que são perfeitas para afastar mulheres e pensadores profundos.[18] Todos os anos, um time dos alunos mais bem--sucedidos nos Estados Unidos é enviado para a Olimpíada Internacional de Matemática. Nos últimos 30 anos, os Estados Unidos não enviaram uma única aluna nem um único aluno negro ou latino.[19] Outra competição universitária de matemática que produz desigualdades igualmente terríveis é a Competição Matemática Putnam. Ela é conhecida como a competição universitária de matemática "mais prestigiada" e tem uma pontuação média de zero em 120 pontos possíveis.[20] O teste cronometrado consiste em questões curtas e difíceis. Se você consultar as páginas da *web* que mostram aqueles que obtiveram sucesso na Putnam, não verá absolutamente nenhuma mulher nem encontrará qualquer diversidade racial.[21] Uma jovem cientista da computação em Stanford me contou que quando estava fazendo sua graduação era exigido que os alunos declarassem seu escore na Putnam cada vez

que entravam em uma reunião do departamento de matemática. Para mim, isso é uma forma de abuso — algo que fazia as pessoas sentirem que seu valor é julgado pelo seu desempenho em um teste limitado e estressante.

Em meio a esse retrato sombrio dos testes de matemática que produzem resultados de gênero e raça tão severos que deveriam fazer soar alarmes pelos departamentos de matemática existe um raio de luz brilhante. Sol planejou uma competição que avalia a modelagem matemática. Por um período de quatro dias em cada ano de sua competição, aproximadamente 80 mil alunos trabalham em grupos de até três pessoas em problemas matemáticos difíceis aplicados e diversificados. Os exemplos de problemas incluem analisar a energia renovável em diferentes estados, examinar as tendências em línguas globais e planejar um padrão óptico de busca de helicópteros. Quando os alunos se envolvem nesses problemas, eles trabalham com diversidade matemática e *mat-ish* — baseados em diversas áreas da matemática, pensando de diferentes maneiras, colaborando uns com os outros e desenvolvendo as ideias dos colegas. Impressionantes 43% dos participantes são mulheres, bem como 43% dos vencedores.[22] Inicialmente, a competição foi concebida para universitários, mas no terceiro ano foi vencida por um time de alunos do ensino médio — os organizadores nem mesmo sabiam que uma escola de ensino médio havia entrado na competição. Desde aquela época, essa experiência poderosa de matemática tem atraído e acolhido cada vez mais equipes desse nível de ensino.[23]

Fiquei interessada nessa competição incomum quando Sol perguntou se minha equipe em Stanford poderia investigar por que ela produz resultados de gênero muito mais impressionantes do que todas as outras competições de matemática universitárias. Começamos a nos preparar para responder a essa pergunta com um estudo de métodos mistos que incluía mais de 42 horas de observação, entrevistas com membros dos corpos docente e discente e questionários com 1.327 estudantes em dez países. Um de nossos achados foi que os alunos entravam na competição porque achavam que poderiam empregar seu "eu completo" e não ser julgados somente pela matemática limitada.[24] Os questionários e as entrevistas foram codificados e analisados para encontrar as características que produziam resultados mais equitativos. Isso produziu três temas, apresentados na

Figura 8.2, revelando que os alunos se inscreveram na competição por três motivos — a oportunidade de

- colaborar com outros;
- envolver-se em matemática multidimensional e modelagem;
- criar ideias matemáticas.

Uma das professoras de matemática que todos os anos recomenda com entusiasmo a competição para os alunos em sua faculdade reflete:

> [...] é um tipo de experiência diferente comparado às competições de matemática como a Putnam. Na minha opinião, esse é um reflexo mais detalhado do que faz a matemática profissional e acadêmica (ler, escrever, trabalhar em equipe, trocar ideias matemáticas, lidar com problemas que não são bem definidos inicialmente, dedicar tempo a um problema em vez de ter um período mais curto, etc.). Entre outras razões, recomendo essa competição para alunos que querem ter uma noção de como é a "pesquisa" em matemática e a indico aos estudantes que querem ir diretamente para empregos no ramo após a formatura.[25]

A reflexão da professora e os resultados do nosso estudo enfatizam o valor da diversidade matemática, não só para interesse, sucesso e aprendizagem em longo prazo dos alunos, mas também para avaliação. Ela com-

FIGURA 8.2 Motivos dos alunos para entrar na competição de modelagem.

partilha um ponto importante: essa experiência diversificada é o que é a verdadeira matemática.

A competição de dados — além de mostrar que quando convidamos os estudantes a se engajarem em um conteúdo mais diversificado, um grupo mais diversificado de alunos tem sucesso — demonstra o interesse que eles têm nesse tipo de investigação. Isso é uma sorte porque vivemos em um mundo cheio de dados, como mostro neste livro, e qualquer professor de matemática do K-16* pode diversificar seu conteúdo infundindo-o com dados. Temple Grandin, uma professora de ciências e referência na inclusão de pessoas com transtorno do espectro autista, faz uma proposta ousada de mudar o conteúdo exigido no ensino médio e nos primeiros anos da faculdade de álgebra para análise de dados.[26] As pesquisas, incluindo nosso estudo da competição de dados de Sol, sugerem que uma mudança como essa poderia diversificar e aumentar o sucesso dos alunos e seu interesse nos cursos STEM.[27]

O IMPACTO DE UM ÚNICO PROFESSOR

Ao longo dos anos, tenho defendido uma experiência mais universal para os estudantes; conheci muitos pais e muitos professores preocupados com o fato de não poderem fazer a diferença quando seus filhos e seus alunos estão vivenciando tanta matemática limitada na escola. Algumas vezes, eles também acham que podem acompanhar o sistema e ensinar de uma forma limitada. Tenho duas respostas para isso.

Primeiro, sei que, quando os alunos aprendem a ver a matemática de formas diferenciadas e abordá-la a partir de diferentes perspectivas, usando as estratégias que apresentei no Capítulo 2, eles mudam a partir daquele momento e colhem grandes benefícios, mesmo quando as experiências posteriores em sala de aula são limitadas. No Capítulo 4, compartilhei a histó-

* N. de R. T. O K-16 é um movimento que tenta aproximar conhecimentos da educação básica (K-12) e conhecimentos do ensino superior, como a competição proposta por Sol.

ria de Yasmeena, a estudante de graduação que criou uma prova visual com barras Cuisenaire. Quando perguntei a ela se podia compartilhar sua história neste livro, ela me disse que a abordagem modificada da matemática que havia aprendido na minha classe lhe permitiu cursar e ser bem-sucedida em "muitas aulas de matemática avançada em Stanford (álgebra linear, cálculo multivariável, probabilidade e estatística)". Aprender matemática com mensagens de mentalidade e diversidade, seja qual for a abordagem escolhida pelo professor ou pelos pais, prepara os alunos para o sucesso pelo resto da vida.

Minha segunda resposta é que sei de incontáveis professores da educação básica que proporcionaram aos alunos uma experiência matemática diversificada dentro do sistema escolar público, com seu interminável fluxo de padrões curriculares e testes limitados, e isso fez uma enorme diferença naquele momento e dali em diante.[28] Quando os professores mostram aos alunos que eles podem ver a matemática de maneira diferente, isso muda a forma como eles abordam toda a matemática futura, seja ela limitada, seja ela diversificada. Um único professor pode fazer uma enorme diferença para qualquer um, e encorajo você a ser a pessoa que faz essa diferença para as pessoas que conhece — e para si mesmo.[29]

Provavelmente não causará surpresa que eu esteja convencida do impacto de um único professor, pois recebi esse benefício em minha própria experiência de aprendizagem de matemática. Frequentei uma escola pública de anos finais do ensino fundamental "abrangente" na Inglaterra, e, na maior parte de meus anos na educação, minha experiência com matemática foi típica de muitas pessoas. Fui bem-sucedida e conseguia computar os métodos em alta velocidade, que era a forma de trabalho valorizada, mas aquilo não me interessava muito. Eu estava mais interessada em estudar ciências na faculdade, por isso escolhi matemática como uma das disciplinas do "nível avançado" ou do nível A que estudei quando tinha 17 e 18 anos. Foi quando conheci a Sra. Marshall e a matemática mudou para mim.

A Sra. Marshall era uma personagem e tanto, consideravelmente mais agradável que qualquer outro professor de matemática que já tive. Com frequência, ela chegava apressada e ofegante em nossa sala de aula do nível A, depois de ter corrido pelos corredores para evitar o diretor, pois estava usando brincos pendentes, que o diretor havia proibido, mesmo para os professores. Naquela época, esse ato de rebeldia me impressionava, assim como sua disposição para conversar. Lembro-me de perceber, com alguma surpresa, que matemática de alto nível podia combinar com uma personalidade cativante! Foi o ensino da Sra. Marshall que finalmente desbloqueou meu potencial e o interesse pela matemática.

A Sra. Marshall usava o mesmo livro didático de matemática do nível A — repleto de ideias de cálculo — que os outros professores na escola, mas ela não dava aulas expositivas sobre os métodos nem pedia que depois os alunos calculassem com questões similares. Ela chamava atenção para algumas questões em cada capítulo e pedia que as discutíssemos em grupos. Depois de conversarmos sobre as questões em pequenos grupos, tínhamos uma discussão com toda a turma. Durante esse momento importante, a Sra. Marshall intervinha com novas ideias e nos ensinava novos métodos. Essa abordagem de aprendizagem da matemática — como uma disciplina que poderia ser vista de forma diferentes, em que as ideias e os pensamentos dos alunos eram valorizados — mudou tudo para mim. Isso alterou o modo como eu pensava sobre mim mesma e mudou como eu pensava sobre matemática. Também me possibilitou considerar a matemática como minha futura área de estudo e de trabalho.

O que é interessante para mim agora, quando reflito sobre a experiência que tive aos 17 e 18 anos, é que a professora transformou a matemática para mim ao mudar dois aspectos da experiência de aprendizagem: ela convidou os alunos a conversarem sobre as ideias e ensinava novos métodos depois de discutirmos situações e descobrirmos a necessidade deles, uma prática que enfatizei por meio de vários exemplos neste livro.

ROMPENDO COM O *STATUS QUO*

Desde aquela época, ensinei matemática em escolas em Londres e na Califórnia e estudei o ensino da disciplina em muitos contextos na Inglaterra e nos Estados Unidos. Minha própria experiência e todos os estudos que realizei mostraram o valor de uma abordagem diversificada da matemática para a aprendizagem e o desempenho dos alunos.[30] Todavia, existem outros benefícios tão importantes quanto o desempenho que provêm das experiências modificadas dos estudantes com a matemática. Denominei um deles "equidade relacional" para capturar a forma de equidade que surge quando os alunos começam a ver a matemática como uma oportunidade para colaboração em vez de competição, aprendem a tratar uns aos outros com respeito e consideram outros pontos de vista enquanto aprendem.[31] Quando ensinamos os estudantes a colaborar, estabelecendo cuidadosamente as normas do grupo que os ensinam a respeitar uns aos outros, fazemos uma enorme contribuição para o desenvolvimento de sociedades equitativas. Um dos objetivos das escolas deve ser formar jovens que se tratem com respeito; que valorizem as contribuições de outras pessoas com quem interagem, independentemente de sua raça, sua classe, seu gênero ou qualquer outra diferença; e que ajam com um senso de justiça, considerando as necessidades dos outros na sociedade. Um primeiro passo para formar cidadãos que agem desse modo é a criação de salas de aula em que os alunos aprendem a agir assim.

Além desse benefício social, os alunos aprendem a apreciar a diversidade matemática e tudo o que ela pode oferecer. Os participantes dos diferentes estudos que conduzi descrevem como sua aprendizagem da diversidade matemática os ajuda a ter bom desempenho. Seth estava em uma das turmas de cálculo que estudei com Jim Greeno, um colega em Stanford, como parte de uma investigação das diferentes abordagens de cálculo.[32] A turma de Seth foi convidada a discutir as ideias em um grande grupo, e ele reflete que essa experiência o ajudou posteriormente quando estava trabalhando sozinho, pois havia aprendido que, se estivesse travado, deveria olhar para os problemas de uma maneira diferente. O simples fato de trabalhar nos problemas com colegas em aula lhe deu uma apreciação pela diversidade matemática. A diversidade que Seth descreveu para mim contrastou fortemente com os relatos de alunos nas outras turmas de cálculo em que eles resolveram questões limitadas sozinhos.[33] No entanto, essa abordagem muito raramente faz parte das experiências matemáticas dos alunos, especialmente em níveis superiores.

Outros estudantes me ajudaram a perceber outro valor oferecido pela diversidade matemática. Laquinita, 13 anos, era uma aluna dos anos finais do ensino fundamental que frequentou o primeiro curso de verão que ministrei nos Estados Unidos. Um distrito escolar havia organizado o curso para alunos reprovados, e a participação era obrigatória. O boletim escolar de Laquinita, que a acompanhava, a descrevia como "muito exuberante". Achamos Laquinita cheia de ideias e engajada, e ela geralmente estava disposta a compartilhar seu pensamento, o que valorizávamos. No final do curso de verão, Laquinita comparou sua experiência com sua vivência em matemática na escola regular:

> É como se a forma como nossas escolas fizeram isso fosse muito em preto e branco, e a forma como as pessoas fazem aqui é muito colorida, muito brilhante. Você tem variedades muito diferentes para as quais está olhando. Você pode olhar de um jeito, virar a cabeça e, de repente, ver um quadro completamente diferente.[34]

A descrição de Laquinita captura lindamente outro valor da diversidade matemática, além do desempenho e do engajamento. A diversidade matemática ajuda os alunos a desenvolverem apreciação pela disciplina, algo a que é dada pouca atenção no sistema escolar.[35] Algumas pessoas preferem matemática em "preto e branco", mas estão em grande desvantagem numérica em relação àquelas que são inspiradas pela beleza da disciplina "colorida" e "brilhante".

Em um estudo de abordagens de matemática no ensino médio, conheci Toby, um aluno da 3ª série de 17 anos na Greendale High School que estava aprendendo matemática por meio do Integrated Mathematics Program (IMP), uma abordagem que ensina matemática integrada, sem separar álgebra e geometria, por meio de situações ricas e complexas.[36] Quando observei as aulas, vi os alunos trabalhando juntos de modos multidimensionais, com base nas ideias uns dos outros, dedicando-se juntos para encontrar soluções. Muitas vezes, eles se engajavam apaixonadamente, usando linguagem matemática de alto nível enquanto discutiam diferentes abordagens para os problemas. Quando levei meu colega da Stanford, Jim Greeno, psicólogo cognitivo mundialmente famoso, para assistir a uma das aulas, ele simplesmente a descreveu como "mágica". No final do estudo, sentei-me com Toby e lhe pedi que descrevesse a matemática com suas próprias palavras:

> A matemática é muito bonita e tem esses padrões que são surpreendentes. A maior parte das obras de arte é, de algum modo, composta de padrões. E, por isso, escrevi muitos poemas sobre ela e muitas músicas envolvendo isso. Polirritmos, para mim, era uma coisa que meio que intercalava música e matemática — porque é como padrões que levam vários compassos para serem repetidos porque eles não se encaixam uniformemente em quatro compassos, e isso é exatamente como uma fração porque, se você eleva uma fração o suficiente, haverá denominadores comuns. E, assim, vejo como os padrões podem ser interessantes e artísticos. E a matemática se intercala muito para mim dessa forma.

A abordagem de Toby à matemática o impactou de muitas maneiras. Vi em minhas observações em sala de aula como a diversidade matemática o ajudou a desenvolver compreensão, e sua descrição da disciplina na arte e na música nos dá uma noção profunda de sua apreciação. Toby também começou a ver o mundo com uma lente matemática; ele a descreve como um conjunto de ideias que se entrelaçam no mundo, intercalando música e arte, fornecendo padrões que ele achou "bonitos" e que deram significado às suas criações musicais. O valor dessa lente para a vida não pode ser exagerado. Acho desconcertante o fato de que houve pessoas que trabalharam para retirar essa abordagem das escolas, não vendo o valor nas oportunidades matemáticas que ela proporciona. Felizmente, elas não foram bem-sucedidas.

Todos os três alunos que citei falam sobre matemática de forma atípica, como algo colorido, até mesmo bonito, e como uma disciplina que é social, em que a compreensão é apoiada pelas diferentes formas como as pessoas veem as ideias. Eles a descrevem como um conjunto de padrões que iluminam o mundo da arte e da música. Laquinita, com apenas 13 anos, captura muito bem a diversidade matemática: "Você pode olhar de um jeito, virar a cabeça e, de repente, ver um quadro completamente diferente".

Essas concepções da matemática refletem sua verdadeira disciplina, embora, infelizmente, elas ainda sejam raras. Pior que isso, nossa versão da matemática típica e limitada, que é reproduzida em muitas salas de aula, faz com que as pessoas que pensam de modo diferente achem que há algo de errado com elas — que elas são inferiores.[37] No entanto, podemos criar algo melhor para todos — uma matemática que aceite diferentes maneiras de ver e de pensar e que possibilite que as pessoas façam conexões e compreendam profundamente. Todos os alunos cujas citações compartilhei provêm de salas de aula da escola pública regular, e qualquer um de nós pode ajudar os estudantes — e a nós mesmos — a alcançar algo igualmente bonito e significativo.

RACISMO E VIÉS SISTÊMICOS: TRABALHANDO PARA MUDAR O *STATUS QUO*

Alguns leitores sabem que minhas mensagens de diversidade matemática — particularmente a ideia de que todos os alunos merecem ter acesso à matemática de alto nível — foram recebidas com resistência considerável, especialmente daqueles que são bem-sucedidos no sistema desigual atual.[38] O sistema tradicional de educação de matemática classifica, ordena e separa os alunos, e a matemática limitada que é valorizada é fácil de trazer sucesso para aqueles que são ricos, pois eles podem pagar por aulas de reforço voltadas para o sucesso nos testes. Algumas pessoas estão muito interessadas em manter o sistema funcionando dessa maneira; elas sabem que uma abordagem da matemática que valorize e exija criatividade e raciocínio é menos fácil de treinar, já que envolve compreensão verdadeira. Considerando-se esse contexto mais amplo, talvez não cause surpresa que a resistência às minhas ideias e às minhas evidências de pesquisa tenha assumido a forma de perseguição, abuso e, recentemente, até ameaças de morte a mim e às minhas filhas. Entretanto, emergi desse período tumultuado mais forte do que nunca. Essa força provém da mentalidade que desenvolvi, a qual me protegeu durante o assédio e o abuso: decidi que está na hora de compartilhar a abordagem e as estratégias que utilizo. Para concluir este livro, compartilharei cinco exemplos que considero úteis para todos nós, em especial aqueles que trabalham para mudar os sistemas desiguais.

Encontrei pela primeira vez resistência agressiva e propagação de desinformação sobre meu trabalho depois que publiquei os resultados do estudo que mostra que os alunos da Railside School, uma escola de ensino médio urbana diversificada, alcançaram níveis mais altos do que estudantes de classe média de uma área mais rica que foram ensinados tradicionalmente.[39] Os tradicionalistas que trabalharam para impedir a mudança alegavam que manipulei os dados para produzir esse resultado, pois ele mostra que, quando mudamos a forma como ensinamos e abrimos caminhos, muito mais pessoas têm sucesso. Eles continuaram a fazer a mesma alegação sobre meu estudo na Inglaterra — uma pesquisa que havia recebido prêmios pelo seu rigor.[40] Quando fui convidada a ser uma das redatoras de uma nova estrutura curricular de matemática para o estado da Califórnia, a propagação de desinformação recomeçou e a resistência subiu o tom para incluir ameaças de morte.[41] Era uma noite de sexta-feira quando minha caixa de entrada de *e-mails* começou a ficar cheia de insultos. Rapidamente fiquei sabendo que Tucker Carlson havia colocado minha imagem em seu programa e ridicularizado o fato de que a estrutura proposta na Califórnia pretendia promover justiça social.[42] Esse foi o começo de alguns meses muito delicados, que incluíram a polícia de Stanford ter adicionado minha casa em suas patrulhas diárias. Muitas pessoas expressaram choque e consternação diante do fato de uma pesquisadora que trabalha para produzir evidências ter que passar por esse tipo de abuso e assédio. Infelizmente, esse tipo de reação está se tornando cada vez mais comum para os acadêmicos;[43] cientistas que estudam as mudanças climáticas recebem assédio e abuso semelhantes devido ao seu trabalho.[44]

Além das ameaças, o grupo contra a California Mathematics Framework trabalhou para desacreditar meus estudos de pesquisa, tentou fazer com que as revistas científicas retirassem meus artigos, espalhou desinformação sobre mim nas mídias tradicionais e sociais, incluiu desinformação na minha página na Wikipédia e convenceu jornalistas a escreverem inúmeros artigos argumentando contra a estrutura e contra mim. Observei com grande interesse, naquele momento, que os ricos e os poderosos nos Estados Unidos são capazes de direcionar e controlar as mídias.

Eu me considero uma pessoa introvertida. Na minha infância, frequentemente me recusava a falar com qualquer um fora da minha família e dependia da minha irmã para toda a comunicação. Quando jovem adulta, evitava qualquer fala em público e, sempre que podia, deixava que outras pessoas assumissem esse papel. Agora, muitos anos depois, falo para milhares de pessoas, embora nunca sem nervosismo. O que é notável para mim, e algo que jamais teria desejado, é o rótulo que recebi: "figura pública". Recentemente, esse rótulo mudou ainda mais para uma "figura pública controversa". Nunca quis ser uma figura pública e queria ainda menos estar no meio de uma "guerra" pública.

Quando me descrevi assim pela primeira vez em um artigo de jornal, entrei em contato com a jornalista e pedi que ela removesse a palavra "controversa". Ela respondeu dizendo que era altamente apropriado me descrever como controversa, pois há muitos tradicionalistas que discordam publicamente das minhas ideias, o que contribui para as batalhas sobre o ensino de matemática. Ela destacou outras figuras públicas que considerava controversas, todas elas pessoas que admiro muito! Outros definiram pessoas controversas como aquelas cujas páginas na Wikipédia receberam muitas edições.[45] Minha página na Wikipédia recebeu não só muitas edições, como também edições tão imprecisas e direcionadas que o *site* bloqueou a página para me proteger.[46]

Comecei a me acostumar com a ideia de ser uma "figura pública controversa". Entretanto, fazer isso — e até mesmo passar a ver valor em aceitar e desfrutar a notoriedade — foi uma jornada de mudança na minha própria mentalidade. Muitas pessoas já me perguntaram como eu lido com os ataques ao meu trabalho, como consigo prosseguir diante de ameaças de morte e abuso. Minha sobrevivência e minha emergência como uma pessoa mais forte, ainda mais determinada a lutar pela equidade educacional, se devem a um conjunto de ideias que considero importantes para todos, por isso encerrarei este livro com elas.

CINCO PRINCÍPIOS PARA TORNAR-SE UM AGENTE EFICAZ

1. Acredite em si mesmo

O primeiro princípio quando trabalhamos para mudar a educação, ou outros sistemas desiguais, refere-se à importância de acreditar em si mesmo. Os Estados Unidos, bem como outras sociedades, têm uma cultura de desrespeitar os educadores, bem como pessoas não brancas, mulheres, pessoas *queer*, não binárias e transgênero, pessoas com deficiências físicas e qualquer outra que seja diferente do que é "típico". Se você se enquadrar em mais de uma dessas categorias, o desrespeito é magnificado.

Todavia, os educadores, apesar da falta de respeito com que são tratados, têm conhecimento especializado que nenhum outro profissional tem. Lee Shulman, um professor ilustre, apresentou ao mundo uma forma de conhecimento que denominou como conhecimento do conteúdo pedagógico, frequentemente abreviado para PCK (do inglês *pedagogical content knowledge*).[47] Esse conhecimento, relativo a maneiras de ensinar bem, encontra-se na interseção de conteúdo e na pedagogia. Por exemplo, como compartilhamos conhecimento de uma maneira que seja mais compreensível para os alunos? Que representações destacam melhor a ideia? Quais são as falsas concepções típicas? Como lidamos com os erros? Alguns professores universitários conhecem seu conteúdo em níveis muito altos, mas carecem completamente de PCK, por isso não ensinam bem. Bons professores têm PCK altamente especializado, o que pode levar anos para desenvolver, sendo melhor desenvolvido dentro da prática de ensino. Deborah Ball, ex-reitora da University of Michigan e especialista em educação, descreve que aprender a ensinar fora da situação de ensino é como aprender a nadar em uma calçada.[48]

Algumas pessoas acham que ensinar não é um trabalho intelectualmente desafiador. Quando elas compartilham esse pensamento comigo, eu contesto apresentando um cenário de ensino específico como exemplo. Imagine que você está iniciando uma discussão em classe sobre uma ideia matemática com 30 alunos. Talvez você faça uma pergunta à turma e um aluno dê uma resposta. Nesse momento, você tem muitas decisões a tomar enquanto prepara sua resposta; você considera diferentes questões: o que o aluno entendeu? Como essa compreensão está relacionada à matemática que estou discutindo? Como o raciocínio do estudante está conectado com o horizonte matemático mais amplo? Aonde isso poderia levar? Do que o aluno mais precisa matematicamente como acompanhamento, mas também do que os outros estudantes na turma precisam? Todas essas considerações devem informar a pergunta ou a declaração seguinte do professor, e a decisão deve ser tomada em uma fração de segundo, enquanto 30 pessoas estão observando e esperando. Muito poucos trabalhos exigem essa complexidade de pensamento e tomada de decisão em alta velocidade. É claro que essa é apenas uma pequena situação; os professores também precisam saber como envolver os alunos profundamente em todo o conteúdo que eles estão aprendendo, o que requer conhecer seu conteúdo de cima a baixo, por dentro e por fora, de maneiras que a maioria das pessoas não conhece. Fico satisfeita que Lee Shulman tenha identificado o conhecimento do conteúdo pedagógico e elevado seu *status* até um lugar importante.

Apesar da *expertise* e do conhecimento consideráveis que os professores obtêm da sua prática e de seus anos de estudo, muitos não professores acham que sabem melhor o que deveria acontecer na sala de aula porque foram à escola.[49] Este é meu conselho aos educadores que encontram pessoas que têm pouca informação e se opõem a ideias novas e diversas: *saiba que é você quem tem conhecimento e* expertise *e acredite em si mesmo.* Eduque as pessoas que o desafiam sobre a complexidade do ensino e explique algumas de suas nuances. Não tenha medo de destacar seu conhecimento sobre o conteúdo pedagógico. A maioria dos educadores evita flexibilizar sua *expertise*, mas pode estar na hora de compartilhar exemplos, incluindo vinhetas, que destaquem o valor de suas decisões educacionais.

2. Pratique empatia

Meu segundo conselho é praticar empatia intencional profunda o máximo que você puder. Um grupo interdisciplinar de professores e alunos da Stanford conduziu pesquisas sobre as formas como podemos promover um diálogo saudável, mesmo quando cruzamos divisões políticas. Depois de examinar quatro estudos envolvendo 4.780 pessoas, eles descobriram que, quando os indivíduos se comunicam com empatia pelas posições e pelas ideias do seu oponente, eles têm muito mais probabilidade de influenciar seu pensamento.[50]

Considere a possibilidade de dizer que você entende as preocupações da pessoa e que tem alguns exemplos que poderiam ser úteis para que ela considere enquanto continua seus próprios processos de pensamento. Muitos de nós valorizamos a diversidade nas pessoas e nas ideias, mas não somos tão receptivos como deveríamos a ideias diferentes das nossas.[51] Se valorizamos verdadeiramente a diversidade, devemos iniciar as conversas acolhendo outras perspectivas e conversando sobre elas. Quando penso em conversas com pessoas cujas visões são opostas às minhas, lembro-me do conselho budista de que é mais útil ser como um salgueiro do que como uma árvore firme e forte. Quando começa a nevar, ambas as árvores têm que suportar um peso adicional em seus galhos. À medida que a neve se acumula, os galhos da árvore firme se mantêm rígidos, até que acabam trincando e quebrando. O salgueiro se curva com a neve, aceitando-a, até que, por fim, os galhos retornam à sua posição, frescos e renovados.[52] Escrevi em outro lugar sobre a importância de ser flexível quando abordamos novas situações e pontos de vista diferentes.[53] Algumas vezes a flexibilidade nos ajuda a atingir os objetivos mais difíceis.

A essa altura, nenhuma das pessoas que se opuseram à California Mathematics Framework e trabalharam para me desacreditar estavam abertas a discutir as ideias. Se estivessem, acredito sinceramente que teríamos tido muito mais concordâncias do que discordâncias, e suas ideias teriam feito mais diferença. Sempre recebo bem os desafios respeitosos; um debate animado é sinal de uma comunidade saudável e produtiva, e é assim que aprendemos. O que não é saudável são os ataques pessoais e as tentativas de desacreditar não as ideias, mas a pessoa.[54]

3. Construa uma rede

Meu terceiro conselho é sobre apreciar o valor incrível das outras pessoas e da comunicação. Se você está trabalhando em uma área difícil, sugiro fortemente que encontre aliados apoiadores; pode ser qualquer pessoa na sua vida — amigos, familiares, colegas. Descobri ao longo dos anos que as pessoas que são atacadas, incluindo eu mesma, têm uma tendência natural de se recolher e se manter em silêncio. Isso é lamentável, pois a abordagem mais restauradora e generativa quando a pressão é alta é conectar-se com os outros. Quando finalmente comecei a falar sobre os ataques ao meu trabalho, fui contatada por centenas de cientistas mulheres que compartilharam experiências parecidas de assédio e difamação.[55] Esse apoio de pessoas em situações semelhantes mudou tudo para mim.

4. Investigue

Meu quarto conselho é coletar e compartilhar os dados — o que pode assumir muitas formas. Uma das maiores mudanças que vi ocorreu quando um diretor de uma escola em Toronto, que estava comprometido com o valor dos princípios da mentalidade de crescimento permeando o ensino, entrevistou os alunos, filmando suas respostas a perguntas sobre como se sentiam em relação à matemática. Ele reproduziu os vídeos para os professores, o que ocasionou mudanças generalizadas nas abordagens de ensino.[56] Se você estiver observando um aspecto do seu sistema que pode precisar de mudança, colete os dados. Enquanto faz isso, examine o que encontrar através das lentes da diversidade. Como ilustra o exemplo anterior, os dados podem assumir muitas formas diferentes — os caminhos dos alunos, o desempenho, as desigualdades raciais, os sentimentos dos estudantes depois de fazerem testes de matemática limitados e cronometrados —, todas as quais podem ser poderosas para gerar resultados positivos.

5. Desenvolva uma mentalidade de guerreiro

Meu quinto e último conselho talvez seja o mais importante, já que se refere às nossas mentalidades e às formas de encarar as resistências. Minha aprendizagem sobre essa prática baseia-se nos ensinos budista e taoísta, embora eu não seja *expert* em qualquer religião. É claro, ambas as tradições rejeitam a ideia de ser um *expert* e posicionam até o mais sábio dos comunicadores de ideias como pessoas que estão constantemente aprendendo. A seguir, compartilho minha interpretação de uma ideia que me ajuda em meu trabalho contínuo para tornar a educação um direito fundamental para todos.

Tanto no ensino budista quanto no ensino taoísta, os líderes encaram o processo de mudança como o trabalho de um guerreiro. A raiz da palavra *guerreiro* vem de *guerra*, mas as concepções budistas e taoístas de combate não são sobre lutar ou sobre guerra; elas são sobre conectar-se com o mundo de maneiras novas e diversificadas, voltado para fazer a diferença.[57] A consciência que decorre dessa perspectiva sobre o trabalho de equidade pode mudar a forma como nos movimentamos no mundo, nos possibilitando níveis maiores de eficácia e nos protegendo de forças prejudiciais que atuam para bloquear a mudança. É importante salientar que ser um guerreiro é um estado de consciência interna, uma forma diferente de nos conectarmos com nossa mente.

John Little comunica as filosofias de Bruce Lee, que era famoso por suas aparições em Hollywood como *expert* em artes marciais e também notável por sua mentalidade e sua abordagem desenvolvidas da vida.[58] Little afirma que muitas pessoas no mundo ocidental negligenciam a conexão com sua força guerreira, ignorando sua presença, e, assim, são muito menos poderosas do que poderiam ser. Todos aqueles que se conectam com seu guerreiro interior muitas vezes podem se beneficiar de forças internas inexploradas que lhes possibilitam fazer conexões e maximizar seu potencial.[59]

Ser um guerreiro envolve um compromisso com a mudança, não para a mudança da sua vida ou de seus filhos, mas para o mundo. Para isso, primeiro você precisa reconhecer suas próprias força e bondade para que possa projetá-las para os outros. Os guerreiros não são incessantemente positivos ou otimistas, mas escolheram olhar para fora, mais além de si mesmos, e melhorar as condições, espalhando boas ideias e bondade no mundo.

Depois que meus colegas e eu ministramos nosso primeiro curso do YouCubed em Stanford, em que compartilhamos as ideias de mentalidade, crescimento do cérebro e diversidade matemática, ficamos sabendo que os alunos haviam retornado às suas escolas e compartilhado as ideias com os colegas que não haviam participado de nossos cursos. Eles disseram aos seus colegas nas aulas de matemática que eles não deveriam desistir, mas pensar que *ainda* não tinham aprendido uma determinada coisa. Eles encorajaram uns aos outros a pensar de modo diferente sobre problemas de matemática — a desenhá-los ou construí-los, por exemplo. Ouvi de professores sobre alunos que são apaixonados por compartilhar ideias de mentalidade com os colegas na sua classe — esses alunos estão agindo com mentalidade de guerreiros: estão pegando informações que sabem que são úteis e voltando-se para o exterior para compartilhá-las com os outros.

Após reconhecer valor no que você pode oferecer para as pessoas e comprometer-se em fazer a diferença, você precisará se conectar com seu *eu* autêntico. Quando deixamos de lado as ideias fixas e desenvolvemos uma mente mais flexível, temos mais probabilidade de nos tornarmos presenças autênticas no mundo. A capacidade de luta — a autopercepção da própria força e do potencial para fazer o bem — envolve conhecer seu eu real e honesto. É mais importante conhecer a si mesmo do que conhecer qualquer outra pessoa. O autoconhecimento permite que você interprete o mundo à sua volta em sua totalidade. À medida que você despertar mais sua mente, isso o ajudará a transcender a dúvida e a hesitação sobre ser seu *eu* autêntico. Não direi mais nada sobre esse importante modo de ser, a não ser isto: autenticidade é um estado que, depois de atingido, nunca é perdido.

O próximo aspecto do desenvolvimento da capacidade de luta está centralmente associado à ideia de *yin* e *yang*, um conceito que é importante em quase todas as culturas antigas examinadas pela arqueologia moderna, incluindo as religiões budista e taoísta.[60] *Yin-yang* captura as dualidades naturais no mundo, como sol e sombra, fogo e água ou correção e incorreção; transmite que essas ideias opostas estão interligadas de maneiras importantes. Os opostos precisam coexistir, em equilíbrio. Se você se afastar muito ao longo de um *continuum* (na direção de *yin*, por exemplo), será ajudado ao experienciar algo de *yang*. Alguns de nós crescemos achando que precisamos ser sempre felizes, fortes ou positivos; que não fomos feitos para sermos tristes, fracos ou negativos — mas essa mentalidade contradiz o equilíbrio natural do mundo. Ninguém pode ser eternamente feliz, positivo ou forte; é importante perceber isso e reconhecer os sentimentos que talvez tentamos afastar. Assim, em vez de afastarmos os sentimentos de negatividade ou impotência, nós os reconhecemos e os sentimos para que possamos retornar a um estado de equilíbrio.[61]

Algumas pessoas acham que a ideia de *guerreiro* significa força, mas, embora algumas vezes seja necessário força, não é possível — ou mesmo desejável — ser forte o tempo todo. Mesmo os guerreiros precisam reconhecer sua vulnerabilidade. Esse sentimento de que precisamos ser sempre fortes ou bem-sucedidos, que nunca podemos errar ou fracassar, é o que faz as pessoas desistirem de seus sonhos e de seus objetivos. Reconhecer a necessidade de *yin* e *yang* em todos os aspectos da capacidade de lutar, e da vida, pode ser extremamente libertador.

Chögyam Trungpa, um monge budista tibetano e escritor prolífico, transmite as formas importantes por meio das quais os guerreiros estão em contato com as dualidades da experiência:

> A plenitude da sua experiência é só dele, e ele deve viver com sua própria verdade. No entanto, ele está cada vez mais apaixonado pelo mundo. Essa combinação de amor e solidão é o que permite que o guerreiro se esforce constantemente para ajudar os outros.[62]

O conceito de *yin* e *yang* tem sido útil para me lembrar de que sempre existe um equilíbrio. Quando você trabalhar para divulgar ideias de mudança, poderá receber muita devolutiva positiva, mas sempre haverá resistência, e você deve esperar por isso — e até mesmo recebê-la como um sinal de que suas ideias têm o potencial de mudar alguma coisa. As pessoas não se darão ao trabalho de resistir, a menos que achem que suas ideias farão a diferença (o que, por alguma razão, as assusta). Em meu próprio trabalho compartilhando o valor de uma abordagem diferente da matemática, muitas vezes precisei recorrer à coragem do guerreiro quando as coisas ficaram difíceis. O trabalho é importante demais para ser abandonado. Uma parte central de ser um guerreiro envolve ficar mais confortável com as diferentes maneiras de ser. Sou fortalecida pelo conhecimento de que aqueles que se esforçam para me atacar e me desacreditar não compreendem não só a educação e a matemática, mas também as maneiras de conviver de forma compassiva ao lado de outros seres humanos com quem não concordam. Para mim é difícil ficar incomodada com alguém que não tem compreensão, pois isso sinaliza que a pessoa não teve oportunidades de aprender e se desenvolver. Sei também que minha força e minha coragem são contrabalançadas pela minha vulnerabilidade, com a qual preciso estar confortável.

O conceito de capacidade de luta transmite ideias complexas de mentalidade e perspectiva que nos contemplam com diferentes estratégias conscientes para lidar com os desafios. No Capítulo 3, falei sobre a importância de caminhar no limite da sua compreensão, pois esse é um lugar em que ocorre o maior desenvolvimento do conhecimento. Vejo o trabalho em equidade como caminhar em um limite diferente, o limite da mudança. Aqueles que têm o potencial para fazer mudanças quando caminham nesse limite ge-

ralmente viram um alvo. Se você estiver caminhando no limite da mudança, provavelmente terá flechas lançadas contra você.

Você deve resistir a isso para chegar ao outro lado, mas geralmente o outro lado é um belo lugar para se estar. Não permita que essas flechas o façam recuar ou cair. Assim como é importante estar confortável com o limite do esforço, também é importante estar confortável com o limite da mudança. Quando as pessoas não reuniram a mentalidade e a coragem necessárias para caminhar no limite e as primeiras flechas são lançadas, elas recuam para a segurança. Isso é parte do motivo pelo qual mudanças importantes não acontecem.

Aqueles que trabalham para tornar os sistemas educacionais mais equitativos estão particularmente vulneráveis ao ataque porque nosso sistema escolar está baseado em privilégios. Muitas práticas ultrapassadas que ainda são usadas na educação cultuam os velhos tempos, em que ainda não tínhamos as evidências que agora temos da neuroplasticidade, da neurodiversidade, da mentalidade e da conectividade cerebral; essas práticas permanecem arraigadas porque são apoiadas por pessoas poderosas que se beneficiam delas. Se você puder aprender a aceitar e reestruturar a resistência como um sinal positivo, como uma indicação de que pode realmente mudar alguma coisa, você terá evocado o espírito de um guerreiro.

Alguns anos atrás, depois que cheguei ao Novo México pronta para trabalhar com os professores no compartilhamento de ideias de mentalidade e diversidade matemática, olhei para a plateia e imediatamente notei duas jovens vestindo camisetas que chamaram a minha atenção.

Perguntei às professoras — Jana Ward e Zaira Falliner — o que as motivou a fazer essas camisetas com o slogan #trueBoaliever (algo como *verdadeiras apoiadoras de Boaler*). Elas me contaram que tinham acabado de concluir seu mestrado e estavam trabalhando como líderes docentes — compartilhando as ideias de mentalidade e diversidade matemática com instrutores locais. Aquele foi um momento empolgante, pois havia muito entusiasmo dos educadores e resultados mensuráveis dos alunos — ambos sobre suas conquistas e suas crenças. Jana e Zaira haviam criado um grupo denominado o time de ação em matemática. Todavia, os professores que ensinavam matemática da forma tradicional haviam começado a se opor ao grupo, chamando-o de seita. Eu também tive essa estranha acusação apontada para mim. A resposta de Jana e Zaira foi apoiar-se na acusação e fazer camisetas declarando sua verdadeira crença! Jana refletiu que ambas sabiam o que era certo para os alunos e não se detiveram. Esse é um exemplo perfeito do espírito de guerreiro. Jana e Zaira estavam sendo atacadas e rotuladas — então voltaram-se para as ideias, as aceitaram e se apossaram delas.

Sensei Koshin, um professor, psicoterapeuta e autor *zen*, assinala que em todas as histórias de grandes heróis há um problema. A forma como as pessoas trabalham com o problema faz com que elas sejam quem são.[63] Se você é um educador que trabalha para abrir o acesso a todos os alunos, para erguer aqueles que não receberam oportunidades e para lutar pelos desprivilegiados em nossa sociedade, você é um desses heróis, e sua história provavelmente envolverá algum problema ou algum desafio. Sua história como herói depende da sua reação ao problema e ao desafio, especialmente as formas como usa seu conhecimento e sua mentalidade para transformar essas experiências em pontos fortes.

Não acho que minhas ideias sejam particularmente polêmicas, embora outras pessoas as tenham atribuído esse rótulo. No entanto, se o fato de acreditar que todos os alunos podem aprender e que é inaceitável que as salas de matemática de alto nível em escolas e faculdades sejam rastreadas racialmente significa que sou controversa, então estou disposta a aceitar esse rótulo. Na verdade, terei orgulho disso. Se o trabalho que você está fazendo tem o potencial de romper com o *status quo*, então você também deve usar o rótulo com orgulho. Porque, quando você escolhe reformular, aceitar e se apossar dos rótulos que recebe, estará fazendo algo importante. Sua mentalidade de guerreiro adicionará à maneira como você se comporta na vida uma camada de impenetrabilidade. Você mostrará ao mundo que não será amedrontado, desacelerado ou intimidado ou mesmo incomodado pelo que dizem aqueles que o atacam, pois você entende de onde eles vêm e o que os motiva. Jana e Zaira adotaram essa abordagem e foram rotuladas como uma seita, por isso se voltaram para a ideia, declarando com orgulho que eram "Boalievers". Esse é o espírito do guerreiro que todos nós precisamos desenvolver se quisermos trabalhar para promover resultados equitativos.

Este livro compartilhou as qualidades de ensino que encorajam diversidade matemática e *ish-ness* e apresentou muitos exemplos diferentes de como os professores conseguiram isso em suas salas de aula. Iniciamos com o importante objetivo de ensinar aos estudantes como aprender a usar algumas estratégias metacognitivas e matemáticas importantes que qualquer um consegue usar. Depois disso, consideramos a importância de abraçar a luta e adotar estratégias compartilhadas para que todos nós cultivemos o conforto com os desafios. Todavia, nossa verdadeira jornada na diversidade matemática iniciou com a identificação das áreas mais importantes da disciplina e das formas como cada uma pode ser abordada a partir de várias perspectivas. Compartilhei o valor dos números e das formas *ish* na aprendizagem e na vida. Após, consideramos a força da matemática visual, com vários exemplos ao longo dos níveis de escolarização. A partir daí exploramos a matemática como uma disciplina conceitual e conectada que deve ser abordada com flexibilidade. Por fim, concluímos com uma discussão da diversidade na prática, na avaliação e na devolutiva de matemática.

O que espero ter transmitido nessas descrições e nos casos é o fato de que os alunos ficam mais interessados e são mais bem-sucedidos quando o conteúdo que estão aprendendo lhes permite envolver-se de diferentes maneiras. Isso é importante para a aprendizagem de todo o conteúdo, em todas as idades e todos os níveis. Não é que tenhamos uma nação de pessoas que não conseguem ter sucesso em matemática, o fato é que temos milhões de pessoas que teriam muito mais sucesso e estariam mais engajadas se tivessem vivenciado diversidade matemática e *math-ish*. Mesmo que você não precise adotar o espírito de um guerreiro para colocar essas ideias, estratégias e abordagens em prática, espero que elas lhe fortaleçam ao longo da vida, permitam que você veja mais e aprenda mais a cada situação que encontrar e possibilitem que você eleve outras pessoas a níveis que elas nem mesmo sabiam que poderiam alcançar, inspiradas pela beleza da diversidade matemática e de *math-ish*.

NOTAS

Capítulo 1: Uma nova relação matemática

1. CABRERA, A. F. *et al.* Collaborative learning: its impact on college students' development and diversity. *Journal of College Student Development,* v. 43, n. 1, p. 20-34, 2002; JAZAIERI, H. *et al.* A randomized controlled trial of compassion cultivation training: effects on mindfulness, affect, and emotion regulation. *Motivation and Emotion,* v. 38, n. 1, p. 23-35, 2014; OECD. *PISA 2015 Results*: collaborative problem solving. [Paris]: OECD, 2017. v. 5; WINTERS, M. *Inclusive conversations:* fostering equity, empathy, and belonging across differences. Oakland: Berrett-Koehler, 2020.
2. BOALER, J.; STAPLES, M. Creating mathematical futures through an equitable teaching approach: the case of Railside School. *Teachers College Record,* v. 110, n. 3, p. 608-645, 2008; ANDERSON, R. K.; BOALER, J.; DIECKMANN, J. A. Achieving elusive teacher change through challenging myths about learning: a blended approach. *Education Sciences,* v. 8, n. 3, article 98, 2018; BOALER, J. *et al.* Changing students minds and achievement in mathematics: the impact of a free online student course. *Frontiers in Education,* v. 3, article 26, 2018; BOALER, J. *et al.* The transformative impact of a mathematical mindset experience taught at scale. *Frontiers in Education,* v. 6, article 784393, 2021.
3. Ver Haverstock School em https://www.haverstock.camden.sch.uk.
4. SUAREZ-PELLICIONI, M.; NUNEZ-PENA, M. I.; COLOME, A. Math anxiety: a review of its cognitive consequences, psychophysiological correlates, and brain bases. *Cognitive, Affective, and Behavioral Neuroscience,* v. 16, n. 1, p. 3-22, 2016.
5. DREW, C. Why science majors change their minds (it's just so darn hard). *The New York Times,* 4 Nov. 2011. Disponível em: https://www.nytimes.com/2011/11/06/

education/edlife/why-science-majors-change-their-mind-its-just-so-darn-hard.html. Acesso em: 17 jan. 2025.

6. EDLEY JR., C. At Cal State, algebra is a civil rights issue. *EdSource,* 5 June 2017. Disponível em: https://edsource.org/2017/at-cal-state-algebra-is-a-civil-rights-issue/582950. Acesso em: 17 jan. 2025.
7. BOALER, J. Op-Ed: how can we make more students fall in love with math? *Los Angeles Times*, 14 Mar. 2022. Disponível em: https://www.latimes.com/opinion/story/2022-03-14/math-framework-california-low-achieving. Acesso em: 17 jan. 2025.
8. BOALER, J. *What's math got to do with it?* How teachers and parents can transform mathematics learning and inspire success. New York: Penguin, 2015.
9. ANDERSON, R. K.; BOALER, J.; DIECKMANN, J. A. Achieving elusive teacher change through challenging myths about learning: a blended approach. *Education Sciences,* v. 8, n. 3, article 98, 2018; BOALER, J.; STAPLES, M. Creating mathematical futures through an equitable teaching approach: the case of Railside School. *Teachers College Record,* v. 110, n. 3, p. 608-645, 2008.
10. Ver minha biografia no *site* do YouCubed, na seção "Our team". *Our team*. [202-]. Disponível em: https://www.youcubed.org/our-team/. Acesso em: 17 jan. 2025.
11. CLUTE, Z. Bad at math no more. *The Hechinger Report*, 4 Apr. 2017, Disponível em: https://hechingerreport.org/opinion-bad-math-no/. Acesso em: 17 jan. 2025.
12. OECD. *Skills matter:* additional results from the survey of adult skills. Paris: OECD, 2019.
13. OECD. *Skills matter:* additional results from the survey of adult skills. Paris: OECD, 2019.
14. ABRAMS, L. Study: math skills at age 7 predict how much money you'll make. *The Atlantic*, 9 May 2013. Disponível em: https://www.theatlantic.com/health/archive/2013/05/study-math-skills-at-age-7-predict-how-much-money-youll-make/275690/. Acesso em: 17 jan. 2025.
15. BOALER, J. *Limitless mind:* learn, lead, and live without barriers. New York: HarperCollins, 2019.
16. STANFORD GRADUATE SCHOOL OF EDUCATION. *How to learn math for teachers*. [202-]. Disponível em: https://online.stanford.edu/courses/xeduc115n-how-learn-math-teachers. Acesso em: 17 jan. 2025.

17. BOALER, J.; DANCE, K.; WOODBURY, E. *From performance to learning:* assessing to encourage growth mindsets. Stanford: Youcubed, 2018. Disponível em: https://www.youcubed.org/wp-content/uploads/2018/04/Assessent-paper-final-4.23.18.pdf. Acesso em: 17 jan. 2025.
18. CHESTNUT, E. K. *et al.* The myth that only brilliant people are good at math and its implications for diversity. *Education Sciences,* v. 8, n. 2, article 65, 2018; LESLIE, S. *et al.* Expectations of brilliance underlie gender distributions across academic disciplines. *Science,* v. 347, p. 262-265, 2015.
19. MERZENICH, M. *Soft-wired:* how the new science of brain plasticity can change your life. 2 ed. San Francisco: Parnassus, 2013; DOIDGE, N. *The brain that changes itself.* New York: Viking, 2007.
20. IUCULANO, T. *et al.* Cognitive tutoring induces widespread neuroplasticity and remediates brain function in children with mathematical learning disabilities. *Nature Communications,* v. 6, article 8453, 2015.
21. LETCHFORD, L. *Reversed:* a memoir. San Diego: Acorn, 2018.
22. BOALER, J. Crossing the line: when academic disagreement becomes harassment and abuse. *Stanford University,* Mar. 2023. Disponível em: https://joboaler.people.stanford.edu/. Acesso em: 17 jan. 2025.
23. CALIFORNIA. Department of Education. *Mathematics framework.* Sacramento: CDE, 2023. Disponível em: https://www.cde.ca.gov/ci/ma/cf/. Acesso em: 2 fev. 2025.
24. ANDERSON, R. K.; BOALER, J.; DIECKMANN, J. A. Achieving elusive teacher change through challenging myths about learning: a blended approach. *Education Sciences,* v. 8, n. 3, article 98, 2018.
25. Ver, por exemplo, o trabalho de Eugenia Cheng, Keith Devlin, Dan Finkel, Maryam Mirzakhani, Steven Strogatz e Talithia Williams.
26. CHENG, E. What if nobody is bad at maths? *The Guardian,* 29 May 2023. Disponível em: https://www.theguardian.com/books/2023/may/29/what-if-nobody-is-bad-at-maths. Acesso em: 17 jan. 2025.
27. CHEN, L. *et al.* Positive attitude toward math supports early academic success: behavioral evidence and neurocognitive mechanisms. *Psychological Science,* v. 29, n. 3, p. 390-402, 2018.
28. AIKEN, L. R.; DREGER, R. M. The effect of attitudes on performance in mathematics. *Journal of Educational Psychology,* v. 52, n. 1, p. 19-24, 1961; AIKEN, L. R. Update on attitudes and other affective variables in learning mathematics. *Review of Educational Research,* v. 46, n. 2, p. 293-311, 1976.

29. PAJARES, F.; MILLER, M. D. Role of self-efficacy and self-concept beliefs in mathematical problem solving: a path analysis. *Journal of Educational Psychology*, v. 86, n. 2, p. 193-203, 1994; SINGH, K.; GRANVILLE, M.; DIKA, S. Mathematics and science achievement: effects of motivation, interest, and academic engagement. *The Journal of Educational Research*, v. 95, n. 2, p. 323-332, 2002.
30. Os pesquisadores frequentemente usam o quociente de inteligência (QI) como uma medida, embora esse teste tenha origens racistas. Veja, por exemplo, HISTORY of the race and intelligence controversy. *Wikipedia*, 2024. Disponível em: https://en.wikipedia.org/wiki/History_of_the_race_and_intelligence_controversy. Acesso em: 17 jan. 2025.
31. CHEN, L. *et al.* Positive attitude toward math supports early academic success: behavioral evidence and neurocognitive mechanisms. *Psychological Science*, v. 29, n. 3, p. 390-402, 2018.
32. BEILOCK, S. *How the body knows its mind:* the surprising power of the physical environment to influence how you think and feel. New York: Atria Books, 2015.
33. CHEN, L. *et al.* Positive attitude toward math supports early academic success: behavioral evidence and neurocognitive mechanisms. *Psychological Science*, v. 29, n. 3, p. 390-402, 2018.
34. YOUNG, C. B.; WU, S. S.; MENON, V. The neurodevelopmental basis of math anxiety. *Psychological Science*, v. 23, n. 5, p. 492-501, 2012.
35. BOALER, J. Prove it to me! *Mathematics Teaching in the Middle School*, v. 24, n. 7, p. 422-428, 2019.
36. BOALER, J. Prove it to me! *Mathematics Teaching in the Middle School*, v. 24, n. 7, p. 422-428, 2019.
37. Ver YOUCUBED. *Our team*. [202-]. Disponível em: https://www.youcubed.org/our-team/. Acesso em: 17 jan. 2025.
38. BOALER, J. *et al.* The transformative impact of a mathematical mindset experience taught at scale. *Frontiers in Education*, v. 6, article 784393, 2021.
39. BOALER, J. *et al.* The transformative impact of a mathematical mindset experience taught at scale. *Frontiers in Education*, v. 6, article 784393, 2021.
40. IUCULANO, T. *et al.* Cognitive tutoring induces widespread neuroplasticity and remediates brain function in children with mathematical learning disabilities. *Nature Communications*, v. 6, article 8453, 2015; CHEN, L. *et al.* Positive attitude toward math supports early academic success: behavioral evidence and neurocognitive mechanisms. *Psychological Science*, v. 29, n. 3, p. 390-402, 2018;

MENON, V. Salience network. *In*: TOGA, A. W. (ed.). *Brain mapping:* an encyclopedic reference. Amsterdam: Academic Press, 2015. v. 2, p. 597-611.

41. DWECK, C. S. *Mindset:* the new psychology of success. New York: Ballantine Books, 2006; STIGLER, J. W.; HIEBERT, J. *The teaching gap:* best ideas from the world's teachers for improving education in the classroom. New York: Free Press, 2009; STEVENSON, H.; STIGLER, J. W. *Learning gap:* why our schools are failing and what we can learn from Japanese and Chinese education. New York: Summit Books, 1994; ERICSSON, A.; POOL, R. *Peak:* secrets from the new science of expertise. New York: Mariner Books, 2016.
42. BOALER, J. *et al.* The transformative impact of a mathematical mindset experience taught at scale. *Frontiers in Education,* v. 6, article 784393, 2021.
43. LILJEDAHL, P. Building thinking classrooms: conditions for problem-solving. *In*: FELMER, P.; PEHKONEN, E.; KILPATRICK, J. (ed.). *Posing and solving mathematical problems*: advances and new perspectives. Cham: Springer, 2016. p. 361-386.

Capítulo 2: Aprendendo a aprender

1. JOHN H. Flavell. *Wikipedia*, 2024. Disponível em: https://en.wikipedia.org/wiki/John_H._Flavell. Acesso em: 18 jan. 2025.
2. MORITZ, S; LYSAKER, P. H. Metacognition: what did James H. Flavell really say and the implications for the conceptualization and design of metacognitive interventions. *Schizophrenia Research,* v. 201, p. 20-26, 2018.
3. BOALER, J.; ZOIDO, P. Why math education in the US doesn't add up. *Scientific American Mind,* v. 27, n. 6, p. 18-19, 2016.
4. OECD. *The future of education and skills:* OECD learning compass for mathematics: the future we want. [Paris]: OECD, 2023. Disponível em: https://www.oecd.org/content/dam/oecd/en/about/projects/edu/education-2040/publications/OECD-Learning-Compass-for-Mathematics-2023-13-Oct.pdf. Acesso em: 18 jan. 2025.
5. HATTIE ranking: 252 influences and effect sizes related to student achievement. *Visible Learning,* 2018. Disponível em: https://visible-learning.org/hattie-ranking-influences-effect-sizes-learning-achievement/. Acesso em: 18 jan. 2025.
6. FLEMING, S. M. The power of reflection. *Scientific American Mind,* v. 25, n. 5, p. 30-37, 2014.

7. MITSEA, E.; DRIGAS, A.; MANTAS, P. Soft skills and metacognition as inclusion amplifiers in the 21st century. *International Journal of Online and Biomedical Engineering,* v. 17, n. 4, p. 121-132, 2021.
8. GRANT, A. The impact of life coaching on goal attainment, metacognition and mental health. *Social Behavior and Personality,* v. 31, n. 3, p. 253-263, 2003.
9. WILSON, D.; CONYERS, M. *Teaching students to drive their brains:* metacognitive strategies, activities and lesson ideas. Alexandria: ASCD, 2016.
10. BLACK, P.; WILIAM, D. Assessment for learning. *In:* NUTTALL, D. (ed.). *Assessing educational achievement.* London: Falmer, 1986. p. 7-18.
11. HECHT, C. A. *et al.* Shifting the mindset culture to address global educational disparities. *npj Science of Learning,* v. 8, n. 29, 2023.
12. VRUGT, A.; OORT, F. J. Metacognition, achievement goals, study strategies and academic achievement: pathways to achievement. *Metacognition and Learning,* v. 3, p. 123-146, 2008; ÖZSOY, G. An investigation of the relationship between metacognition and mathematics achievement. *Asia Pacific Education Review,* v. 12, n. 3, p. 227-235, 2011; VEENMAN, M. V. *et al.* Assessing developmental differences in metacognitive skills with computer logfiles: gender by age interactions. *Psihologijske teme,* v. 23, n. 1, p. 99-113, 2014; WILSON, D.; CONYERS, M. *Teaching students to drive their brains:* metacognitive strategies, activities and lesson ideas. Alexandria: ASCD, 2016.
13. WILSON, D.; CONYERS, M. *Teaching students to drive their brains:* metacognitive strategies, activities and lesson ideas. Alexandria: ASCD, 2016.
14. BOALER, J. Promoting "relational equity" and high mathematics achievement through an innovative mixed ability approach. *British Educational Research Journal,* v. 34, n. 2, p. 167-194, 2008; BOALER, J.; STAPLES, M. Creating mathematical futures through an equitable teaching approach: the case of Railside School. *Teachers College Record,* v. 110, n. 3, p. 608-645, 2008.
15. BOALER, J. Promoting "relational equity" and high mathematics achievement through an innovative mixed ability approach. *British Educational Research Journal,* v. 34, n. 2, p. 167-194, 2008.
16. BOALER, J.; STAPLES, M. Creating mathematical futures through an equitable teaching approach: the case of Railside School. *Teachers College Record,* v. 110, n. 3, p. 608-645, 2008.
17. BOALER, J. Promoting "relational equity" and high mathematics achievement through an innovative mixed ability approach. *British Educational Research Journal,* v. 34, n. 2, p. 167-194, 2008.

18. REARDON, S. F. *et al.* *Is separate still unequal?* New evidence on school segregation and racial academic achievement gaps. Stanford: Stanford CEPA, 2019. (CEPA Working Paper Nº 19-06). Disponível em: https://cepa.stanford.edu/sites/default/files/wp19-06-v092019.pdf. Acesso em: 18 jan. 2025; REARDON, S. F. *et al.* Why school desegregation still matters (a lot). *Educational Leadership,* v. 80, n. 4, p. 38-44, 2022.
19. COBB, P. *et al.* Characteristics of classroom mathematics traditions: an interactional analysis. *American Educational Research Journal,* v. 29, n. 3, p. 573-604, 1992.
20. WILSON, D.; CONYERS, M. *Teaching students to drive their brains:* metacognitive strategies, activities and lesson ideas. Alexandria: ASCD, 2016; HATTIE ranking: 252 influences and effect sizes related to student achievement. *Visible Learning,* 2018. Disponível em: https://visible-learning.org/hattie-ranking-influences-effect-sizes-learning-achievement/. Acesso em: 18 jan. 2025.
21. AMALRIC, M.; DEHAENE, S. Origins of the brain networks for advanced ma-thematics in expert mathematicians. *Proceedings of the National Academy of Sciences,* v. 113, n. 18, p. 4909-4917, 2016.
22. BOALER, J. Paying the price for "sugar and spice": shifting the analytical lens in equity research. *Mathematical Thinking and Learning,* v. 4, n. 2-3, p. 127-144, 2002.
23. GRAY, E.; TALL, D. O. Duality, ambiguity, and flexibility: a "proceptual" view of simple arithmetic. *Journal for Research in Mathematics Education,* v. 25, n. 2, p. 116-140, 1994.
24. BOALER, J. *Limitless mind:* learn, lead, and live without barriers. New York: HarperCollins, 2019.
25. VRUGT, A.; OORT, F. J. Metacognition, achievement goals, study strategies and academic achievement: pathways to achievement. *Metacognition and Learning,* v. 3, p. 123-146, 2008; ÖZSOY, G. An investigation of the relationship between metacognition and mathematics achievement. *Asia Pacific Education Review,* v. 12, n. 3, p. 227-235, 2011; VEENMAN, M. V. *et al.* Assessing developmental differences in metacognitive skills with computer logfiles: gender by age interactions. *Psihologijske teme,* v. 23, n. 1, p. 99-113, 2014; WILSON, D.; CONYERS, M. *Teaching students to drive their brains:* metacognitive strategies, activities and lesson ideas. Alexandria: ASCD, 2016.
26. BOALER, J. *Mathematical mindsets:* unleashing students' potential through creative math, inspiring messages and innovative teaching. San Francisco: Jossey-Bass, 2015.

27. BOALER, J. *Mathematical mindsets:* unleashing students' potential through creative math, inspiring messages and innovative teaching. San Francisco: Jossey-Bass, 2015. p. 47.
28. LAMAR, T.; LESHIN, M.; BOALER, J. The derailing impact of content standards — an equity focused district held back by narrow mathematics. *International Journal of Educational Research Open,* v. 1, article 100015, 2020; BOALER, J. Promoting "relational equity" and high mathematics achievement through an innovative mixed ability approach. *British Educational Research Journal,* v. 34, n. 2, p. 167-194, 2008; BOALER, J.; STAPLES, M. Creating mathematical futures through an equitable teaching approach: the case of Railside School. *Teachers College Record,* v. 110, n. 3, p. 608-645, 2008; BOALER, J.; STAPLES, M. Creating mathematical futures through an equitable teaching approach: the case of Railside School. *Teachers College Record,* v. 110, n. 3, p. 608-645, 2008.
29. BOALER, J. *et al.* The transformative impact of a mathematical mindset experience taught at scale. *Frontiers in Education,* v. 6, article 784393, 2021.
30. BOALER, J. Promoting "relational equity" and high mathematics achievement through an innovative mixed ability approach. *British Educational Research Journal,* v. 34, n. 2, p. 167-194, 2008; BOALER, J.; STAPLES, M. Creating mathematical futures through an equitable teaching approach: the case of Railside School. *Teachers College Record,* v. 110, n. 3, p. 608-645, 2008.
31. COHEN, E. G. *et al.* Complex instruction: equity in cooperative learning classrooms. *Theory into Practice,* v. 38, n. 2, p. 80-86, 1999.
32. COHEN, E. G. *et al.* Complex instruction: equity in cooperative learning classrooms. *Theory into Practice,* v. 38, n. 2, p. 80-86, 1999.
33. COHEN, E. G.; LOTAN, R. A. *Designing groupwork:* strategies for the heterogeneous classroom. 3. ed. New York: Teachers College, 2014.
34. BOALER, J.; DANCE, K.; WOODBURY, E. *From performance to learning:* assessing to encourage growth mindsets. Stanford: Youcubed, 2018. Disponível em: https://www.youcubed.org/wp-content/uploads/2018/04/Assessent-paper-final-4.23.18.pdf. Acesso em: 17 jan. 2025.
35. BOALER, J. Assessment for a growth mindset. *In:* BOALER, J. *Mathematical mindsets:* unleashing students' potential through creative math, inspiring messages and innovative teaching. San Francisco: Jossey-Bass, 2015. p. 141-170.
36. YOUCUBED. *An example of a growth mindset k–8 school.* [2018]. Disponível em: https://www.youcubed.org/resources/an-example-of-a-growth-mindset-k-8-school/. Acesso em: 18 jan. 2025.

37. BOALER, J. *Limitless mind:* learn, lead, and live without barriers. New York: HarperCollins, 2019.
38. O videolivro de *Limitless Mind* está disponível, em inglês, pela LIT em https://litvideobooks.com/limitless-mind.
39. BOALER, J.; DANCE, K.; WOODBURY, E. *From performance to learning:* assessing to encourage growth mindsets. Stanford: Youcubed, 2018. Disponível em: https://www.youcubed.org/wp-content/uploads/2018/04/Assessent-paper-final-4.23.18.pdf. Acesso em: 17 jan. 2025.

Capítulo 3: Valorizando os desafios

1. DWECK, C. S.; YEAGER, D. S. Mindsets: a view from two eras. *Perspectives on Psychological Science,* v. 14, n. 3, p. 481-496, 2019; BLACKWELL, L. S.; TRZESNIEWSKI, K. H.; DWECK, C. S. Implicit theories of intelligence predict achievement across an adolescent transition: a longitudinal study and an intervention. *Child Development,* v. 78, n. 1, p. 246-263, 2007; ZAHRT, O. H.; CRUM, A. J. Perceived physical activity and mortality: evidence from three nationally representative U.S. samples. *Health Psychology,* v. 36, n. 11, p. 1017-1025, 2017; YEAGER, D. S.; TRZESNIEWSKI, K. H.; DWECK, C. S. An implicit theories of personality intervention reduces adolescent aggression in response to victimization and exclusion. *Child Development,* v. 84, n. 3, p. 970-988, 2012; OKONOFUA, J. A. *et al.* A scalable empathic-mindset intervention reduces group disparities in school suspensions. *Science Advances,* v. 8, n. 12, article eabj0691, 2022.
2. MANGELS, J. A. *et al.* Why do beliefs about intelligence influence learning success? A social cognitive neuroscience model. *Social Cognitive and Affective Neuroscience,* v. 1, n. 2, p. 75-86, 2006; MOSER, J. S. *et al.* Mind your errors: evidence for a neural mechanism linking growth mind-set to adaptive posterior adjustments. *Psychological Science,* v. 22, n. 12, p. 1484-1489, 2011.
3. SCHRODER, H. S. *et al.* Mindset induction effects on cognitive control: a neurobehavioral investigation. *Biological Psychology,* v. 103, p. 27-37, 2014.
4. DWECK, C. S.; YEAGER, D. S. Mindsets: a view from two eras. *Perspectives on Psychological Science,* v. 14, n. 3, p. 481-496, 2019.
5. STIGLER, J. W.; HIEBERT, J. Understanding and improving classroom mathematics instruction: an overview of the TIMSS video study. *Phi Delta Kappan,* v. 79, n. 1, p. 14-21, 1997; STEVENSON, H.; STIGLER, J. W. *Learning gap:* why our schools are failing and what we can learn from Japanese and Chinese

education. New York: Summit Books, 1994; STIGLER, J. W.; HIEBERT, J. *The teaching gap:* best ideas from the world's teachers for improving education in the classroom. New York: Free Press, 2009.

6. STIGLER, J. W.; HIEBERT, J. *The teaching gap:* best ideas from the world's teachers for improving education in the classroom. New York: Free Press, 2009.
7. OLSON, S. *Countdown:* six kids vie for glory at the world's toughest math competition. Boston: Houghton Mifflin, 2004. p. 48-49.
8. MERZENICH, M. *Soft-wired:* how the new science of brain plasticity can change your life. 2. ed. San Francisco: Parnassus, 2013; DOIDGE, N. *The brain that changes itself.* New York: Viking, 2007.
9. DWECK, C. S.; YEAGER, D. S. Mindsets: a view from two eras. *Perspectives on Psychological Science,* v. 14, n. 3, p. 481-496, 2019.
10. DWECK, C. S. The secret to raising smart kids. *Scientific American,* v. 23, n. 5, p. 76, 2015. Special Edition.
11. HECHT, C. A. *et al.* Shifting the mindset culture to address global educational disparities. *npj Science of Learning,* v. 8, n. 29, 2023; YEAGER, D. S. *et al.* Teacher mindsets help explain where a growth-mindset intervention does and doesn't work. *Psychological Science,* v. 33, n. 1, p. 18-32, 2022; OKONOFUA, J. A. *et al.* A scalable empathic-mindset intervention reduces group disparities in school suspensions. *Science Advances,* v. 8, n. 12, article eabj0691, 2022; DWECK, C. S.; YEAGER, D. S. Mindsets: a view from two eras. *Perspectives on Psychological Science,* v. 14, n. 3, p. 481-496, 2019; YEAGER, D. S. *et al.* A national experiment reveals where a growth mindset improves achievement. *Nature,* v. 573, n. 7774, p. 364-369, 2019; BLACKWELL, L. S.; TRZESNIEWSKI, K. H.; DWECK, C. S. Implicit theories of intelligence predict achievement across an adolescent transition: a longitudinal study and an intervention. *Child Development,* v. 78, n. 1, p. 246-263, 2007.
12. GOOD, C.; DWECK, C. S.; ARONSON, J. Social identity, stereotype threat, and self-theories. *In*: FULIGNI, A. J. (ed.). *Contesting stereotypes and creating identities:* social categories, social identities, and educational participation. New York: Russell Sage Foundation, 2007. cap. 5, p. 115-135; LEVY, S. R.; DWECK, C. S. The impact of children's static versus dynamic conceptions of people on stereotype formation. *Child Development,* v. 70, n. 5, p. 1163-1180, 1999.
13. BLACKWELL, L. S.; TRZESNIEWSKI, K. H.; DWECK, C. S. Implicit theories of intelligence predict achievement across an adolescent transition: a longitudinal study and an intervention. *Child Development,* v. 78, n. 1, p. 246-263, 2007.

14. ZAHRT, O. H.; CRUM, A. J. Perceived physical activity and mortality: evidence from three nationally representative U.S. samples. *Health Psychology,* v. 36, n. 11, p. 1017-1025, 2017. p. 1017.
15. YEAGER, D. S.; TRZESNIEWSKI, K. H.; DWECK, C. S. An implicit theories of personality intervention reduces adolescent aggression in response to victimization and exclusion. *Child Development,* v. 84, n. 3, p. 970-988, 2012.
16. OKONOFUA, J. A. *et al.* A scalable empathic-mindset intervention reduces group disparities in school suspensions. *Science Advances,* v. 8, n. 12, article eabj0691, 2022.
17. YEAGER, D. S. *et al.* Teacher mindsets help explain where a growth-mindset intervention does and doesn't work. *Psychological Science,* v. 33, n. 1, p. 18-32, 2022; ANDERSON, R. K.; BOALER, J.; DIECKMANN, J. A. Achieving elusive teacher change through challenging myths about learning: a blended approach. *Education Sciences,* v. 8, n. 3, article 98, 2018; BUI, P. *et al.* A systematic review of mindset interventions in mathematics classrooms: what works and what does not? *Educational Research Review,* v. 40, article 100554, 2023.
18. COYLE, D. *The talent code:* unlocking the secret of skill in maths, art, music, sport and just about everything else. New York: Random House, 2009.
19. COYLE, D. *The talent code:* unlocking the secret of skill in maths, art, music, sport and just about everything else. New York: Random House, 2009.
20. BOALER, J. Prove it to me! *Mathematics Teaching in the Middle School,* v. 24, n. 7, p. 422-428, 2019.
21. STEVEN Strogatz. *Wikipedia,* 2024. Disponível em: https://en.wikipedia.org/wiki/Steven_Strogatz. Acesso em: 22 jan. 2025.
22. WATTS, D. J.; STROGATZ, S. H. Collective dynamics of 'small-world' networks. *Nature,* v. 393, n. 6684, p. 440-442, 1998.
23. PEOPLE I (Mostly) Admire: 96: Steven Strogatz thinks you don't know what math is. Entrevistador: Steven D. Levitt. Entrevistado: Steven Strogatz. [*S. l.*]: Freakonomics, 6 Jan. 2023. *Podcast.* Disponível em: https://freakonomics.com/podcast/steven-strogatz-thinks-you-dont-know-what-math-is/. Acesso em: 22 jan. 2025.
24. DESLAURIERS, L. *et al.* Measuring actual learning versus feeling of learning in response to being actively engaged in the classroom. *Proceedings of the National Academy of Sciences,* v. 116, v. 39, p. 19251-19257, 2019; KAPUR, M. Productive failure in learning math. *Cognitive Science,* v. 38, n. 5, p. 1008-1022, 2014; SCHWARTZ, D. L. *et al.* Practicing versus inventing with contrasting cases: the

effects of telling first on learning and transfer. *Journal of Educational Psychology,* v. 103, n. 4, p. 759-775, 2011; SCHWARTZ, D.; BRANSFORD, J. A time for telling. *Cognition and Instruction,* v. 16, n. 4, p. 475-522, 1998.

25. DESLAURIERS, L. *et al.* Measuring actual learning versus feeling of learning in response to being actively engaged in the classroom. *Proceedings of the National Academy of Sciences,* v. 116, v. 39, p. 19251-19257, 2019; KAPUR, M. Productive failure in learning math. *Cognitive Science,* v. 38, n. 5, p. 1008-1022, 2014; SCHWARTZ, D. L. *et al.* Practicing versus inventing with contrasting cases: the effects of telling first on learning and transfer. *Journal of Educational Psychology,* v. 103, n. 4, p. 759-775, 2011. p. 759; SCHWARTZ, D.; BRANSFORD, J. A time for telling. *Cognition and Instruction,* v. 16, n. 4, p. 475-522, 1998.
26. DESLAURIERS, L. *et al.* Measuring actual learning versus feeling of learning in response to being actively engaged in the classroom. *Proceedings of the National Academy of Sciences,* v. 116, v. 39, p. 19251-19257, 2019.
27. DWECK, C. S.; YEAGER, D. S. Mindsets: a view from two eras. *Perspectives on Psychological Science,* v. 14, n. 3, p. 481-496, 2019; DESLAURIERS, L. *et al.* Measuring actual learning versus feeling of learning in response to being actively engaged in the classroom. *Proceedings of the National Academy of Sciences,* v. 116, v. 39, p. 19251-19257, 2019; BARROUILLET, P. Theories of cognitive development: from Piaget to today. *Developmental Review,* v. 38, p. 1-12, 2015; KAPUR, M. Productive failure in learning math. *Cognitive Science,* v. 38, n. 5, p. 1008-1022, 2014; SHABANI, K.; KHATIB, M.; EBADI, S. Vygotsky's zone of proximal development: instructional implications and teachers' professional development. *English Language Teaching,* v. 3, n. 4, p. 237-248, 2010.
28. ERICSSON, A.; POOL, R. *Peak:* secrets from the new science of expertise. New York: Mariner Books, 2016.
29. KEN Robinson (educationalist). *Wikipedia,* 2024. Disponível em: https://en.wikipedia.org/wiki/Ken_Robinson_(educationalist). Acesso em: 22 jan. 2025; ROBINSON, K. *Do schools kill creativity?* 2006. Transcrição de TED Talk apresentada em fevereiro de 2006 feita por James Clear. Disponível em: https://jamesclear.com/great-speeches/do-schools-kill-creativity-by-ken-robinson. Acesso em: 22 jan. 2025.
30. MERZENICH, M. *Soft-wired:* how the new science of brain plasticity can change your life. 2. ed. San Francisco: Parnassus, 2013; DOIDGE, N. *The brain that changes itself.* New York: Viking, 2007.

31. COYLE, D. *The talent code:* unlocking the secret of skill in maths, art, music, sport and just about everything else. New York: Random House, 2009.
32. YOUCUBED. *Tasks*. [202-]. Disponível em: https://www.youcubed.org/tasks/. Acesso em: 28 jan. 2025; YOUCUBED. *K–8 curriculum*. [202-]. Disponível em: https://www.youcubed.org/resource/k-8-curriculum/. Acesso em: 28 jan. 2025.
33. STRUGGLY. *Unlock your child's limitless potential with math education based in neuroscience*. c2025. Disponível em: https://www.struggly.com/. Acesso em: 28 jan. 2025.
34. Ver The Learning Pit em https://www.learningpit.org/.
35. GUNDERSON, E. A. *et al.* Parent praise to 1-3 year-olds predicts children's motivational frameworks 5 years later. *Child Development,* v. 84, n. 5, p. 1526-1541, 2013.
36. DWECK, C. S. The secret to raising smart kids. *Scientific American*, v. 23, n. 5, p. 76, 2015. Special Edition.
37. YOUCUBED. *Rethinking giftedness film*. [202-]. Disponível em: https://www.youcubed.org/rethinking-giftedness-film/. Acesso em: 28 jan. 2025
38. HECHT, C. A. *et al.* Shifting the mindset culture to address global educational disparities. *npj Science of Learning,* v. 8, n. 29, 2023; FELDMAN, J. *Grading for equity:* what it is, why it matters, and how it can transform schools and classrooms. Thousand Oaks: Corwin, 2018.
39. BOALER, J. *Limitless mind:* learn, lead, and live without barriers. New York: HarperCollins, 2019.
40. SINGH, S. *Fermat's Enigma:* the epic quest to solve the world's greatest mathematical problem. New York: Anchor, 2017. p. 6.
41. BROWN, P. How math's most famous proof nearly broke. *Nautilus*, 21 May 2015. Disponível em: https://nautil.us/how-maths-most-famous-proof-nearly-broke-235447/. Acesso em: 21 jan. 2025.
42. STANFORD GRADUATE SCHOOL OF EDUCATION. *How to learn math for teachers*. [202-]. Disponível em: https://online.stanford.edu/courses/xeduc115n-how-learn-math-teachers. Acesso em: 17 jan. 2025.
43. A resposta correta é $\frac{11}{12}$. Eu obteria isso convertendo $\frac{2}{3}$ para $\frac{8}{12}$ e $\frac{1}{4}$ para $\frac{3}{12}$.
44. YOUCUBED. *The Importance of struggle*. [202-]. Disponível em: https://www.youcubed.org/resources/the-importance-of-struggle/. Acesso em: 28 jan. 2025; YOUCUBED. *Excerpt of Jo from "The importance of struggle"*. [202-]. Disponível em: https://www.youcubed.org/resources/excerpt-of-jo-from-the-importance-of-struggle/. Acesso em: 28 jan. 2025.

45. KEHOE, R. A secret of science: mistakes boost understanding. *Science News Explores*, 10 Sept. 2020. Disponível em: https://www.snexplores.org/article/secret-science-mistakes-boost-understanding. Acesso em: 28 jan. 2025.
46. BARROUILLET, P. Theories of cognitive development: from Piaget to today. *Developmental Review*, v, 38, p. 1-12, 2015; KAPUR, M. Productive failure in learning math. *Cognitive Science*, v. 38, n. 5, p. 1008-1022, 2014.
47. SHABANI, K.; KHATIB, M.; EBADI, S. Vygotsky's zone of proximal development: instructional implications and teachers' professional development. *English Language Teaching*, v. 3, n. 4, p. 237-248, 2010.

Capítulo 4: A matemática no mundo

1. CABRERA, A. F. *et al.* Collaborative learning: its impact on college students' development and diversity. *Journal of College Student Development*, v. 43, n. 1, p. 20-34, 2002; JAZAIERI, H. *et al.* A randomized controlled trial of compassion cultivation training: effects on mindfulness, affect, and emotion regulation. *Motivation and Emotion*, v. 38, n. 1, p. 23-35, 2014; OECD. *PISA 2015 Results*: collaborative problem solving. [Paris]: OECD, 2017. v. 5; WINTERS, M. *Inclusive conversations:* fostering equity, empathy, and belonging across differences. Oakland: Berrett-Koehler, 2020; BOALER, J.; STAPLES, M. Creating mathematical futures through an equitable teaching approach: the case of Railside School. *Teachers College Record*, v. 110, n. 3, p. 608-645, 2008; ANDERSON, R. K.; BOALER, J.; DIECKMANN, J. A. Achieving elusive teacher change through challenging myths about learning: a blended approach. *Education Sciences*, v. 8, n. 3, article 98, 2018. p. 98; BOALER, J. *et al.* Changing students minds and achievement in mathematics: the impact of a free online student course. *Frontiers in Education*, v. 3, article 26, 2018. p. 26; BOALER, J. *et al.* The transformative impact of a mathematical mindset experience taught at scale. *Frontiers in Education*, v. 6, article 784393, 2021.
2. BOALER, J. *et al.* The transformative impact of a mathematical mindset experience taught at scale. *Frontiers in Education*, v. 6, article 784393, 2021.
3. REARDON, S. F. *et al.* *Is separate still unequal?* New evidence on school segregation and racial academic achievement gaps. Stanford: Stanford CEPA, 2019. (CEPA Working Paper nº 19-06). Disponível em: https://cepa.stanford.edu/sites/default/files/wp19-06-v092019.pdf. Acesso em: 18 jan. 2025; REARDON,

S. F. *et al.* Why school desegregation still matters (a lot). *Educational Leadership,* v. 80, n. 4, p. 38-44, 2022.

4. REARDON, S. F. *et al.* Why school desegregation still matters (a lot). *Educational Leadership,* v. 80, n. 4, p. 38-44, 2022.
5. BOALER, J. *Limitless mind:* learn, lead, and live without barriers. New York: HarperCollins, 2019.
6. BOALER, J. Promoting "relational equity" and high mathematics achievement through an innovative mixed ability approach. *British Educational Research Journal,* v. 34, n. 2, p. 167-194, 2008.
7. LEVITT, S. D.; DUBNER, S. J. *Freakonomics:* a rogue economist explores the hidden side of everything. ed. rev. New York: William Morrow, 2010.
8. FREAKONOMICS Radio: 391: America's math curriculum doesn't add up. Entrevistador: Stephen J. Dubner. Entrevistado: Steven D. Levitt. [*S. l.*]: Freakonomics, 2 Oct. 2019. *Podcast*. Disponível em: https://freakonomics.com/podcast/americas-math-curriculum-doesnt-add-up-ep-391/. Acesso em: 22 jan. 2025.
9. FREAKONOMICS Radio: 391: America's math curriculum doesn't add up. Entrevistador: Stephen J. Dubner. Entrevistado: Steven D. Levitt. [*S. l.*]: Freakonomics, 2 Oct. 2019. *Podcast*. Disponível em: https://freakonomics.com/podcast/americas-math-curriculum-doesnt-add-up-ep-391/. Acesso em: 22 jan. 2025.
10. BALL, S. J. Education, Majorism and "the Curriculum of the Dead". *Curriculum Studies,* v. 1, n. 2, p. 195-214, 1993.
11. EVERETT, C. *Numbers and the making of us:* counting and the course of human cultures. Cambridge: Harvard University, 2017.
12. EVERETT, C. *Numbers and the making of us:* counting and the course of human cultures. Cambridge: Harvard University, 2017.
13. ZASLAVSKY, C. *Mais jogos e atividades matemáticas do mundo inteiro*. Porto Alegre: Penso, 2009.
14. EVERETT, C. *Numbers and the making of us:* counting and the course of human cultures. Cambridge: Harvard University, 2017.
15. ASSOCIATION OF TEACHERS OF MATHEMATICS. *Cuisenaire rods*: Gattegno and other films. [202-]. Disponível em: https://www.atm.org.uk/Cuisenaire-Rods---Gattegno-and-other-films#:~:text=Cuisenaire%20rods%20were%20invented%20in,music%20with%20an%20instrument%20gave. Acesso em: 30 jan. 2025.

16. YORGEY, B. Factorization diagrams. *Math less traveled*, 2013. Disponível em: https://mathlesstraveled.wordpress.com/factorization/. Acesso em: 30 jan. 2025.
17. COCKCROFT, W. H. *Mathematics counts*. London: HM Stationery Office, 1982.
18. REQUARTH, T. *How do different brain regions interact to enhance function?* 2016. Disponível em: https://www.simonsfoundation.org/2016/03/03/how-do-different-brain-regions-interact-to-enhance-function/. Acesso em: 30 jan. 2025.
19. CLACK, J. Distinguishing between "macro" and "micro" possibility thinking: seen and unseen creativity. *Thinking Skills and Creativity*, v. 26, p. 60-70, 2017.
20. STARR, A.; LIBERTUS, M. E.; BRANNON, E. M. Number sense in infancy predicts mathematical abilities in childhood. *Proceedings of the National Academy of Sciences*, v. 110, n. 45, p. 18116-18120, 2013.
21. STARR, A.; LIBERTUS, M. E.; BRANNON, E. M. Number sense in infancy predicts mathematical abilities in childhood. *Proceedings of the National Academy of Sciences*, v. 110, n. 45, p. 18116-18120, 2013.
22. GUPTA, S. *Highest paying data analytics jobs in 2024*. 2023. Disponível em: https://www.springboard.com/blog/data-analytics/highest-paying-analyst-jobs/. Acesso em: 30 jan. 2025.
23. BOALER, J.; LEVITT, S. D. Opinion: modern high school math should be about data science — not algebra 2. *Los Angeles Times*, 23 Oct. 2019. Disponível em: https://www.youcubed.org/wp-content/uploads/2019/10/LA-times-op-ed.pdf. Acesso em: 30 jan. 2025.
24. YOUCUBED. *21st Century teaching and learning: data science*. [202-]. Disponível em: https://www.youcubed.org/21st-century-teaching-and-learning/. Acesso em: 30 jan. 2025.
25. YOUCUBED. *Explorations in data science*. [202-]. Disponível em: https://hsdatascience.youcubed.org/. Acesso em: 30 jan. 2025.
26. HARVARD COLLEGE. *Application requirements*. c2025. Disponível em: https://college.harvard.edu/admissions/apply/application-requirements. Acesso em: 30 jan. 2025.
27. COMMITTEE of ten. *Wikipedia*, 2025. Disponível em: https://en.wikipedia.org/wiki/Committee_of_Ten#:~:text=The%20National%20Education%20Association%20of,making%20recommendations%20for%20future%20practice. Acesso em: 30 jan. 2025.
28. STROGATZ, S. *Infinite powers:* how calculus reveals the secrets of the universe. New York: Eamon Dolan, 2019.

29. NATIONAL CENTER FOR EDUCATION STATISTICS. *High school mathematics and science course completion*. 2022. Disponível em: https://nces.ed.gov/programs/coe/indicator/sod/high-school-courses. Acesso em: 30 jan. 2025.
30. HAYES, M. L. *2018 NSSME+:* status of high school mathematics. Chapel Hill: Horizon Research, 2019. Disponível em: http://horizon-research.com/NSSME/wp-content/uploads/2019/05/2018-NSSME-Status-of-High-School-Math.pdf. Acesso em: 30 jan. 2025.
31. BRESSOUD, D. (ed.). *The role of calculus in the transition from high school to college mathematics*. [*S. l.*]: Mathematical Association of America: National Council of Teachers of Mathematics, 2017.
32. Ver CALIFORNIA. Department of Education. *Mathematics framework*. Sacramento: CDE, 2023. Disponível em: https://www.cde.ca.gov/ci/ma/cf/. Acesso em: 2 fev. 2025.
33. EWING, J. Should I take calculus in high school? *Forbes*, 15 Feb. 2020. Disponível em: https://www.forbes.com/sites/johnewing/2020/02/15/should-i-take-calculus-in-high-school/. Acesso em: 2 fev. 2025.
34. Ver YOUCUBED. *Explorations in data science*. [Stanford]: Youcubed, [202-]. Disponível em: https://www.youcubed.org/wp-content/uploads/2021/02/A-G_Plan-for-YACDS-Sept-28-2022.pdf. Acesso em: 2 fev. 2025.
35. BOALER, J. *et al*. Studying the opportunities provided by an applied high school mathematics course: explorations in data science. *Journal of Statistics and Data Science Education*, v. 33, n. 1, p. 26-45, 2024.
36. WAGGENER, J. F. *A brief history of mathematics education in America*. [*S. l.*]: University of Georgia, 1996. Disponível em: http://jwilson.coe.uga.edu/EMAT7050/HistoryWeggener.html. Acesso em: 2 fev. 2025.
37. SWARTZENTRUBER, R. *Data-wisdom as a framework for building data literacy*. Thesis (Master of Science) – The University of Tennessee, Knoxville, 2023.
38. Para a versão em cores das representações visuais, visite www.youcubed.org/resource/data-talks/.
39. INSTAT football webinar: use of API with Michael Poma. [*S. l.: s. n.*]: 2020. 1 vídeo (63 min). Publicado pelo canal InStat Sport. Disponível em: https://www.youtube.com/watch?v=qemgfwwbbPM. Acesso em: 2 fev. 2025.
40. CHARTIER, T. *Get in the game:* an interactive introduction to sports analytics. Chicago: University of Chicago, 2022.

41. DEAR Data. [2025]. Disponível em: http://www.dear-data.com/. Acesso em: 2 fev. 2025.
42. DEAR Data. [2025]. Disponível em: http://www.dear-data.com/. Acesso em: 2 fev. 2025.
43. Ver YOUCUBED. *Explorations in data science.* [Stanford]: Youcubed, [202-]. Disponível em: https://www.youcubed.org/wp-content/uploads/2021/02/A-G_Plan-for-YACDS-Sept-28-2022.pdf. Acesso em: 2 fev. 2025.
44. LAMAR, T. *Data science as a gateway to belonging in STEM and other quantitative fields.* Dissertation (Doctor of Philosophy) – Stanford University, Stanford, 2023.
45. VIGEN, T. *Spurious correlations.* [2024]. Disponível em: https://www.tylervigen.com/spurious-correlations. Acesso em: 2 fev. 2025.
46. FACEBOOK–CAMBRIDGE Analytica data scandal. *Wikipedia*, 2025. Disponível em: https://en.wikipedia.org/wiki/Facebook%E2%80%93Cambridge_Analytica_data_scandal. Acesso em: 2 fev. 2025.

Capítulo 5: A matemática como uma experiência visual

1. BOALER, J. Prove it to me! *Mathematics Teaching in the Middle School,* v. 24, n. 7, p. 422-428, 2019.
2. YOUCUBED. *Painted cube.* [202-]. Disponível em: https://www.youcubed.org/tasks/painted-cube/. Acesso em: 3 fev. 2025.
3. MENON, V. Arithmetic in the child and adult brain. *In:* KADOSH, R. C.; DOWKER, A. (ed.). *The Oxford handbook of numerical cognition.* Oxford: Oxford Library of Psychology, 2014. p. 502-530.
4. ERICSSON, A.; POOL, R. *Peak:* secrets from the new science of expertise. New York: Mariner Books, 2016.
5. ERICSSON, A.; POOL, R. *Peak:* secrets from the new science of expertise. New York: Mariner Books, 2016.
6. ERICSSON, A.; POOL, R. *Peak:* secrets from the new science of expertise. New York: Mariner Books, 2016.
7. HAWKINS, J. *A thousand brains:* a new theory of intelligence. New York: Basic Books, 2021.
8. BOFFERDING, L. Negative integer understanding: characterizing first graders' mental models. *Journal for Research in Mathematics Education,* v. 45, n. 2, p. 194-245, 2014; TSANG, J. M. *et al.* Learning to "see" less than nothing:

putting perceptual skills to work for learning numerical structure. *Cognition and Instruction,* v. 33, n. 2, p. 154-197, 2015; MACRINE, S. L.; FUGATE, J. M. (ed.). *Movement matters:* how embodied cognition informs teaching and learning. Cambridge: MIT, 2022.

9. AMALRIC, M.; DEHAENE, S. Origins of the brain networks for advanced mathematics in expert mathematicians. *Proceedings of the National Academy of Sciences,* v. 113, n. 18, p. 4909-4917, 2016; CORTES, R. A. *et al.* Transfer from spatial education to verbal reasoning and prediction of transfer from learning-related neural change. *Science Advances,* v. 8, n. 32, article eabo3555, 2022.
10. BOALER, J. Everyone can learn mathematics to high levels: the evidence from neuroscience that should change our teaching. *AMS Blogs,* 1 Feb. 2019. Disponível em: https://blogs.ams.org/matheducation/2019/02/01/everyone-can-learn-mathematics-to-high-levels-the-evidence-from-neuroscience-that-should-change-our-teaching/. Acesso em: 4 fev. 2025.
11. KALB, C. What makes a genius? *National Geographic,* May 2017.
12. PARK, J.; BRANNON, E. M. Training the approximate number system improves math proficiency. *Psychological Science,* 24, n. 10, p. 2013-2019, 2013; CORTES, R. A. *et al.* Transfer from spatial education to verbal reasoning and prediction of transfer from learning-related neural change. *Science Advances,* v. 8, n. 32, article eabo3555, 2022.
13. BOFFERDING, L. Negative integer understanding: characterizing first graders' mental models. *Journal for Research in Mathematics Education,* v. 45, n. 2, p. 194-245, 2014; TSANG, J. M. *et al.* Learning to "see" less than nothing: putting perceptual skills to work for learning numerical structure. *Cognition and Instruction,* v. 33, n. 2, p. 154-197, 2015; MACRINE, S. L.; FUGATE, J. M. (ed.). *Movement matters:* how embodied cognition informs teaching and learning. Cambridge: MIT, 2022.
14. STANFORD GRADUATE SCHOOL OF EDUCATION. *Faculty & research:* Bruce McCandliss. [202-]. Disponível em: https://ed.stanford.edu/faculty/brucemc. Acesso em: 4 fev. 2025.
15. GUILLAUME, M. *et al.* Groupitizing reflects conceptual developments in math cognition and inequities in math achievement from childhood through adolescence. *Child Development,* v. 94, n. 2, p. 335-347, 2023.
16. BENSON, I.; MARRIOTT, N.; MCCANDLISS, B. D. Equational reasoning: a systematic review of the Cuisenaire-Gattegno approach. *Frontiers in Education,* v. 7, article 902899, 2022.

17. PENNER-WILGER, M. *et al.* Subitizing, finger gnosis, and the representation of number. *Proceedings of the 31st Annual Cognitive Science Society,* v. 31, p. 520-525, 2009.
18. BOALER, J.; CHEN, L. Why kids should use their fingers in math class. *The Atlantic,* 13 Apr. 2016. Disponível em: https://www.theatlantic.com/education/archive/2016/04/why-kids-should-use-their-fingers-in-math-class/478053/. Acesso em: 4 fev. 2025.
19. SIEGLER, R. S.; RAMANI, G. B. Playing linear numerical board games promotes low-income children's numerical development. *Developmental Science,* v. 11, n. 5, p. 655-661, 2008.
20. BOALER, J. *Mathematical mindsets:* unleashing students' potential through creative math, inspiring messages and innovative teaching. San Francisco: Jossey-Bass, 2015. Grade 1.
21. YEAGER, D. S. *et al.* Teacher mindsets help explain where a growth-mindset intervention does and doesn't work. *Psychological Science,* v. 33, n. 1, p. 18-32, 2022.
22. ANDERSON, R. K.; BOALER, J.; DIECKMANN, J. A. Achieving elusive teacher change through challenging myths about learning: a blended approach. *Education Sciences,* v. 8, n. 3, article 98, 2018; BUI, P. *et al.* A systematic review of mindset interventions in mathematics classrooms: what works and what does not? *Educational Research Review,* v. 40, article 100554, 2023.
23. Tenho uma série de livros de matemática para a educação básica com as coautoras Jen Munson e Cathy Williams; ver YOUCUBED. *K–8 curriculum.* [202-]. Disponível em: https://www.youcubed.org/resource/k-8-curriculum/. Acesso em: 28 jan. 2025.
24. GRAY, E.; TALL, D. O. Duality, ambiguity, and flexibility: a "proceptual" view of simple arithmetic. *Journal for Research in Mathematics Education,* v. 25, n. 2, p. 116-140, 1994; CHANG, H. *et al.* Foundational number sense training gains are predicted by hippocampal–parietal circuits. *Journal of Neuroscience,* v. 42, n. 19, p. 4000-4015, 2022.
25. MA, L. *Knowing and teaching elementary mathematics:* teachers' understanding of fundamental mathematics in China and the United States. New York: Routledge, 2010. (Studies in Mathematical Thinking and Learning Series).
26. YOUCUBED. *Online student course.* [2017]. Disponível em: https://www.youcubed.org/online-student-course/. Acesso em: 3 fev. 2025.

27. YOUCUBED. *WIM videos*. [202-]. Disponível em: https://www.youcubed.org/resource/wim-videos/. Acesso em: 3 fev. 2025.
28. BOALER, J.; HUMPHREYS, C. *Connecting mathematical ideas:* middle school video cases to support teaching and learning. Portsmouth: Heinemann, 2005.
29. YOUCUBED. *Videos*. [202-]. Disponível em: https://www.youcubed.org/resource/videos/. Acesso em: 3 fev. 2025.
30. CORDERO, M. *It's (not) ours to reason why: a comparative analysis of algorithms for the division of fractions*. Thesis (Undergraduate Honors) – Graduate School of Education, Stanford University, Stanford, 2017. p. 1.
31. DIVIDING fractions with common denominators. [*S. l.: s. n.*]: 2019. 1 vídeo (11 min). Publicado pelo canal Duane Habecker. Disponível em: https://www.youtube.com/watch?v=uixRVcArQDQ. Acesso em: 4 fev. 2025; CORDERO, M. *It's (not) ours to reason why:* a comparative analysis of algorithms for the division of fractions. Thesis (Undergraduate Honors) – Graduate School of Education, Stanford University, Stanford, 2017.
32. CORDERO, M. *It's (not) ours to reason why:* a comparative analysis of algorithms for the division of fractions. Thesis (Undergraduate Honors) – Graduate School of Education, Stanford University, Stanford, 2017.
33. PESEK, D. D.; KIRSHNER, D. Interference of instrumental instruction in subsequent relational learning. *Journal for Research in Mathematics Education*, v. 31, n. 5, p. 524-540, 2000.
34. CARPENTER, T. P.; CORBITT, M. K. (ed.). *Results from the Second Mathematics Assessment of the National Assessment of Educational Progress*. [c2009]. Disponível em: https://fractionbars.com/Research_Tch_Fracs/Results2nd.html. Acesso em: 4 fev. 2025.
35. YOUCUBED. *Online student course*. [2017]. Disponível em: https://www.youcubed.org/online-student-course/. Acesso em: 4 fev. 2025.
36. MERZENICH, M. *Soft-wired:* how the new science of brain plasticity can change your life. 2 ed. San Francisco: Parnassus, 2013; DOIDGE, N. *The brain that changes itself*. New York: Viking, 2007.
37. DWECK, C. S.; YEAGER, D. S. Mindsets: a view from two eras. *Perspectives on Psychological Science*, v. 14, n. 3, p. 481-496, 2019.
38. BOALER, J. Prove it to me! *Mathematics Teaching in the Middle School*, v. 24, n. 7, p. 422-428, 2019.

39. Fawn Nguyen dá muitos exemplos de padrões algébricos em seu adorável *site* Visual Patterns, em https://www.visualpatterns.org/.
40. YOUCUBED. *Mathematical mindset algebra*. [202-]. Disponível em: https://www.youcubed.org/algebra/. Acesso em: 3 fev. 2025.
41. PROEHL, A. For Bay Area designer Diarra Bousso, math + art = happiness. *KQED*, 1 June 2023. Disponível em: https://www.kqed.org/arts/13929878/for-bay-area-designer-diarra-bousso-math-art-happiness. Acesso em: 4 fev. 2025.
42. FARRA, E. A Senegal-raised, Silicon Valley-based designer shares her vision for a more sustainable and inclusive future. *Vogue*, June 5 2020. Disponível em: https://www.vogue.com/article/diarra-bousso-diarrablu-sustainable-made-in-senegal-collection. Acesso em: 4 fev. 2025; JENNINGS, H. Meet Diarra Bousso: one of Senegal's most promising designers. *CNN*, 19 Apr. 2021. Disponível em: https://www.cnn.com/style/article/diarrablu-diarra-bousso-senegal/index.html. Acesso em: 4 fev. 2025.
43. BOUSSO, D. *Fusing fashion and math*. 2022. Disponível em: https://ed.stanford.edu/about/community/diarra-bousso. Aceso em: 4 fev. 2025.
44. PROEHL, A. For Bay Area designer Diarra Bousso, math + art = happiness. *KQED*, 1 June 2023. Disponível em: https://www.kqed.org/arts/13929878/for-bay-area-designer-diarra-bousso-math-art-happiness. Acesso em: 4 fev. 2025.
45. NATIONAL COUNCIL OF TEACHERS OF MATHEMATICS. *What is notice and wonder*. c2025. Disponível em: https://www.nctm.org/noticeandwonder/. Acesso em: 4 fev. 2025.

Capítulo 6: A beleza dos conceitos e das conexões matemáticas

1. GRAY, E.; TALL, D. O. Duality, ambiguity, and flexibility: a "proceptual" view of simple arithmetic. *Journal for Research in Mathematics Education*, v. 25, n. 2, p. 116-140, 1994.
2. GRAY, E.; TALL, D. O. Duality, ambiguity, and flexibility: a "proceptual" view of simple arithmetic. *Journal for Research in Mathematics Education*, v. 25, n. 2, p. 116-140, 1994.
3. GRAY, E.; TALL, D. O. Duality, ambiguity, and flexibility: a "proceptual" view of simple arithmetic. *Journal for Research in Mathematics Education*, v. 25, n. 2, p. 116-140, 1994.

4. THURSTON, W. P. *Mathematical education*. 2005. p. 5. Disponível em: arXiv.org/abs/math/0503081. Acesso em: 5 fev. 2025.
5. Artigo a ser publicado; verifique youcubed.org para atualizações.
6. CALIFORNIA DEPARTMENT OF EDUCATION. *California digital learning integration and standards guidance*. [202-]. Disponível em: https://www.cadlsg.com/. Acesso em: 5 fev. 2025.
7. BRANSFORD, J. D.; BROWN, A. L.; COCKING, R. R. *How people learn*. Washington: National Academy, 2000. v. 11. p. 20.
8. Ver CALIFORNIA. Department of Education. *Mathematics framework*. Sacramento: CDE, 2023. Disponível em: https://www.cde.ca.gov/ci/ma/cf/. Acesso em: 2 fev. 2025.
9. YOUCUBED. *K–8 curriculum*. [202-]. Disponível em: https://www.youcubed.org/resource/k-8-curriculum/. Acesso em: 28 jan. 2025.
10. HAWKINS, J. *A thousand brains:* a new theory of intelligence. New York: Basic Books, 2021.
11. INDEED EDITORIAL TEAM. *Big picture thinking:* definition, strategies and careers. 2024. Disponível em: https://www.indeed.com/career-advice/career-development/big-picture-thinking-strategies. Acesso em: 5 fev.2025.
12. FRIES, L. *et al.* Practicing connections: a framework to guide instructional design for developing understanding in complex domains. *Educational Psychology Review,* v. 33, n. 2, p. 739-762, 2021.
13. YOUCUBED. *K–8 curriculum*. [202-]. Disponível em: https://www.youcubed.org/resource/k-8-curriculum/. Acesso em: 28 jan. 2025.
14. VERBAL TO VISUAL. *Sketch Ed*. [202-]. Disponível em: https://verbaltovisual.com/sketchnoting-in-the-classroom/. Acesso em: 5 fev. 2025.
15. FERNANDEZ-FONTECHA, A. *et al.* A multimodal approach to visual thinking: the scientific sketchnote. *Visual Communication,* v. 18, n. 1, p. 5-29, 2019. p. 7.
16. Os educadores que estão compartilhando a prática de anotações visuais e fornecendo recursos úteis para todos incluem Laura Wheeler e o canal Verbal to Visual no YouTube; ver VERBAL TO VISUAL. *Tap into the power of your visual brain*. [202-]. Disponível em: https://verbaltovisual.com/an-introduction-to-visual-note-taking. Acesso em: 5 fev. 2025.
17. MUELLER, P. A.; OPPENHEIMER, D. M. The pen is mightier than the keyboard: advantages of longhand over laptop note taking. *Psychological Science,* v. 25, n. 6, p. 1159-1168, 2014.

18. ZIADAT, A. H. Sketchnote and working memory to improve mathematical word problem solving among children with dyscalculia. *International Journal of Instruction*, v. 15, n. 1, p. 509-526, 2022; FERNANDEZ, K.; HE, J. *Designing sketch and learn:* creating a playful sketching experience that helps learners build a practice toward visual notetaking (aka sketchnotes). [2018]. Disponível em: https://stacks.stanford.edu/file/druid:jx835yk3980/fernandez_he_sketch_and_learn.pdf. Acesso em: 5 fev. 2025.
19. ROHDE, M. Heidee Vincent creates sketchnotes to help her university students learn and understand math. *Sketchnote Army*, 7 Dec. 2020. Disponível em: https://sketchnotearmy.com/blog/2020/12/7/heidee-vincent-math-sketchnotes. Acesso em: 5 fev. 2025.
20. ICONS8. *Icons, illustrations, photos, music, and design tools*. c2025. Disponível em: https://icons8.com/. Acesso em: 5 fev. 2025.
21. STANFORD GRADUATE SCHOOL OF EDUCATION. *How to learn math for teachers*. [202-]. Disponível em: https://online.stanford.edu/courses/xeduc115n-how-learn-math-teachers. Acesso em: 17 jan. 2025.
22. ANDERSON, R. K.; BOALER, J.; DIECKMANN, J. A. Achieving elusive teacher change through challenging myths about learning: a blended approach. *Education Sciences*, v. 8, n. 3, article 98, 2018.
23. ANDERSON, R. K.; BOALER, J.; DIECKMANN, J. A. Achieving elusive teacher change through challenging myths about learning: a blended approach. *Education Sciences*, v. 8, n. 3, article 98, 2018.
24. BOALER, J.; HUMPHREYS, C. *Connecting mathematical ideas:* middle school video cases to support teaching and learning. Portsmouth: Heinemann, 2005; HUMPHREYS, C.; PARKER, R. *Making number talks matter:* developing mathematical practices and deepening understanding, grades 4-10. Portland: Stenhouse, 2015; PARKER, R.; HUMPHREYS, C. *Digging deeper:* making number talks matter even more, grades 3-10. Portland: Stenhouse, 2018.
25. BATTISTA, M. T. Fifth graders' enumeration of cubes in 3d arrays: conceptual progress in an inquiry-based classroom. *Journal for Research in Mathematics Education*, v. 30, n. 4, p. 417-448, 1999.
26. SHUMWAY, J. F. *Number sense routines:* building mathematical understanding every day in grades 3-5. Portland: Stenhouse, 2018.
27. PESEK, D. D.; KIRSHNER, D. Interference of instrumental instruction in subsequent relational learning. *Journal for Research in Mathematics Education*, v. 31, n. 5, p. 524-540, 2000.

28. PESEK, D. D.; KIRSHNER, D. Interference of instrumental instruction in subsequent relational learning. *Journal for Research in Mathematics Education,* v. 31, n. 5, p. 524-540, 2000.
29. KIERAN, C. A comparison between novice and more-expert algebra students on tasks dealing with the equivalence of equations. *In:* MOSER, J. M. (ed.) *Proceedings of the sixth annual meeting of PME-NA.* Madison: University of Wisconsin, 1984. p. 83-91.
30. WEARNE, D.; HIEBERT, J. A cognitive approach to meaningful mathematics instruction: testing a local theory using decimal numbers. *Journal for Research in Mathematics Education,* v. 19, n. 5, p. 371-384, 1988.
31. MACK, N. K. Learning fractions with understanding: building on informal knowledge. *Journal for Research in Mathematics Education,* v. 21, n. 1, p. 16-32, 1990.
32. PESEK, D. D.; KIRSHNER, D. Interference of instrumental instruction in subsequent relational learning. *Journal for Research in Mathematics Education,* v. 31, n. 5, p. 524-540, 2000. p. 526.
33. PESEK, D. D.; KIRSHNER, D. Interference of instrumental instruction in subsequent relational learning. *Journal for Research in Mathematics Education,* v. 31, n. 5, p. 524-540, 2000.
34. BOALER, J. *et al. Exploring calculus.* [202-]. Disponível em: https://www.youcubed.org/exploring-calculus/. Acesso em: 5 fev. 2025.
35. STROGATZ, S. *What can math reveal about our world and ourselves?* c2023. Disponível em: https://www.stevenstrogatz.com/. Acesso em: 5 fev. 2025.
36. STROGATZ, S. *Infinite powers:* how calculus reveals the secrets of the universe. New York: Eamon Dolan, 2019.
37. STROGATZ, S. *Infinite powers:* how calculus reveals the secrets of the universe. New York: Eamon Dolan, 2019. p. xiv.
38. STROGATZ, S. *Infinite powers:* how calculus reveals the secrets of the universe. New York: Eamon Dolan, 2019. p. xv.
39. STROGATZ, S. *Infinite powers:* how calculus reveals the secrets of the universe. New York: Eamon Dolan, 2019.
40. YOUCUBED. *The volume of a lemon.* [2019]. Disponível em: https://www.youcubed.org/resources/the-volume-of-a-lemon/. Acesso em: 5 fev. 2025.
41. BOALER, J. *et al.* Infusing mindset through mathematical problem solving and collaboration: studying the impact of a short college intervention. *Education Sciences,* v. 12, n. 10, article 694, 2022.

42. BOALER, J. *et al. Exploring calculus.* [202-]. Disponível em: https://www.youcubed.org/exploring-calculus/. Acesso em: 5 fev. 2025.
43. BOALER, J. *et al.* Infusing mindset through mathematical problem solving and collaboration: studying the impact of a short college intervention. *Education Sciences,* v. 12, n. 10, article 694, 2022.
44. NK'MIP DESERT CULTURAL CENTRE. *Our people.* [202-?]. Disponível em: https://nkmipdesert.com/our-people/. Acesso em: 5 fev. 2025.
45. CLACK, J. Distinguishing between "macro" and "micro" possibility thinking: seen and unseen creativity. *Thinking Skills and Creativity,* v. 26, p. 60-70, 2017.
46. HAMMOND, Z. *Culturally responsive teaching and the brain:* promoting authentic engagement and rigor among culturally and linguistically diverse students. Thousand Oaks: Corwin, 2014.
47. YOUCUBED. *Indigenous mathematical art.* [201-]. Disponível em: Disponível em: https://www.youcubed.org/resource/indigenous-maths-art/. Acesso em: 5 fev. 2025.
48. Para exemplos de tarefas ricas, veja nossa série de livros de atividades, que apresenta as grandes ideias para cada ano, em que muitos autores em instrução de matemática compartilham tarefas conceituais bonitas: YOUCUBED. *K-8 curriculum.* [202-]. Disponível em: https://www.youcubed.org/resource/k-8-curriculum/. Acesso em: 28 jan. 2025.

Capítulo 7: Diversidade na prática e avaliação formativa

1. K. ANDERS Ericsson. *Wikipedia,* 2025. Disponível em: https://en.wikipedia.org/wiki/K._Anders_Ericsson. Acesso em: 6 fev. 2025.
2. ERICSSON, A.; POOL, R. *Peak:* secrets from the new science of expertise. New York: Mariner Books, 2016.
3. ERICSSON, A.; POOL, R. *Peak:* secrets from the new science of expertise. New York: Mariner Books, 2016.
4. HECHT, C. A. *et al.* Shifting the mindset culture to address global educational disparities. *npj Science of Learning,* v. 8, n. 29, 2023.
5. BOALER, J. Open and closed mathematics approaches: student experiences and understandings. *Journal for Research in Mathematics Education,* v. 29, n. 1, p. 41-62, 1998; BOALER, J. *Experiencing school mathematics:* traditional and reform

approaches to teaching and their impact on student learning. Mahwah: Lawrence Erlbaum, 2002.

6. BOALER, J. *Experiencing school mathematics:* traditional and reform approaches to teaching and their impact on student learning. Mahwah: Lawrence Erlbaum, 2002.
7. MACRINE, S. L.; FUGATE, J. M. (ed.). *Movement matters:* how embodied cognition informs teaching and learning. Cambridge: MIT, 2022; SHAPIRO, L.; STOLZ, S. A. Embodied cognition and its significance for education. *Theory and Research in Education,* v. 17, n. 1, p. 19-39, 2019; ABRAHAMSON, D.; BAKKER, A. Making sense of movement in embodied design for mathematics learning. *Cognitive Research:* Principles and Implications, v. 1, article 33, p. 1-13, 2016; ABRAHAMSON, D. Embodied design: constructing means for constructing meaning. *Educational Studies in Mathematics,* v. 70, n. 1, p. 27-47, 2009.
8. BLAIR, K. P. *et al.* Beyond natural numbers: negative number representation in parietal cortex. *Frontiers in Human Neuroscience,* v. 6, article 7, 2012.
9. SCHWARTZ, D. L.; TSANG, J. M.; BLAIR, K. P. *The ABCs of how we learn:* 26 scientifically proven approaches, how they work, and when to use them. New York: W. W. Norton, 2016; SCHWARTZ, D.; BRANSFORD, J. A time for telling. *Cognition and Instruction,* v. 16, n. 4, p. 475-522, 1998; LEVINE, S. Contrasting cases: a simple strategy for deep understanding. *Cult of Pedagogy*, 20 Mar. 2022. Disponível em: https://www.cultofpedagogy.com/contrasting-cases/. Acesso em: 6 fev. 2025.
10. SCHWARTZ, D. L.; TSANG, J. M.; BLAIR, K. P. *The ABCs of how we learn:* 26 scientifically proven approaches, how they work, and when to use them. New York: W. W. Norton, 2016; SCHWARTZ, D.; BRANSFORD, J. A time for telling. *Cognition and Instruction,* v. 16, n. 4, p. 475-522, 1998; LEVINE, S. Contrasting cases: a simple strategy for deep understanding. *Cult of Pedagogy*, 20 Mar. 2022. Disponível em: https://www.cultofpedagogy.com/contrasting-cases/. Acesso em: 6 fev. 2025.
11. SCHWARTZ, D. L.; TSANG, J. M.; BLAIR, K. P. *The ABCs of how we learn:* 26 scientifically proven approaches, how they work, and when to use them. New York: W. W. Norton, 2016; SCHWARTZ, D.; BRANSFORD, J. A time for telling. *Cognition and Instruction,* v. 16, n. 4, p. 475-522, 1998; LEVINE, S. Contrasting cases: a simple strategy for deep understanding. *Cult of Pedagogy*, 20 Mar. 2022. Disponível em: https://www.cultofpedagogy.com/contrasting-cases/. Acesso em: 6 fev. 2025.

12. SCHWARTZ, D. L.; TSANG, J. M.; BLAIR, K. P. *The ABCs of how we learn:* 26 scientifically proven approaches, how they work, and when to use them. New York: W. W. Norton, 2016; SCHWARTZ, D.; BRANSFORD, J. A time for telling. *Cognition and Instruction,* v. 16, n. 4, p. 475-522, 1998; LEVINE, S. Contrasting cases: a simple strategy for deep understanding. *Cult of Pedagogy,* 20 Mar. 2022. Disponível em: https://www.cultofpedagogy.com/contrasting-cases/. Acesso em: 6 fev. 2025.
13. LUO, H. *et al.* Impact of student agency on learning performance and learning experience in a flipped classroom. *British Journal of Educational Technology,* v. 50, n. 2, p. 819-831, 2019; WILIAMS, P. Student agency for powerful learning. *Knowledge Quest,* v. 45, n. 4, p. 8-15, 2017; BOALER, J.; SENGUPTA-IRVING, T. The many colors of algebra: the impact of equity focused teaching upon student learning and engagement. *Journal of Mathematical Behavior,* v. 41, p. 179-190, 2016; ARNOLD, J.; CLARKE, D. J. What is 'agency'? Perspectives in science education research. *International Journal of Science Education,* v. 36, n. 5, p. 735-754, 2014; BOALER, J.; GREENO, J. G. Identity, agency, and knowing. *In:* BOALER, J. (ed.). *Multiple perspectives on mathematics teaching and learning.* Westport: Ablex, 2000. v. 1, p. 171-200.
14. BOALER, J.; SELLING, S. K. Psychological imprisonment or intellectual freedom? A longitudinal study of contrasting school mathematics approaches and their impact on adults' lives. *Journal for Research in Mathematics Education,* v. 48, n. 1, p. 78-105, 2017.
15. BOALER, J. *Experiencing school mathematics:* traditional and reform approaches to teaching and their impact on student learning. Mahwah: Lawrence Erlbaum, 2002; BOALER, J. Open and closed mathematics approaches: student experiences and understandings. *Journal for Research in Mathematics Education,* v. 29, n. 1, p. 41-62, 1998.
16. BOALER, J. *Experiencing school mathematics:* traditional and reform approaches to teaching and their impact on student learning. Mahwah: Lawrence Erlbaum, 2002.
17. BOALER, J.; SELLING, S. K. Psychological imprisonment or intellectual freedom? A longitudinal study of contrasting school mathematics approaches and their impact on adults' lives. *Journal for Research in Mathematics Education,* v. 48, n. 1, p. 78-105, 2017.
18. HATANO G.; OURA, Y. Commentary: reconceptualizing school learning using insight from expertise research. *Educational Researcher,* v. 32, n. 8, p. 26-29, 2003.

19. BOALER, J.; SELLING, S. K. Psychological imprisonment or intellectual freedom? A longitudinal study of contrasting school mathematics approaches and their impact on adults' lives. *Journal for Research in Mathematics Education*, v. 48, n. 1, p. 78-105, 2017.
20. SURI, M. Declines in math readiness underscore the urgency of math awareness. *The 74*, 5 Apr. 2023. Disponível em: https://www.the74million.org/article/declines-in-math-readiness-underscore-the-urgency-of-math-awareness/. Acesso em: 6 fev. 2025.
21. FELTON, M. D.; ANHALT, C. O.; CORTEZ, R. Going with the flow: challenging students to make assumptions. *Mathematics Teaching in the Middle School*, v. 20, n. 6, p. 342–349, 2015.
22. YOUCUBED. *Excerpt of Jo from "The importance of struggle"*. [202-]. Disponível em: https://www.youcubed.org/resources/excerpt-of-jo-from-the-importance-of-struggle/. Acesso em: 28 jan. 2025; YOUCUBED. *The importance of struggle*. [201-]. Disponível em: https://www.youcubed.org/resources/the-importance-of-struggle/. Acesso em: 28 jan. 2025.
23. BOALER, J. *Mathematical mindsets:* unleashing students' potential through creative math, inspiring messages and innovative teaching. San Francisco: Jossey-Bass, 2015; HECHT, C. A. *et al.* Shifting the mindset culture to address global educational disparities. *npj Science of Learning*, v. 8, n. 29, 2023.
24. WOLFRAM. *Wolfram Mathematica*. c2025. Disponível em: https://www.wolfram.com/mathematica/. Acesso em: 6 fev. 2025.
25. WOLFRAM. *WolframAlpha*. c2025. Disponível em: https://www.wolframalpha.com/. Acesso em: 6 fev. 2025.
26. WOLFRAM, C. *Teaching kids real math with computers*. [*S. l.*]: TED Talks, 2010. 1 vídeo (17 min). Disponível em: www.ted.com/talks/conrad_wolfram_teaching_kids_real_math_with_computers?language=en. Acesso em: 6 fev. 2025.
27. WOLFRAM, C. *Teaching kids real math with computers*. [*S. l.*]: TED Talks, 2010. 1 vídeo (17 min). Disponível em: www.ted.com/talks/conrad_wolfram_teaching_kids_real_math_with_computers?language=en. Acesso em: 6 fev. 2025.
28. COMPUTER-BASED MATH. *Let's fix maths education:* solve today's classroom crisis with computer-based maths. c2025. Disponível em: https://www.computerbasedmath.org/. Acesso em: 6 fev. 2025.
29. BJORK, E. L.; BJORK, R. A. Making things hard on yourself, but in a good way: creating desirable difficulties to enhance learning. *In:* GERNSBACHER, M. A. *et*

al. (ed.). *Psychology and the real world:* essays illustrating fundamental contributions to society. 2011. cap. 5, p. 59-68.

30. CARL Wieman. *Wikipedia*, 2025. Disponível em: https://en.wikipedia.org/wiki/Carl_Wieman. Acesso em: 6 fev. 2025.
31. WIEMAN, C. Why not try a scientific approach to science education? *Change:* The Magazine of Higher Learning, v. 39, n. 5, p. 9-15, 2010.
32. STANFORD. *Profiles:* Carl Wieman. [202-]. Disponível em: https://profiles.stanford.edu/carl-wieman. Acesso em: 6 fev. 2025.
33. DESLAURIERS, L.; SCHELEW, E.; WIEMAN, C. Improved learning in a large-enrollment physics class. *Science*, v. 332, n. 6031, p. 862-864, 2011.

Capítulo 8: Um novo futuro matemático

1. HECHT, C. A. *et al.* Shifting the mindset culture to address global educational disparities. *npj Science of Learning*, v. 8, n. 29, 2023.
2. LAWYERS' COMMITTEE FOR CIVIL RIGHTS OF THE SAN FRANCISCO BAY AREA. *Held back:* addressing misplacement of 9th grade students in bay area school math classes. San Francisco: Lawyers' Committee for Civil Rights of the San Francisco Bay Area, 2013. Disponível em: https://lccrsf.org/wp-content/uploads/HELD-BACK-9th-Grade-Math-Misplacement.pdf. Acesso em: 6 fev. 2025.
3. CALIFORNIA. Department of Education. *Mathematics framework*. Sacramento: CDE, 2023. Disponível em: https://www.cde.ca.gov/ci/ma/cf/. Acesso em: 2 fev. 2025.
4. BOALER, J.; STAPLES, M. Creating mathematical futures through an equitable teaching approach: the case of Railside School. *Teachers College Record*, v. 110, n. 3, p. 608-645, 2008; BOALER, J. Open and closed mathematics approaches: student experiences and understandings. *Journal for Research in Mathematics Education*, v. 29, n. 1, p. 41-62, 1998.
5. DREW, C. Why science majors change their minds (it's just so darn hard). *The New York Times*, 4 Nov. 2011. Disponível em: https://www.nytimes.com/2011/11/06/education/edlife/why-science-majors-change-their-mind-its-just-so-darn-hard.html. Acesso em: 17 jan. 2025.
6. CLIVAZ, S.; MIYAKAWA, T. The effects of culture on mathematics lessons: an international comparative study of a collaboratively designed lesson. *Educational Studies in Mathematics*, v. 105, n. 1, p. 53-70, 2020.

7. DESLAURIERS, L. *et al.* Measuring actual learning versus feeling of learning in response to being actively engaged in the classroom. *Proceedings of the National Academy of Sciences,* v. 116, v. 39, p. 19251-19257, 2019; KAPUR, M. Productive failure in learning math. *Cognitive Science,* v. 38, n. 5, p. 1008-1022, 2014; SCHWARTZ, D. L. *et al.* Practicing versus inventing with contrasting cases: the effects of telling first on learning and transfer. *Journal of Educational Psychology,* v. 103, n. 4, p. 759-775, 2011. p. 759; SCHWARTZ, D.; BRANSFORD, J. A time for telling. *Cognition and Instruction,* v. 16, n. 4, p. 475-522, 1998.
8. DESLAURIERS, L.; SCHELEW, E.; WIEMAN, C. Improved learning in a large-enrollment physics class. *Science,* v. 332, n. 6031, p. 862-864, 2011.
9. BOALER, J. *et al.* The transformative impact of a mathematical mindset experience taught at scale. *Frontiers in Education,* v. 6, article 784393, 2021.
10. Alexei é um palestrante sênior na University of Essex, um cargo que se traduz como "professor" nos Estados Unidos.
11. DALY, I.; BOURGAIZE, J.; VERNITSKI, A. Mathematical mindsets increase student motivation: evidence from the EEG. *Trends in Neuroscience and Education,* v. 15, p. 18-28, 2019.
12. DALY, I.; BOURGAIZE, J.; VERNITSKI, A. Mathematical mindsets increase student motivation: evidence from the EEG. *Trends in Neuroscience and Education,* v. 15, p. 18-28, 2019.
13. CAMPBELL, A. L.; MOKHITHI, M.; SHOCK, J. P. Exploring mathematical mindset in question design: Boiler's taxonomy applied to university mathematics. *In:* RESEARCH IN ENGINEERING EDUCATION SYMPOSIUM; AUSTRALIAN ASSOCIATION FOR ENGINEERING EDUCATION CONFERENCE, 2021, Perth. *Proceedings* [...]. Barton: Australian Association for Engineering Education, 2021. p. 980-988.
14. SOL Garfunkel. *Wikipedia,* 2024. Disponível em: https://en.wikipedia.org/wiki/Sol_Garfunkel. Acesso em: 7 fev. 2025.
15. Ver Consortium for Mathematics and Its Applications em: https://www.comap.com/.
16. Ver CONSORTIUM FOR MATHEMATICS AND ITS APPLICATIONS. *The Mathematical Contest in Modeling (MCM); The Interdisciplinary Contest in Modeling (ICM).* c2025. Disponível em: https://www.comap.com/contests/mcm-icm. Acesso em: 8 fev. 2025.
17. Ver Olimpíada Internacional de Matemática em https://www.imo-official.org/.

18. BOALER, J. Paying the price for "sugar and spice": shifting the analytical lens in equity research. *Mathematical Thinking and Learning*, v. 4, n. 2-3, p. 127-144, 2002.
19. WHITNEY, A. K. Math for girls, math for boys. *The Atlantic*, 18 Apr. 2016. Disponível em: https://www.theatlantic.com/education/archive/2016/04/girls-math-international-competition/478533/. Acesso em: 7 fev. 2025.
20. WILLIAM Lowell Putnam Mathematical Competition. *Wikipedia*, 2025. Disponível em: https://en.wikipedia.org/wiki/William_Lowell_Putnam_Mathematical_Competition#:~:text=It%20is%20widely%20considered%20to,by%20students%20specializing%20in%20mathematics. Acesso em: 7 fev. 2025.
21. MATHEMATICAL ASSOCIATION OF AMERICA. *William Lowell Putnam Mathematical Competition*. 2023. Disponível em: https://maa.org/wp-content/uploads/2025/01/Putnam-Awardees.pdf. Acesso em: 8 fev. 2025.
22. BOALER, J.; CORDERO, M.; DIECKMANN, J. Pursuing gender equity in mathematics competitions: a case of mathematical freedom. *MAA Focus*, v. 39, n. 1 p. 18-21, 2019.
23. Ver CONSORTIUM FOR MATHEMATICS AND ITS APPLICATIONS. *The Mathematical Contest in Modeling (MCM); The Interdisciplinary Contest in Modeling (ICM)*. c2025. Disponível em: https://www.comap.com/contests/mcm-icm. Acesso em: 8 fev. 2025.
24. BOALER, J.; CORDERO, M.; DIECKMANN, J. Pursuing gender equity in mathematics competitions: a case of mathematical freedom. *MAA Focus*, v. 39, n. 1 p. 18-21, 2019.
25. BOALER, J.; CORDERO, M.; DIECKMANN, J. Pursuing gender equity in mathematics competitions: a case of mathematical freedom. *MAA Focus*, v. 39, n. 1 p. 18-21, 2019.
26. GRANDIN, T. *Visual thinking:* the hidden gifts of people who think in pictures, patterns, and abstractions. New York: Riverhead, 2022.
27. IVERSEN, S. M.; LARSON, C. J. Simple thinking using complex math vs. complex thinking using simple math: a study using model eliciting activities to compare students' abilities in standardized tests to their modelling abilities. *ZDM*, v. 38, n. 3, p. 281-292, 2006; BOALER, J. *et al.* Studying the opportunities provided by an applied high school mathematics course: explorations in data science. *Journal of Statistics and Data Science Education*, v. 33, n. 1, p. 26-45, 2024.

28. ANDERSON, R. K.; BOALER, J.; DIECKMANN, J. A. Achieving elusive teacher change through challenging myths about learning: a blended approach. *Education Sciences,* v. 8, n. 3, article 98, 2018.
29. YOUCUBED. *Tai-Danae Bradley*. [2019]. Disponível em: https://www.youcubed.org/resources/tai-danae-bradley/. Acesso em: 7 fev. 2025.
30. YOUCUBED. *Research articles*. 2024. Disponível em: https://www.youcubed.org/evidence/research-articles/. Acesso em: 7 fev. 2025.
31. BOALER, J. Promoting "relational equity" and high mathematics achievement through an innovative mixed ability approach. *British Educational Research Journal,* v. 34, n. 2, p. 167-194, 2008.
32. BOALER, J.; GREENO, J. G. Identity, agency, and knowing. *In:* BOALER, J. (ed.). *Multiple perspectives on mathematics teaching and learning.* Westport: Ablex, 2000. v. 1, p. 171-200. p. 171.
33. BOALER, J.; GREENO, J. G. Identity, agency, and knowing. *In:* BOALER, J. (ed.). *Multiple perspectives on mathematics teaching and learning.* Westport: Ablex, 2000. v. 1, p. 171-200.
34. BOALER, J.; SENGUPTA-IRVING, T. The many colors of algebra: the impact of equity focused teaching upon student learning and engagement. *Journal of Mathematical Behavior,* v. 41, p. 179-190, 2016.
35. CHENG, E. What if nobody is bad at maths? *The Guardian*, 29 May 2023. Disponível em: https://www.theguardian.com/books/2023/may/29/what-if-nobody-is--bad-at-maths. Acesso em: 17 jan. 2025; CHENG, E. *Is math real?* How simple questions lead us to mathematics' deepest truths. New York: Basic Books, 2023.
36. ACTIVATE LEARNING. *The Interactive Mathematics Program (IMP)*. c2025. Disponível em: https://activatelearning.com/interactive-mathematics-program-imp/. Acesso em: 8 fev. 2025.
37. GRANDIN, T. *Visual thinking:* the hidden gifts of people who think in pictures, patterns, and abstractions. New York: Riverhead, 2022.
38. BOALER, J. Crossing the line: when academic disagreement becomes harassment and abuse. *Stanford University,* Mar. 2023. Disponível em: https://joboaler.people.stanford.edu/. Acesso em: 17 jan. 2025.
39. BOALER, J.; STAPLES, M. Creating mathematical futures through an equitable teaching approach: the case of Railside School. *Teachers College Record,* v. 110, n. 3, p. 608-645, 2008.

40. BOALER, J. Open and closed mathematics approaches: student experiences and understandings. *Journal for Research in Mathematics Education,* v. 29, n. 1, p. 41-62, 1998.

41. BOALER, J. Crossing the line: when academic disagreement becomes harassment and abuse. *Stanford University,* Mar. 2023. Disponível em: https://joboaler.people.stanford.edu/. Acesso em: 17 jan. 2025.

42. TUCKER Carlson. *Wikipedia,* 2025. Disponível em: https:/en.wikipedia.org/wiki/Tucker_Carlson. Acesso em: 7 fev. 2025.

43. OKSANEN, A. *et al.* Hate and harassment in academia: the rising concern of the online environment. *Higher Education,* v. 84, n. 3, p. 541-567, 2022.

44. VALERO, M. V. Death threats, trolling, and sexist abuse: climate scientists report online attacks. *Nature,* 6 Apr. 2023. Disponível em: https://www.nature.com/articles/d41586-023-01018-9. Acesso em: 8 fev. 2025.

45. CHAMARY, J. V. Wikipedia's 100 most controversial people. *Forbes,* 25 Jan. 2016. Disponível em: https://www.forbes.com/sites/jvchamary/2016/01/25/wikipedia-people/?sh=5522df036ffb. Acesso em: 8 fev. 2025.

46. JO BOALER. *Wikipedia,* 2024. Disponível em: https:/en.wikipedia.org/wiki/Jo_Boaler. Acesso em: 7 fev. 2025.

47. SHULMAN, L. S. PCK: its genesis and exodus *In:* BERRY, A.; FRIEDRICHSEN, P.; LOUGHRAN, J. (ed.). *Re-examining pedagogical content knowledge in science education.* New York: Routledge, 2015. p. 13-23.

48. BALL, D. L.; COHEN, D. K. Developing practice, developing practitioners: toward a practice-based theory of professional education. *In:* DARLING-HAMMOND, L.; SYKES, G. (ed.). *Teaching as the learning profession:* handbook of policy and practice. San Francisco: Jossey-Bass, 1999. p. 3-32.

49. BOALER, J. Educators, you're the real experts. Here's how to defend your profession. *Education Week,* 3 Nov. 2022. Disponível em: https://www.edweek.org/teaching-learning/opinion-educators-youre-the-real-experts-heres-how-to-defend-your-profession/2022/11. Acesso em: 7 fev. 2025.

50. SANTOS, L. A. *et al.* Belief in the utility of cross-partisan empathy reduces partisan animosity and facilitates political persuasion. *Psychological Science,* v. 33, n. 9, p. 1557-1573, 2022.

51. MANJI, I. *Don't label me:* an incredible conversation for divided times. New York: St. Martin's, 2019.

52. LITTLE, J. *The warrior within:* the philosophies of Bruce Lee. New York: Chartwell Books, 2016.
53. BOALER, J. *Limitless mind:* learn, lead, and live without barriers. New York: HarperCollins, 2019.
54. LUKIANOFF, G.: HAIDT, J. *The coddling of the American mind:* how good intentions and bad ideas are setting up a generation for failure. New York: Penguin, 2019.
55. BOALER, J. Crossing the line: when academic disagreement becomes harassment and abuse. *Stanford University*, Mar. 2023. Disponível em: https://joboaler.people.stanford.edu/. Acesso em: 17 jan. 2025.
56. YOUCUBED. *An example of a growth mindset K-8 school.* [2018]. Disponível em: https://www.youcubed.org/resources/an-example-of-a-growth-mindset-k-8-school/. Acesso em: 18 jan. 2025.
57. TRUNGPA, C. *Shambhala:* the sacred path of the warrior. Boulder: Shambhala, 2009.
58. BRUCE Lee. *Wikipedia*, 2025. Disponível em: https://en.wikipedia.org/wiki/Bruce_Lee. Acesso em: 7 fev. 2025.
59. LITTLE, J. *The warrior within:* the philosophies of Bruce Lee. New York: Chartwell Books, 2016. p. xxii.
60. DANAOS, K. *Nei Kung:* the secret teachings of the warrior sages. New York: Simon and Schuster, 2002.
61. LITTLE, J. *The warrior within:* the philosophies of Bruce Lee. New York: Chartwell Books, 2016. p. xxii.
62. TRUNGPA, C. *Shambhala:* the sacred path of the warrior. Boulder: Shambhala, 2009. p. 262.
63. ELLISON, K. P. *Untangled:* walking the eightfold path to clarity, courage, and compassion. New York: Balance, 2022. p. 62.